"十二五"职业教育国家规划教材
经全国职业教育教材审定委员会审定
全国林业职业教育教学指导委员会"十二五"规划教材

森林调查技术

(第2版)

苏杰南 胡宗华 主编

中国林业出版社

内容简介

本教材是教育部"十二五"职业教育国家规划教材,以岗位职业能力培养为目标,根据学生的认知规律和高职教学的特点,采用项目式编写格式,设置森林调查8个项目,25个典型工作任务。具体内容有:距离丈量与直线定向,罗盘仪测量,全站仪测量,地形图在森林调查中的应用,GPS在森林调查中的应用,单株树木测定,林分调查,森林抽样调查等。

本教材适用于全国农林高等职业院校林业技术专业的学生,也可供相近专业和短期培训班选用,还可作为基层林业生产单位技术人员自学和参考用书。

图书在版编目(CIP)数据

森林调查技术/苏杰南,胡宗华主编. —2版. —北京:中国林业出版社,2014.11(2020.12重印)
"十二五"职业教育国家规划教材 经全国职业教育教材审定委员会审定 全国林业职业教育教学指导委员会"十二五"规划教材
ISBN 978-7-5038-7751-3

Ⅰ.①森… Ⅱ.①苏… ②胡… Ⅲ.①森林调查 – 高等职业教育 – 教材 Ⅳ.①S757.2

中国版本图书馆 CIP 数据核字(2014)第 275863 号

中国林业出版社·教育出版分社
策　划:牛玉莲　肖基浒　　　责任编辑:肖基浒　高兴荣
电　话:(010)83143555　　　传　真:(010)83143516
E-mail: jiaocaipublic@163.com

出版发行　中国林业出版社(100009　北京市西城区德内大街刘海胡同7号)
　　　　　电话:(010)83143500
　　　　　http://www.forestry.gov.cn/lycb.html
经　销　新华书店
印　刷　三河市祥达印刷包装有限公司
版　次　2006年8月第1版(共印6次)
　　　　 2014年12月第2版
印　次　2020年12月第8次印刷
开　本　787mm×1092mm　1/16
印　张　19.75
字　数　479千字
定　价　38.00元

未经许可,不得以任何方式复制或抄袭本书之部分或全部内容。
版权所有　侵权必究

全国林业职业教育教学指导委员会
教材编写审定专家委员会

主 任

丁立新　国家林业局人事司　高级经济师

副 主 任

邹学忠　辽宁林业职业技术学院　教授
贺建伟　全国林业职业教育教学指导委员会　研究员
刘东黎　中国林业出版社　编审
吴友苗　国家林业局教育培训处　工程师
李炳凯　国家林业局职教中心　教授

委 员

郑郁善　福建林业职业技术学院　教授
宋丛文　湖北生态工程职业技术学院　教授
关继东　辽宁林业职业技术学院　教授
胡宗华　云南林业调查规划院　高级工程师
牛玉莲　中国林业出版社　编审
王巨斌　辽宁林业职业技术学院　教授
胡志东　南京森林警察学院　副教授
张余田　安徽林业职业技术学院　副教授
钱拴提　杨凌职业技术学院　教授
苏杰南　广西生态工程职业技术学院　教授
李云平　山西林业职业技术学院　教授
林向群　云南林业职业技术学院　教授

《森林调查技术》(第2版)
编写人员

主　编
　　苏杰南　胡宗华

副　主　编
　　廖建国

编写人员（按姓氏拼音排序）
　　高伏均　云南林业职业技术学院
　　胡宗华　云南省林业调查规划院
　　胡卫东　广西生态工程职业技术学院
　　廖建国　福建林业职业技术学院
　　苏杰南　广西生态工程职业技术学院
　　邢宝振　辽宁林业职业技术学院
　　张　引　山西林业职业技术学院
　　张象君　黑龙江林业职业技术学院
　　周火明　湖北生态工程职业技术学院

主　审
　　魏占才　黑龙江林业职业技术学院

序

为了推动林业高等职业教育的持续健康发展，进一步深化高职林业技术专业教育教学改革，提高人才培养质量，全国林业职业教育教学指导委员会（以下简称"林业教指委"）按照教育部的部署，对高职林业类专业目录进行了修订，制定了专业教学标准。在此基础上，林业教指委和中国林业出版社联合向教育部申报"高职'十二五'国家规划教材"项目，并于2013年11月12～14日在云南昆明召开了"高职林业技术专业'十二五'国家规划教材"和部分林业教指委"十二五"规划教材编写提纲审定会议，开始了2006年以来的新一轮的高职林业技术专业教材的编写和修订工作。根据高职林业技术专业人才培养工作需要，编写了《森林环境》《森林植物》《林木种苗生产技术》《森林经营技术》《森林营造技术》《森林资源经营管理》《森林调查技术》《林业有害生物控制技术》《林业法规与执法实务》《林业"3S"技术》《植物组织培养技术》《森林防火》共12部教材。

本套教材的编写，凝聚着全国林业类高职院校2006年以来的教育教学改革的成果和从教的广大教师、专家的教学科研成果，特别是课程改革的成果。有些为省部级精品课程、国家精品课程和国家精品资源共享课程，如《林业种苗生产技术》教材是辽宁林业职业技术学院从2006年开始深化二轮课程改革打造的国家精品课程和国家精品资源共享课程，在此基础上，结合全国其他学校改革成果编写而成的。既满足林业技术专业对人才培养的需要，又符合人才培养规律、职业教育规律和生物学规律，是一部优秀的高职林业技术专业教材。

本套教材坚持积极推进学历证书和职业资格证书"双证书"制度，促进职业教育的专业体系、课程内容和人才培养方式更加适应林业产业需求、职业需求。在教材编写中，坚持职业教育面向人人，增强职业教育的包容性和开放性。教材内容以林业技术专业所覆盖的岗位群所必需的专业知识、职业能力为主线，采取能够增强学生就业的适应能力、实际应用能力、提高职业技能的课程项目化方法，有利于促进高职院校采取行之有效的项目化课程教学的新型模式。

本套教材适用范围广，应用面宽。既可作为全国高职林业技术专业学生学习的教材，又适用于全国林业技术培训用书，还可以作为全国林业从业人员的专业学习用书。

我们相信本套教材必将对我国高等职业教育林业技术专业建设和教学改革有明显的促进作用，为培育合格的高素质技能型林业类专业技术人才作出贡献。

全国林业职业教育教学指导委员会
2014年6月

前言

森林调查技术是高等职业院校林业技术专业的专业基础课程。教材的编写是根据教育部教职成司《关于"十二五"职业教育国家规划教材选题立项的函》（教职成司函［2013］184号）和《教育部关于"十二五"职业教育教材建设的若干意见》（教职成［2012］9号）的精神，依据专业培养目标、相应职业资格标准要求、课程标准、课程特点和当前高等职业院校人才培养的实际，兼顾南北方林业特点。教材内容的选取是根据学生完成林业调查规划设计岗位上森林资源调查任务时所需要的职业能力（知识、技能、素质），"森林资源管理与监测工程技术人员"（职业编码：2-02-23-10）的国家职业标准要求，吸收了近几年在林业科学研究和教学研究中的最新成果及森林资源调查中所用的新技术、新方法（如全站仪测量和3S技术），来构建课程内容体系。教材内容的编排打破传统学科体系和课程理论体系，以真实工作任务完成过程为依据序化教学内容，按高职学生认知方法和学习规律设计学习型工作任务。项目任务安排的顺序是由简单到复杂，由单项到综合，采用项目化教学模式来编写。做到课堂理论教学与现场实践教学相结合，课内项目训练与综合项目训练相结合，课程内容训练与实际生产任务相结合。教学内容的组织实施过程，采用项目化教学方法和手段，师生以团队的形式共同实施一个完整的学习项目工作任务，使学生掌握相关知识，具备相应的专业技能，激发学习的兴趣和思维，培养综合职业能力。

教材共设置课程导入和森林调查8大"项目"25个典型工作任务，每个任务中又分为任务目标、任务提出、任务分析、工作情景、知识准备、任务实施、考核评估、巩固训练项目8个方面。具体内容有：项目1：距离丈量与直线定向；项目2：罗盘仪测量；项目3：全站仪测量；项目4：地形图在森林调查中的应用；项目5：GPS在森林调查中的应用；项目6：单株树木测定；项目7：林分调查；项目8：森林抽样调查。每个项目后附有练习和自主学习材料。

本教材由7所高职院校林业技术专业主讲教师和1所林业调查规划院人员合作编写完成，苏杰南、胡宗华任主编，廖建国任副主编，苏杰南、廖建国负责起草编写提纲。编写任务分工如下：苏杰南编写课程导入和项目7的任务7.1、任务7.2；胡宗华编写项目1；高伏均编写项目2；邢宝振编写项目3和项目5；张引编写项目4；张象君编写项目6的任务6.1至任务6.4；胡卫东编写项目6的任务6.5和项目7的任务7.3；周火明编写项目6的任务6.6和项目7的任务7.4；廖建国编写项目8。苏杰南负责统稿、定稿工作，魏占才任主审。

本教材适用于全国农林高等职业院校林业技术专业的学生，也可供相近专业和短期培训班选用，还可作为基层林业生产单位技术人员自学和参考用书。

本教材在编写过程中，承蒙全国林业职业教育教学指导委员会、国家林业局人事司、中国林业出版社等单位的有关领导的指导和帮助，参编人员所在单位的领导给予教材编写的大力支持和协助，杨凌职业技术学院韩东锋和广西生态工程职业技术学院买凯乐对本教材的编写提供了许多参考意见，在编写过程中引用、摘录和借鉴了有关文章、教材的资料，在此一并致以衷心的感谢。

由于作者水平有限，书中错误疏漏在所难免，敬请读者批评指正。

苏杰南
2014 年 1 月

目录

序
前言

课程导入   001
    0.1 森林调查技术的概念和任务 ············ 1
    0.2 森林调查的现状和调查技术的发展 ············ 2
    0.3 《森林调查技术》的内容和与其他课程的关系 ············ 6
    0.4 森林调查常用的符号和单位 ············ 6

项目1 距离丈量与直线定向   008
    任务1.1 距离丈量 ············ 10
    任务1.2 直线定向 ············ 20

项目2 罗盘仪测量   030
    任务2.1 罗盘仪的构造与使用 ············ 32
    任务2.2 罗盘仪林地面积测量 ············ 40
    任务2.3 罗盘仪测绘平面图 ············ 47

项目3 全站仪测量   060
    任务3.1 全站仪基本测量 ············ 62
    任务3.2 全站仪测绘平面图 ············ 71

项目4 地形图在森林调查中的应用   082
    任务4.1 地形图的识别 ············ 84
    任务4.2 地形图的基本应用 ············ 104
    任务4.3 地形图在森林调查中的应用 ············ 109

项目5 GPS在森林调查中的应用   120
    任务5.1 手持GPS的基本操作 ············ 122
    任务5.2 手持GPS在森林调查中的应用 ············ 130

项目6 单株树木测定   138
    任务6.1 直径的测定 ············ 140
    任务6.2 树高的测定 ············ 145

  任务 6.3 伐倒木材积的测定 ··· 151
  任务 6.4 立木材积测算 ··· 159
  任务 6.5 材种材积测算 ··· 167
  任务 6.6 树木生长量测定 ··· 177

项目 7 林分调查   206

  任务 7.1 标准地调查 ·· 208
  任务 7.2 林分调查因子的测算 ··· 216
  任务 7.3 角规测树 ··· 235
  任务 7.4 林分生长量测定 ··· 243

项目 8 森林抽样调查   258

  任务 8.1 森林抽样调查方案的设计 ··· 260
  任务 8.2 样地的测设与调查 ··· 272
  任务 8.3 森林抽样调查特征数的计算 ··· 290

课程导入

0.1 森林调查技术的概念和任务

0.1.1 森林调查技术的概念

森林调查实质上就是对森林进行数量和质量的评价。森林调查技术是研究探测和取得森林资源信息的理论和方法的学科。在林业生产建设中,取得可靠的森林资源信息资料、了解森林的资源状况及其变化规律是十分重要的。这是因为林业生产必须依照客观规律进行,才能达到合理地开发、经营和永续利用森林的目的。

0.1.2 森林调查的任务

森林调查的任务是用科学方法和先进技术手段,查清森林资源数量、质量及其消长变化状况、变化规律,进行综合分析和评价,为国家、地区制定林业方针政策提供依据,为林业部门、森林经营单位编制林业区划、规划、计划,指导林业生产提供基础资源数据,也是合理组织生产的基础、检查经营效果的重要手段。同时为林业各学科研究分析提供对树木、森林测定的理论、方法和技术,为实现森林合理经营、科学管理、永续利用、持续发展,充分发挥森林生态效益、经济效益、社会效益服务。

森林调查的任务决定于森林调查的种类和目的。

从1949年起,我国的森林调查事业开始进入了一个崭新的时期。60多年来,从中央到地方陆续建立了森林资源管理体系,基本查清了全国森林资源。在总结新中国成立以来我国森林调查的经验和教训基础上,结合国内外森林调查的实践,我国于1982年将森林调查科学地分为三类:

(1) 全国森林资源清查(简称一类调查)

由国务院林业主管部门组织,以省(自治区、直辖市)和大林区为单位进行;以全国或大林区为调查对象,要求在保证一定精度的条件下,能够迅速及时地掌握全国或大区域森林资源总的状况和变化,为分析全国或大区域的森林资源动态,制定国家林业政策、计划,调整全国或大区域的森林经营方针,指导全国林业发展提供必要的基础数据。森林资源的落实单位在国有林区为林业局,集体林区为县,也可以为其他行政区划单位或自然区划单位。调查的主要内容包括:面积、蓄积量、生长量、枯损量以及更新采伐等。调查方法主要采用抽样调查并定期进行复查,复查间隔期一般为5年。

(2) 规划设计调查（简称二类调查）

也称森林经理调查。由省级人民政府和林业主管部门负责组织，以县、国有林业局、国有林场或其他部门所属林场为单位进行，为林业基层生产单位（林业局或林场）全面掌握森林资源的现状及变动情况，分析以往的经营活动效果，编制或修订基层生产单位（林业局或林场）的森林经营方案或总体设计提供可靠的科学数据。因为小班是开展森林经营利用活动的具体对象，也是组织林业生产的基本单位，所以二类调查森林资源数量和质量应该落实到小班。调查的主要内容，除各地类小班的面积、蓄积量、生长量及经营情况外，还要进行林业生产条件的调查和其他专业调查。调查间隔期为 10 年或 5 年。

(3) 作业设计调查（简称三类调查）

林业基层生产单位为满足伐区设计、造林设计、抚育采伐设计、林分改造等而进行的调查，均属作业设计调查。其目的是清查一个作业设计范围内的森林资源数量、出材量、生长状况、结构规律及作业条件等，为开展生产作业设计及施工服务。作业设计调查是基层生产单位开展经营活动的基础手段，应在二类调查的基础上，根据规划设计的要求在具体作业前进行。森林资源应落实到具体的伐区或一定范围作业地块上。

0.2 森林调查的现状和调查技术的发展

0.2.1 我国森林调查的现状

从新中国成立到 2013 年止，我国已先后进行了 1 次全国森林资源整理汇总统计、连续进行 8 次全国森林资源清查。每次全国森林资源清查成果，都比较客观地反映了当时全国森林资源现状，特别是 1978 年我国建立了国家森林资源连续清查体系，并开展了全国森林资源监测工作，取得的成果为国家及时掌握森林资源现状、森林资源动态变化，预测森林资源的发展趋势，进行林业科学决策等提供了丰富的信息和可靠的数据支持。历次森林资源清查结果见表 0-1。

表 0-1　中国历次森林资源清查结果

序号	普查时间/年	森林面积/$\times 10^8 \mathrm{hm}^2$	覆盖率/%
第一次全国森林资源清查	1973—1976	1.22	12.70
第二次全国森林资源清查	1977—1981	1.15	12.00
第三次全国森林资源清查	1984—1988	1.25	12.98
第四次全国森林资源清查	1989—1993	1.34	13.92
第五次全国森林资源清查	1994—1998	1.59	16.55
第六次全国森林资源清查	1999—2003	1.75	18.21
第七次全国森林资源清查	2004—2008	1.95	20.36
第八次全国森林资源清查	2009—2013	2.08	21.63

1962 年国家林业部组织全国各省（自治区、直辖市）开展全国森林资源整理统计工作，对 1950—1962 年 12 年间所开展的各种森林资源调查资料进行整理、统计，最后进行全国汇总。本次调查前后跨 12 年，调查地区仅涉及全国近 $300 \times 10^4 \mathrm{km}^2$ 范围。受当时的历史

条件、技术水平限制，汇总的结果有很大误差。但本次统计汇总是新中国成立以来首次通过大面积森林资源调查成果进行的，可以基本反映当时全国森林资源概貌。

第一次全国森林资源清查。1973年农林部部署全国各省（自治区、直辖市）开展按行政区县（局）为单位的森林资源清查工作，这是新中国成立以来第一次在全国范围（台湾省暂缺），在比较统一的时间内进行较全面的森林资源清查，这次清查主要是侧重于查清全国森林资源现状，整个清查工作到1976年完成，并于1977年完成了全国森林资源统计汇总工作。

第二次全国森林资源清查。全国森林资源的动态监测从这次清查开始。由于以往森林资源清查均侧重于查清资源现状，每次调查只是独立的一次性调查，不能客观估测资源消长变化动态。1977年农林部为进行森林资源清查的技术改革，在江西省组织了全国森林资源连续清查试点工作，在取得初步经验的基础上，于1978年开始先后在全国各省（自治区、直辖市）全面推广，陆续建立了以省（自治区、直辖市）为总体的森林资源连续清查体系，开展了连续清查的初查工作，于1981年完成全国清查工作。全国森林资源连续清查体系的建立，是我国森林资源清查工作体系、技术体系建设的重大转折，为以后开展全国森林资源的动态监测打下了良好基础。1982年林业部对全国各省（自治区、直辖市）清查成果组织了统计汇总和资源分析。

第三次全国森林资源清查。从1984年开始，全国各省（自治区、直辖市）先后开展了森林资源连续清查第一次复查工作（个别省区为第二次复查），全国复查工作于1988年结束，1989年完成全国森林资源统计分析，当年林业部正式对外公布了我国最新森林资源数据成果。通过这次全国连清复查，进一步证明了连续清查是最为有效的森林资源动态监测方法，它有较好的同一时态性，较高的可比性，对加强资源宏观管理工作起到很大作用。

第四次全国森林资源清查。从1989年开始，各省（自治区、直辖市）相继开展了森林资源连续清查第二次复查工作。一些省区在复查中进一步完善了技术方案，采用了新技术，提高了样地、样木复位率。据统计，这次清查全国固定样地复位率达90%以上。在全国范围内，除成片大面积沙漠、戈壁滩、草原及乔灌木生长界限以上的高山外，基本上都进行了调查。这次清查的覆盖面更趋全面，技术标准、调查方法更趋一致和规范，在质量要求上更加严格，使成果更为客观，提供信息更为丰富。整个清查工作于1993年结束。

第五次全国森林资源清查。1994年开始。这次复查按林业部于当年颁布的《国家森林资源连续清查主要技术规定》要求实施，于1998年全部完成全国森林资源清查工作。清查的外业调查由各省（自治区、直辖市）林业勘察设计院负责完成，国家林业局各直属调查规划设计院负责监测区内各省清查方案的审查、技术指导、外业质量检查和内业统计分析工作。本次清查共调查地面样地184 479个，卫片、航片成数判读样地90 227个。覆盖面积$575.15 \times 10^4 km^2$。全国有2万余人参加了这次清查。本次调查修订了技术规定，修订后的技术规定与第四次全国森林资源清查相比，技术标准变化主要有：一是森林郁闭度标准由郁闭度0.3（不含0.3）改为0.20以上（含0.20）；二是按保存株数判定为人工林的标准，由每公顷保存株数大于或等于造林设计株数的85%改为80%；三是判定为未成林造林地的标准，由每公顷保存株数大于或等于造林设计株数的41%改为80%；四是灌木林地的覆盖度标准由大于40%改为大于30%（含30%）。除技术标准有所变化外，第五次清查还科学、合理地规范了各省(自治区、直辖市)地面样地的数量;增加了统计成果产出的信息量;逐步引入了"3S"等高新技术,为全面提高调查工作的效率和调查成果的精度奠定了基础。

本次森林资源清查成果的内业统计分析采用全国统一的数据库格式、统一的统计计算程序,保证了清查成果的客观性、连续性和可比性。

第六次全国森林资源清查。从1999年开始,到2003年结束,历时5年。这是我国第一次对大陆国土面积全覆盖的森林资源调查,收集调查数据1.1亿组,涉及森林的面积、蓄积、结构、质量、分布及生长消耗状况和对生态的影响等各方面。参与本次清查的技术人员2万余人,投入资金6.1亿元。本次清查全国共调查地面固定样地41.50万个,遥感判读样地284.44万个,对全国除港、澳、台以外31个省(自治区、直辖市)国土范围内的森林资源进行了全覆盖调查。调查广泛运用了"3S"技术,适时增加了林木权属、林木生活力、病虫害等级、经济林集约经营等级等调查因子。建立健全了工作管理和成果审查机制,加强了汇总分析评价工作。为保证全国森林资源数据的完整性,本次清查结果包含了台湾省《第三次台湾森林资源及土地利用调查(1993)》中的数据,香港特别行政区《香港2003年统计年鉴》和《陆上栖息地保护价值评级及地图制(2003)》中的数据,澳门特别行政区《澳门2002年统计年鉴》中的数据。

第七次全国森林资源清查。从2004年开始,到2008年结束,历时5年。这次清查参与技术人员2万余人,采用国际公认的"森林资源连续清查"方法,以数理统计抽样调查为理论基础,以省(自治区、直辖市)为单位进行调查。全国共实测固定样地41.50万个,判读遥感样地284.44万个,获取清查数据1.6亿组。第七次全国森林资源清查结果表明,我国森林资源进入了快速发展时期。重点林业工程建设稳步推进,森林资源总量持续增长,森林的多功能多效益逐步显现,木材等林产品、生态产品和生态文化产品的供给能力进一步增强,为发展现代林业、建设生态文明、推进科学发展奠定了坚实基础。

我国第八次全国森林资源清查工作已于2009年启动,到2013年结束,历时5年。

0.2.2 森林调查技术的发展

从世界各国来看,森林调查技术的发展过程可概括为以下几个阶段:

(1)目测阶段(踏勘阶段)

18世纪前是买卖山林,木材生产的情况是小面积集中采伐。这一时期森林调查没有形成完整的体系,只能进行目测调查,以估测木材的材积并进行交换。到了18世纪,目测全林总材积的方法是将调查地区划为若干个分区,以目测方法估计单位面积的材积,并将样地上的样木伐倒实测其材积,以校正目测调查的结果。这种目测调查法至今仍为林业调查工作所沿用。这种方法快速,对结构简单的森林是一种比较适宜的方法。自1913年起有人开始研究目测的偶差和偏差,并指出采用回归分析方法有可能校正由调查员调查时产生的偏差。在大面积森林调查时只能在其中选定若干个观测点进行目测,很难满足精度要求。因此这种方法只适用于小面积林相简单的森林。

(2)实测阶段

到了19世纪初期,其他学科的发展推动了测树技术的迅速发展。林业工作者开始利用胸径、树高、形数与材积之间的关系分别树种编制了适合森林调查和材积计算的各种材积表。由于交通和工业的发展，对林产品数量和质量也有了新的要求。林业生产逐渐发展，目测小面积林分以推算全林蓄积量的方法已不能满足实际需要，目测法逐渐由实测法代替。由目测调查到实测调查阶段经历了近200年的时间。目前，全林实测法在世界上一些国家中仍然采用，特别是在特殊林分（特种用途林等）和伐区调查中，仍采用全林每木调查法。应当注意的是这种方法成本高、速度慢。

由目测调查发展到实测调查初步地解决了精度不足问题。但是主观地决定实测比重，增加了不必要的工作量，形成了工作量与精度的矛盾。20世纪初，由于林业生产的发展和需要，世界上有些国家进行了大面积森林资源清查和国家森林资源清查，使得工作量与精度这一矛盾更加尖锐化。为解决这一矛盾，必须探索更为完善的调查方法。

(3) 森林抽样调查阶段

对于小面积的森林来说，可以采用全林实测法，但对大面积森林进行全林每木检尺是不可能的，也没有必要。在这个时期，数理统计的理论提供了设计最优森林调查方案的理论和方法，即用最小工作量取得最高精度，或按既定精度要求使工作量最小，初步地解决了精度和工作量的矛盾。这是森林调查技术中的一个突破，它突破了沿用的实测框框，跨入了森林抽样调查阶段。

森林调查技术在20世纪有了新的突破。法国 A. Gurnaud 和瑞士的 H. Biolley 提出"检查法"（method of control）。它是用连续清查法比较两个时期的调查结果，取得林分的定期生长量。1947年，W. Bitterlich 提出用角规法测定林分每公顷胸高断面积，以推算林分蓄积量。

抽样调查法与标准地调查法相比，前者避免了主观偏差，并且抽样调查方案一经制定，操作比较简单，便于组织生产。由于抽样调查的理论和方法不断地发展和完善，因此森林调查精度不断提高；调查方法也更加多样化。

应用航空相片森林调查，可以取得各种土地类别的面积。航空相片提供地物影像，它客观地记录了地物在摄影瞬间的实况，反映了森林和地物实况。从相片上可以判读出各种林分调查因子，并可以利用航空相片绘制林相图等图面材料。对于难以到达的人烟稀少、粗放经营的原始林区特别适用。数理统计促进了航空摄影技术在森林调查中的应用。它提供最优森林调查设计方案设计的理论，用较低的成本就可取得满足生产要求的调查资料，采用抽样技术对森林类型面积可作出全面估计，相片上测得各种林分调查因子后，用复相关分析和适当的抽样技术，能很好地估计出林木蓄积。经地面检查后，再用回归分析可以消除航空相片判读的偏差。20世纪60年代出现多光谱扫描仪，并初步建立图形识别学说。70年代出现地球资源技术卫星，同时电子计算机得到了广泛应用。它们使森林调查得到迅速发展。多光谱相片和陆地卫星的TM影像，提供了大量信息，对大面积林区的森林分类判读十分有利。应用电子计算机进行森林资源的统计、分析，缩短了森林调查的作业时间，森林调查的内业可以全部实现自动化。航空相片和电子计算机是现代森林调查不可缺少的工具。

(4) "3S"技术广泛应用阶段

21世纪，"3S"技术在森林调查实践中得到了比较广泛的应用，以"3S"集成（GPS——全球定位系统，GIS——地理信息系统，RS——遥感技术）建立对地观测系统，可以从整体上解决与地学相关的资源与环境问题，实现"定性、定位、定量"的统一，从而使森林资源调查与监测范围扩大、周期缩短、精度提高、现势性增强、工作量减小,把森林资源的调查与监测推向数字化、实时化、自动化、动态化、集成化、智能化的现代高新科技的新时代。

0.3 《森林调查技术》的内容和与其他课程的关系

0.3.1 《森林调查技术》的内容

《森林调查技术》(第2版)教材以岗位职业能力培养为目标,根据学生的认知规律和高职教学的特点,贯彻森林资源管理与监测工程技术人员(职业编码:2-02-23-10)的国家职业标准,按照行动导向、任务驱动开展课程内容重构。设置课程导入和森林调查8大"项目"25个典型工作任务。教学内容的组织是将理论知识与技能实训有机结合,知识讲解是铺垫,技能实训是重点。理论与实训相融合,通过完成森林调查典型工作任务,以掌握森林调查基本技能为目的,培养学生森林调查的基础理论与技能方法。

0.3.2 《森林调查技术》与其他课程的关系

森林调查技术与其他课程的关系是非常密切的。森林调查技术是一种复杂的综合性的工作,牵涉面广,与很多课程有紧密和直接的联系。如森林调查的对象是森林,森林植物的识别就是基础;研究单株树木和林分的生长规律时,森林生长和分布与环境的关系是关键;为了鉴定森林立地条件、评定森林在数量和质量方面的生长能力,需要应用森林环境特别是森林生态系统的相应知识;森林调查技术不仅是森林资源经营管理、森林经营技术、林业"3S"技术和森林资源资产评估的基础课程,也为其他许多专业课程如森林营造技术课程服务,因此,该课程是林业技术专业的一门重要的专业基础课。当前,林业工作者都需要在不同程度上掌握一定的森林调查技术知识,才能更好地为林业建设服务。

0.4 森林调查常用的符号和单位

森林调查主要调查因子常用的符号和单位见表0-2。

表0-2 主要调查因子常用符号和单位

主要调查因子	常用符号	单位名称	单位符号	精度要求
直径	D 或 d	厘米	cm	0.1
树高	H 或 h	米	m	0.1
长度	L 或 l	米	m	0.1
断面积	G 或 g	平方米	m^2	0.000 01
林分蓄积量	M 或 m	立方米	m^3	0.000 1
材积	V 或 v	立方米	m^3	0.000 1
形数	F 或 f	—	—	0.001
形率	Q 或 q	—	—	0.01

主要参考文献

1. 魏占才. 2006. 森林调查技术[M]. 北京：中国林业出版社.
2. 魏占才. 2002. 森林计测[M]. 北京：高等教育出版社.

项目 1
距离丈量与直线定向

任务 1.1　距离丈量
任务 1.2　直线定向

距离丈量与直线定向是森林资源调查的基础性工作，距离丈量可以确定地面上任意两点间的水平距离，直线定向可以确定任一直线的方向或方位。距离丈量、直线定向广泛应用于森林资源调查的各种项目中，比如：标准地调查的周界测量、固定样地的周界测量、固定样地的引点定位、固定样地的样木位置测定、树高测定、林地面积测量、林地平面图测绘等。本项目主要内容包括：距离丈量、直线定向等。

知识目标

1. 熟悉距离丈量的工具种类和使用方法。
2. 掌握直线定线的方法。
3. 掌握距离丈量及精度的计算方法。
4. 掌握方位角和象限角量取方法及方位角与象限角的相互转换方法。
5. 掌握3种基本方位角相互转换的方法。
6. 掌握计算不同直线的反方位角的方法。
7. 掌握利用方位角计算2条直线间夹角的方法。

技能目标

1. 能熟练进行直线定线。
2. 能熟练测量地面两点之间的距离。
3. 能正确计算距离丈量的精度。
4. 能熟练进行方位角和象限角的量取及方位角与象限角的相互转换。
5. 能熟练对3种基本方位角进行相互转换。
6. 能熟练计算不同直线相应的反方位角。
7. 能熟练利用方位角计算2条直线间的夹角。

任务 1.1 距离丈量

→ 任务目标

对林地上任意两点进行直线定线、距离丈量，并进行精度计算，每人提交距离丈量记录表。

→ 任务提出

距离丈量是森林资源调查过程中最基础的工作之一，在标准地或固定样地周界测量、固定样地的引点定位、林地面积测量、郁闭度调查等方面都能用到，是森林调查工作必备的一项技能。因此，需要熟练使用距离丈量工具，掌握直线定线、距离丈量的方法，能够正确计算丈量精度。

→ 任务分析

距离丈量时要特别注意端点不能移动，注意区分刻线尺与端点尺，直线定线要准确，添加的节点应力求位于之前确定的两端点的连线上，读数要防止倒读情况的出现。在森林调查中经常用到测绳和皮尺测距，在使用测绳时要特别注意整米处用于注记米数的薄金属片是否存在移动或打结现象；在使用皮尺时注意皮尺的完好程度及"0"刻度位置。注意各步骤的技术要领，使丈量结果达到精度要求。

→ 工作情景

工作地点：校园实习场地、实训基地或实训林场

工作场景：采用学生现场操作，以教师为引导、学生为主体的工学一体化教学方法，在校园实习场地内，由教师将距离丈量的全过程进行演示，然后，学生分组根据教师演示操作和教材设计步骤逐步进行操作。各组完成丈量后，提交距离丈量成果，教师对学生工作过程和成果进行评价和总结。不符合要求的，重新测量，最终每人提交一份距离丈量记录表。

→ 知识准备

1.1.1 距离丈量

距离是指两点间的直线长度，包括水平距离和倾斜距离。地面上两点间的距离，是指

地面上的两点投影到水平面上的水平长度，即水平距离，简称平距。测量地面上两点间距离的工作就是距离丈量，它是测量的基本工作之一，也是森林调查的工作基础。

1.1.1.1 量距工具

丈量距离的工具通常有钢尺、皮尺、玻璃纤维卷尺、测绳和辅助工具。

（1）钢尺

钢尺是用优质钢制成的带状尺，又称钢卷尺，如图1-1所示，其长度有20m、30m、50m等数种。钢尺一般卷放在圆形金属盒内或金属架上，常称为盒式钢尺和手柄式钢尺。

一般钢尺从起点至10cm范围内刻有毫米分划，有的钢尺则整尺都刻有毫米分划。钢尺的零分划位置有两种形式：一种零分划线刻在钢尺前端，称为刻线尺；另一种是零点位于尺端（拉环的外缘），称为端点尺，如图1-2所示。使用时应注意零点的位置，以免发生量距错误。

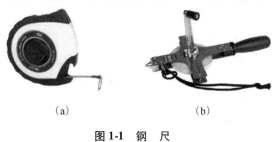

图1-1 钢 尺
（a）盒式钢尺 （b）手柄式钢尺

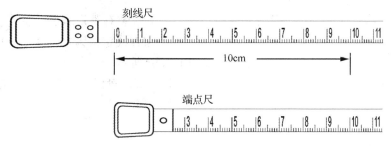

图1-2 刻线尺与端点尺

（2）皮尺

皮尺是用麻线织成的带状尺，不用时卷入皮壳或塑料壳内，图1-3是它的外观图。皮尺长度有15m、20m、30m和50m等数种，皮尺的基本分划为厘米，尺端铜环的外端为尺子的零点，整米、整分米处均有注记，如图1-4所示。皮尺的伸缩性较大，只能用于较低精度的量距。

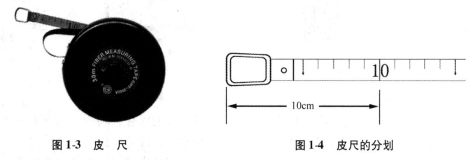

图1-3 皮 尺　　　　　图1-4 皮尺的分划

（3）玻璃纤维卷尺

高精度玻璃纤维卷尺是用玻璃纤维束和聚氯乙烯树脂等新材料制造而成，它在精度、劳动强度和使用寿命等方面优于钢卷尺，如图1-5所示。

图1-5　玻璃纤维卷尺　　　　　　　图1-6　测　绳

（4）测绳

测绳是用麻线与金属丝混织而成的线状尺，绳粗一般3～4mm，长度有30m、50m、100m等几种。在整米处包有薄金属片，并注记米数，如图1-6所示。由于测绳分划粗略、绳长较长且耐拉力差，一般用于低精度的量距工作。

（5）辅助工具

①测钎　由长20～30cm的粗铁丝制成，如图1-7所示。测量时，用作标定尺段端点位置和计算整尺段数，也可作为瞄准的标志。

②标杆　标杆长2～3m，用圆木或合金制成，下端装有锥形铁脚，杆身上涂以20cm相间的红、白油漆，因此又称花杆，用来标定点位和直线定线，如图1-8（a）所示。为了便于观测，有时还在杆顶系一彩色小旗，如图1-8（b）所示。

此外，在精密丈量时，需用到如经纬仪、全站仪等测量仪器，为了测定丈量时的环境温度和钢尺两端的拉力，还需要温度计和弹簧秤等工具。

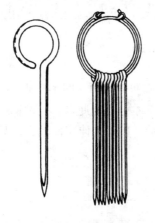
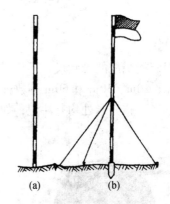

图1-7　测　钎　　　　　　　图1-8　标　杆

1.1.1.2　地面点的标志

在测量工作中，对重要的点位必须进行实地标定，以便保存和利用。根据用途不同及需要保存的期限长短，点的标志可分为临时性标志和永久性标志，如图1-9所示。

临时性标志，可用长约20～30cm、顶面3～6cm见方的木桩打入土中，桩顶钉一小钉或画一"＋"字表示点位，如图1-9（a）所示。土质疏松时，木桩可适当加粗加长。如遇到岩石、桥墩等固定的地物，也可在其上凿个"＋"字作为标志，如图1-9（b）所示。

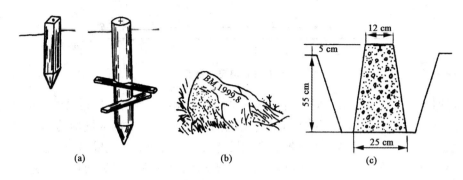

图 1-9　地面点的标志

(a)、(b) 临时性标志　(c) 永久性标志

永久性标志，一般采用石桩或混凝土桩，桩顶刻一"＋"字或将铜、铸铁、玻璃、瓷等做的标志镶嵌在顶面内，以标志点位，如图 1-9(c) 所示。标志的大小及埋设要求，在测量规范中均有详细的说明。如点位布设在硬质的柏油或水泥路面上时，可用长约 5～20cm、粗 0.3～0.8cm、顶部呈半球形且刻"＋"字的粗铁钉打入地面。

地面标志都应有编号、等级、所在地、点位略图以及委托保管等情况，这种记载点位情况的资料称为点之记，如图 1-10 所示。

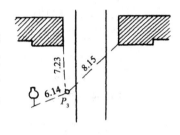

图 1-10　点之记

1.1.2　直线定线

丈量距离时，如果两点间距离较长（超过一尺段长）或地势起伏较大，使直线丈量发生困难，需要在直线的方向上标定若干个节点，作为分段量距的依据，这项工作称为直线定线。一般情况下可用标杆目估定线，当精度要求较高时，应采用罗盘仪、经纬仪等仪器进行定线。

常用的目估定线方法有两点间定线、延长线定线、过山岗定线、过山谷定线等 4 种，无论用哪种定线方法，定线时应尽量使增加的节点在原两点相连的直线上，才能使距离测量的精度更高。

1.1.3　距离丈量的方法

常用的距离丈量方法有钢尺量距、皮尺量距、视距测量和电磁波测距等。按照量距的精度不同，量距又可分为一般量距和精密量距。下面仅介绍钢尺量距的一般方法。

(1) 平坦地面的距离丈量

平坦地面上的量距工作可以在直线定线结束后进行，也可以边定线边丈量。

① 整尺法　如图 1-11 中的 a、b、c、d 为两点间定线时标定出的节点，每相邻两点间的长度均稍小于一个尺段长。距离丈量由两人进行，其中走在前面的称前司尺员，后面的则称后司尺员。

丈量时，后司尺员拿着钢尺的零点一端在起点 A 处，并在 A 点插上一根测钎，前司

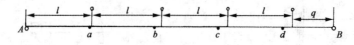

图 1-11 整尺法量距

尺员拿着钢尺的末端和一组测钎,沿直线方向行至定线点 a 处时,后司尺员将钢尺的零分划对准起点 A,前司尺员控制钢尺通过地面上的定线点 a 后,两人同时将钢尺拉紧、拉平、拉稳时,立即将一根测钎垂直地插入钢尺整尺段处的地面,完成第一尺段的丈量。然后,后司尺员拔起 A 处测钎,两人共同把尺子提离地面前进,当后司尺员到达前司尺员所插的测钎处停住,沿该测钎到 b 方向,重复上述操作,量完第二尺段,后司尺员拔起地上测钎,依次前进,直到终点 B。最后一段的距离不会刚好是一整尺段的长度,称为余长。丈量余长时,前司尺员将钢尺某一整刻划对准 B 点,由后司尺员利用钢尺的前端部位读出毫米数,两人的前后读数差即为不足一整尺的余长。

在丈量过程中,每量毕一尺段后,后司尺员都必须及时收拔测钎,量至终点时,手中的测钎数即为整尺段数(不含最后量余长时的一根测钎)。

地面上两点间的水平距离按下式计算:

$$D = nl + q \tag{1-1}$$

式中　D——两点间水平距离;
　　　l——钢尺一整尺的长度;
　　　n——丈量的整尺段数;
　　　q——不足一整尺段之余长。

为了校核和提高丈量精度,一段距离采用整尺法至少要丈量 2 次。通常做法是用同一钢尺往、返丈量各 1 次。如图 1-11 中,由 A 量到 B 称为"往测",由 B 量到 A 称为"返测"。

在符合精度要求时,取往、返测距离的平均数作为最后结果。距离丈量的精度是用相对误差 K 来衡量的。相对误差为往、返测距离差数(较差)的绝对值 $|\Delta D|$ 与它们的平均值 $\overline{D}$ 之比,并化为分子为 1 的分数,分母越大,说明精度越高。即

$$K = \frac{|\Delta D|}{\overline{D}} = \frac{1}{N} \tag{1-2}$$

在平坦地区,钢尺量距的相对误差 K 值不应大于 1/3000;在量距困难地区,其相对误差也应不大于 1/1000。如果超出该范围,应重新进行丈量。皮尺量距的相对误差 K 值一般不应大于 1/200。

[**例 1.1**] 如图 1-11 中,将 AB 进行定线后用整尺法分段测量,将测量数据记录在"普通钢尺量距记录手簿"(表 1-1)中,求 AB 的往返距离、AB 丈量精度及其丈量结果。

表 1-1　普通钢尺量距记录手簿

钢尺尺长30m　　　　　　　　　　　　　　　　　　　　　　　　　量距日期_____

测线编号	量距方向	整尺段长 $n \times l$/m	余长 Q/m	全长 D/m	往返平均数 $\overline{D}$/m	相对误差 K	备注
AB	往	4×30	16.369	136.369	136.385	$\dfrac{1}{4262}$	
	返	4×30	16.401	136.401			

测量者:_____　　　　　　记录者:_____　　　　　　计算者:_____

解：AB 往测

$$D_{AB} = nl + q = 4 \times 30\text{m} + 16.369\text{m} = 136.369\text{m}$$

AB 返测

$$D_{BA} = nl + q = 4 \times 30\text{m} + 16.401\text{m} = 136.401\text{m}$$

较差绝对值

$$|\Delta D| = |D_{往} - D_{返}| = |136.369\text{m} - 136.401\text{m}| = 0.032\text{m}$$

量距精度

$$K = \frac{|\Delta D|}{\overline{D}} = \frac{0.032\text{m}}{136.385\text{m}} = \frac{1}{4262} < \frac{1}{3000}$$

往、返测距离的平均值

$$\overline{D} = (D_{往} + D_{返})/2 = (136.369\text{m} + 136.401\text{m})/2 = 136.385\text{m}$$

故 AB 的丈量结果为 136.385m。

②串尺法 当量距的精度要求较高时，采用串尺法进行丈量。如图 1-12 所示，丈量前按直线定线方法，在直线 AB 上定出若干小于尺长的尺段，如 Aa、ab、bc、cd、dB，从一端开始依次分别丈量各尺段的长度。丈量时，在尺段的两端点上将钢尺拉紧、拉平、拉稳后，前、后司尺员在这一瞬间各自读出前尺和后尺上的读数(估读至 mm)，记录员及时将它们记录在手簿中。

图 1-12 串尺法量距

[例 1.2]采用串尺法进行丈量时，若前尺读数为 29.578m，后尺读数为 0.089m，求该尺段的长度 D。

解：$D = 29.578\text{m} - 0.089\text{m} = 29.489\text{m}$

为了提高丈量精度，对同一尺段须串动钢尺丈量 3 次，钢尺串动要求在 10cm 以上。3 次串尺丈量的差数一般不超过 5mm，然后取平均值作为该尺段长度的丈量成果。

(2) 倾斜地面的距离丈量

①水平整尺法 当地面倾斜，且尺段两端高差较小时，可将钢尺拉平并采用整尺段丈量。水平整尺法类似于平坦地面上整尺法丈量，但为使操作方便，返测时仍应由高向低进行丈量，如改为由低向高，则不易做到准确。丈量时，一司尺员先将钢尺零点对准斜坡高处的地面点，另一司尺员沿下坡定线方向将钢尺抬高，目估使钢尺水平，并用垂球将钢尺末端位置投点在地面上，同时插入一根测钎，完成第一尺段的丈量。然后，斜坡高处的司尺员拔起钢尺零点处的测钎，两人共同把尺子提离地面向下坡方向前进，当坡高处的司尺员到达第一尺段钢尺末端位置的测钎时停住，从该测钎依次向下坡方向重复上述操作，直至量到坡下地面点。

②水平串尺法 当地面倾斜程度较大，不可能将钢尺整尺段拉平丈量，而量距的精度要求又较高时，可将一整尺段分成若干小段采用水平串尺法来丈量。水平串尺法类似于平坦地面上串尺法丈量，但为使操作方便，丈量的操作步骤又接近于水平整尺法，返测亦仍应由高向低进行。

如图 1-13 所示，先将钢尺零点一端的某刻划对准地面 B 点，另一端将钢尺抬高，并目估使钢尺水平，拉紧、拉平、拉稳后，再将钢尺末端某刻划位置用垂球投点在地面上的 a 点处，则前尺和后尺上的读数（估读至 mm）差，即为 Ba 的水平距离。同法丈量 ab、bc 和 cA 段的长度，各段距离的总和即是 AB 的水平距离。

③倾斜尺法　当丈量精度要求较高，且地面倾斜均匀、坡度较大时（图 1-14），可先在倾斜地面上按直线定线的方法，随坡度变化情况将 AB 直线分成若干段，并打上小木桩，每段长度应短于钢尺的尺长。用钢尺沿桩顶按串尺法丈量，得出 AB 的斜距 L，用罗盘仪测出 AB 的倾斜角 θ，按式（1-3）将斜距改算成水平距离 D。

$$D = L \cdot \cos \theta \tag{1-3}$$

如果未测倾斜角 θ，而是测定了 A、B 两点间的高差 h，则水平距离 $D = \sqrt{L^2 - h^2}$。

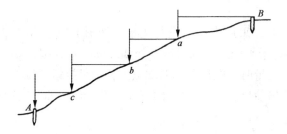

图 1-13　水平串尺法量距

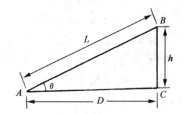

图 1-14　倾斜尺法量距

→ 任务实施

实训目的与要求

距离丈量是对地面上任意两点的水平距离进行测量。通过实训，学生能够正确使用量距工具，熟练运用直线定线的方法对地面上两点构成的直线进行定线，能运用距离丈量的方法量测地面上任意两点间的水平距离。

要求学生遵守学校各项规章制度和实训纪律，安全第一；熟悉量距工具结构特点和距离丈量的内容和方法，服从安排，分工协作，互相帮助；严格按照距离丈量的工作方法和技术要求执行，做到实事求是，切忌弄虚作假；测量过程中要做到"五勤"：眼勤、脑勤、腿勤、手勤、嘴勤，加强检查，减少错漏，力求测定结果准确。

实训条件配备要求

每组配备：钢尺、皮尺、测绳各 1 条，标杆 3 根，测钎 1 组，小木桩 2 根，记录板 1 块，记录表格、计算器 1 个，粉笔、记号笔、铅笔等文具。

实训的组织与工作流程

1. 实训组织

（1）成立教师实训小组，负责指导、组织实施实训工作。

（2）建立学生实训小组，4～6 人为一组，并选出小组长，负责本组实习安排、考勤和仪器管理。

2. 实训工作流程（图 1-15）

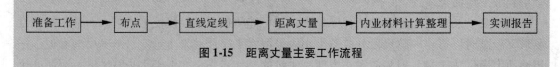

图 1-15　距离丈量主要工作流程

实训方法与步骤

1. 布点

在实习基地根据地形选择合适地点,分别4种直线定线类型各布设2个点A、B,在两点上打木桩,并在其顶部钉上小钉或画"+"字以示点位。

2. 直线定线

以布设的两点A、B为基础,增加节点,利用目估法进行直线定线。

(1) 两点间定线

如图1-16所示,A、B为地面上互相通视的两点,两点之间的距离约80~100m,为测出A、B的水平距离,先在A、B两点上各竖立一根标杆,甲站在A点标杆后约1m处,乙持标杆在b点附近,甲用手势指挥乙左右移动标杆,直到甲从A点沿标杆的同一侧看到A、b、B三根标杆在一条直线上为止。同法定出直线上的其他各点。两点间目估定线,一般应由远及近进行,即从B到A方向先定出a点,再来标定b点。

(2) 延长直线定线

如图1-17所示,A、B为直线的两端点,两点

图1-16 两点间定线

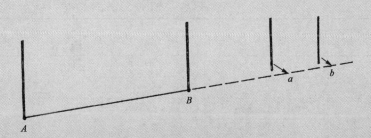

图1-17 延长直线定线

之间的距离约20~40m,为在A、B的延长线上增加一段距离,使其总距离约80~100m,先在A、B两点上各竖立一根标杆,测量员携带标杆沿AB方向前进,约至a点处,左右移动标杆,直到A、B、a三标杆都在同一方向线上时定出a点。同法可定出b点。

(3) 过山岗定线

如图1-18所示,地面上A、B两点被一山岗隔于两侧,且互不通视,为丈量AB的距离,先在A、B两点上竖立标杆,甲、乙两人各持一根标杆于山岗顶部,分别选择能同时看到A、B两点的位置。首先由甲在C_1点立标杆,并指挥乙将其标杆立在C_1B方向上的D_1处;再由立于D_1处的乙指挥甲移动C_1上的标杆至D_1A方向上的C_2处;接着,再由站在C_2处的甲指挥乙移动D_1上的标杆至C_2B方向上的D_2。这样相互指挥、逐渐趋近,直到C、D、B在同一直线上,同时D、C、A也在同一直线上,则A、C、D、B四点即在同一条直线上。

过山岗定线过程中用到了两点间定线,增加的节点在实际标定中的位置不是唯一的。

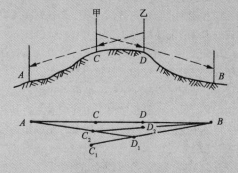

图1-18 过山岗定线

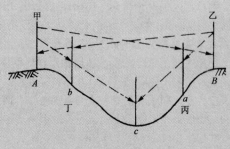

图 1-19 过山谷定线

（4）过山谷定线

如图 1-19 所示，A、B 分别位于山谷的两侧，且相距较远，山谷的地势低，由 A 向 B 观看时，很难看到谷底处的标杆，为丈量 AB 的距离，先在 A、B 处竖立标杆，观测者甲在 A 点处指挥丙在 AB 直线上的 a 点处插上标杆；观测者乙在 B 点处指挥丁在 BA 直线上的 b 点处插上标杆；然后再在 Ab 或 Ba 的延长线上定出 c 点位置。

3. 测量距离

直线定线后，根据地形情况，用钢尺一般量距方法中的"平坦地面的距离丈量"或"倾斜地面的距离丈量"方法用钢尺或皮尺分段量距，各段距离之和为欲测直线的水平距离，要求往、返各丈量 1 次。将测量结果填入"距离丈量记录表"（表 1-2）中。

4. 精度计算

求算往返测距离的相对误差 K。对于钢尺，若 $K \leqslant 1/3000$（困难地区 $K \leqslant 1/1000$），取平均值作为最后结果；对于皮尺，若 $K \leqslant 1/200$（困难地区 $K \leqslant 1/100$），取平均值作为最后结果。若误差超限，则应重新丈量。

实训成果

表 1-2 距离丈量记录表

量距工具_____   尺长_____   量距日期_____

测线编号	定线方法	量距方向	整尺段长/m	余长/m	全长/m	往返平均数/m	相对误差	备注
1		往						
		返						
2		往						
		返						
3		往						
		返						
4		往						
		返						

测量者：_____   记录者：_____   计算者：_____

注意事项

1. 使用钢尺、皮尺等尺子前，要认真查看其零点、末端的位置和注记情况，以免读数错误。

2. 丈量时，直线定线要直；一定要将钢尺等尺子拉平、拉直、拉稳，且拉力要均匀；测钎要插竖直、准确，若地面坚硬，也可以在地上做出相应记号；尺子整段悬空时，中间应有人将其托住，以减小垂曲误差；尺子不能有打结或扭折等现象。

3. 读数要细心，避免读错和听错数字，例如把"9"看成"6"，或把"4"和"10"、"1"和"7"听错了；丈量最后一段余长时，要注意尺面的注记方向，不要读错。

4. 使用钢尺时，不得在地面上拖行，更不能被车辆碾压或行人踩踏；拉尺时，不要用力硬拉；收尺时，不能有卷曲扭缠现象，摇柄不能逆转；钢尺使用完毕后，要用软布擦去灰尘，如遇雨淋，要擦干后再涂一薄层机油，以防生锈。

5. 使用皮尺时，还应注意放尺、收尺都要用左手食指与中指轻夹皮尺的尺带，防止其扭曲缠绕。

➡ 考核评估

序号	技术要求	配分	评分标准	实测记录	得分
1	能熟练进行直线定线	25	直线定线不熟练扣15分，不会定线全扣		
2	能熟练操作量距工具，并迅速、准确读数	20	操作不规范扣5分，读数误差超2cm每次扣5分，读数误差超5cm全扣		
3	能规范填写测量记录	20	填写不规范扣10分，记录不整洁或有擦拭涂改现象扣5分，表头填写不完整扣5分		
4	能正确计算观测成果	10	公式运用不当或计算结果不正确全扣		
5	精度能达到要求	15	误差超限，但未超过允许误差的10%扣10分，超过允许误差的10%全扣		
6	团队协作 (1) 小组成员间团结协作 (2) 学习态度、职业道德、敬业精神 (3) 步骤和操作过程的规范性	6	根据学生表现，每小项2分		
7	方法能力 (1) 计划执行能力 (2) 过程的熟练程度	4	根据学生表现，每小项2分		
	合计	100			

➡ 巩固训练项目

各组另选一区域，根据地形条件布设2个点进行直线定线和距离丈量，并完成记录表的填写与计算，每组提交距离丈量记录表。

任务 1.2 直线定向

➡ 任务目标

绘制直角坐标系，对任意直线量取坐标方位角和象限角，用坐标方位角与象限角进行转换，计算不同直线的反方位角，推算不同直线相应的真方位角、磁方位角，由坐标方位角计算两直线间的水平夹角，每人提交绘图材料及直线定向记录表。

➡ 任务提出

直线定向也是森林资源调查过程中最基础的工作之一，欲确定地面上两点在平面上的相对位置，除需要测量两点之间的距离外，还要测定两点连线的方向。直线定向常用于森林资源调查中的标准地或固定样地边线方向测量、固定样地的引线方向测量、林地平面图测绘等方面，是森林调查工作必备的一项技能。因此，需要熟练掌握直线定向的方法，能进行方位角与象限角的量取和换算，能对3种基本方位角进行相互转换，能计算反方位角，能利用方位角计算2条直线间的水平夹角。

➡ 任务分析

直线定向时要事先确定使用的基本方向，方位角是在水平面内以基本的北向为准，顺时针方向读取到欲测直线的角度；象限角是在水平面内以纵坐标轴北向或南向为准，读取到欲测直线的角度，象限角不超过90°。注意方位角与象限角的换算关系，弄清利用方位角计算2条直线间夹角的方法。注意各步骤的技术要领，做到绘图正确，量算准确。

➡ 工作情景

工作地点：调查规划室或资源管理规划室

工作场景：采用学生现场操作，以教师为引导、学生为主体的工学一体化教学方法，在校园实习场所，由教师将直线定向的全过程进行演示，然后，学生分组根据教师演示操作和教材设计步骤逐步进行操作。各组完成直线定向后，提交直线定向成果，教师对学生工作过程和成果进行评价和总结。不符合要求的返工，最终每人提交一份绘图材料及直线定向记录表。

→ 知识准备

欲确定地面上两点在平面上的相对位置，除需要测量两点之间的距离外，还要测定两点连线的方向。一条直线的方向，是用该直线与基本方向线之间所夹的水平角来表示的，那么，确定一直线与基本方向间角度关系的工作就称为直线定向。在野外可以采用罗盘仪进行直线定向。

1.2.1 基本方向及其关系

(1)真子午线方向

通过地面上一点指向地球南北极的方向线(地理经线)就是该点的真子午线。地面点的真子午线的切线方向即为该点的真子午线方向。真子午线切线北端所指的方向为真北方向，它可以用天文观测的方法来确定。

(2)磁子午线方向

在地球磁场作用下，地面某点上的磁针自由静止时其轴线所指的方向，称为该点的磁子午线方向。磁针北端所指的方向为磁北方向，可用罗盘仪测定。

(3)坐标纵轴线方向

坐标纵轴线方向是指平面直角坐标系中的纵轴方向；坐标纵轴北端所指的方向为坐标北方向。在高斯平面直角坐标系中，同一投影带内的所有坐标纵线与中央子午线平行。

上述三种基本方向中的北方向，总称为"三北方向"。在一般情况下，"三北方向"是不一致的，如图1-20所示。

由于地球的南、北极与地球磁南、磁北极不重合，因此，地面上某点的真子午线方向和磁子午线方向之间有一夹角，这个夹角称为磁偏角，以 δ 表示。当磁子午线北端在真子午线以东者称东偏，δ 取正值；在真子午线以西者则称西偏，δ 取负值，如图1-21所示。

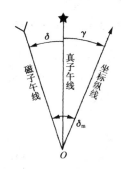

图1-20 三北方向示意图

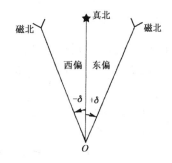

图1-21 磁偏角的正负

地面上各点的磁偏角不是一个定值，它随地理位置不同而异。我国西北地区磁偏角为 +6°左右，东北地区磁偏角则为 -10°左右。此外，即使在同一地点，时间不同磁偏角也有差异。所以，采用磁子午线方向作为基本方向，其精度比较低。

地面上某点的坐标纵轴方向与磁子午线方向间的夹角称为磁坐偏角，以 δ_m 表示。磁子午线北端在坐标纵轴以东者，δ_m 取正值；反之，δ_m 取负值。

子午线收敛角即坐标纵线偏角，以真子午线为准，真子午线与坐标纵线之间的夹角，

以 γ 表示。坐标纵线东偏为正,西偏为负。在投影带的中央经线以东的图幅均为东偏,以西的图幅均为西偏。

1.2.2 方位角、象限角及两者之间关系

在测量工作中,常采用方位角或象限角表示直线的方向。

1.2.2.1 方位角和象限角

(1) 方位角

由基本方向的北端起,沿顺时针方向到某一直线的水平夹角,称为该直线的方位角,其角值为 $0°\sim360°$。如图 1-22 所示,直线 OA、OB、OC、OD 的方位角分别为 $30°$、$150°$、$210°$、$330°$。根据基本方向的不同,方位角可分为:以真子午线方向为基本方向的,称为真方位角,用 A 表示;以磁子午线方向为基本方向的,称为磁方位角,用 A_m 表示;以坐标纵轴为基本方向的,称为坐标方位角,用 α 表示。从图 1-23 可以看出,3 种方位角之间的关系为:

$$A = A_m + \delta \quad A = \alpha + \gamma \quad \alpha = A_m + \delta - \gamma \tag{1-4}$$

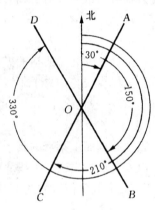

图 1-22 方位角

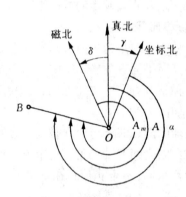

图 1-23 3 种方位角的关系

[**例 1.3**] 已知直线 OB 的磁方位角 $A_m = 272°12'$,O 点的磁偏角 δ 为西偏 $2°02'$。子午线收敛角 γ 为东偏 $2°01'$。求直线 OB 的坐标方位角、真方位角和 O 点的磁坐偏角各为多少?

解:由公式 (1-4) 可得

$\alpha_{OB} = A_m + \delta - \gamma = 272°12' + (-2°02') - (+2°01') = 268°09'$

$A_{OB} = A_m + \delta = 272°12' + (-2°02') = 270°10'$

根据题意

$\delta_m = -(272°12' - 268°09') = -4°03'$(西偏)

(2) 象限角

从基本方向的北端或南端起,到某一直线所夹的水平锐角,称为该直线的象限角,以 R 表示,其角值为 $0°\sim90°$。象限角不但要写出角值,还要在角值之前注明象限名称。如图 1-24 所示,直线 OA、OB、OC、OD 的象限角分别为北东

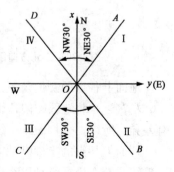

图 1-24 象限角

30°或 NE30°、南东 30°或 SE30°、南西 30°或 SW30°、北西 30°或 NW30°。象限角和方位角一样，可分为真象限角、磁象限角和坐标象限角 3 种。

1.2.2.2 方位角、象限角之间的互换关系

方位角与象限角之间的互换关系见表 1-3 所示。

表 1-3 方位角与象限角的互换关系

象限		根据方位角 α 求象限角 R	根据象限角 R 求方位角 α
编号	名称		
I	北东(NE)	$R = \alpha$	$\alpha = R$
II	南东(SE)	$R = 180° - \alpha$	$\alpha = 180° - R$
III	南西(SW)	$R = \alpha - 180°$	$\alpha = 180° + R$
IV	北西(NW)	$R = 360° - \alpha$	$\alpha = 360° - R$

1.2.2.3 同一直线正反方位角的关系

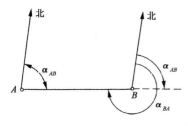

图 1-25 正反方位角

在测量工作中，把直线的前进方向称为正方向，反之，称为反方向。如图 1-25 所示，A 为直线起点，B 为直线终点，通过 A 点的坐标纵轴与直线 AB 所夹的坐标方位角 α_{AB} 称为直线的正坐标方位角，而 BA 直线的坐标方位角 α_{BA} 称为反坐标方位角。

由于任何地点的坐标纵轴都是平行的，因此，所有直线的正坐标方位角和它的反坐标方位角均相差 180°，即

$$\alpha_{正} = \alpha_{反} \pm 180° \qquad (1\text{-}5)$$

若 $\alpha_{反} > 180°$，公式右端取"-"号；若 $\alpha_{反} < 180°$，公式右端取"+"号。在森林调查中常采用坐标方位角确定直线方向。

由于真子午线之间或磁子午线之间相互并不平行，所以正、反真方位角或正、反磁方位角不存在上述关系。但当地面上两点间距离不远时，通过两点的子午线可视为是平行的，此时，同一直线的正、反真方位角（或正、反磁方位角）也可认为是相差 180°。依该结论，罗盘仪可在小范围地区进行测量作业。

1.2.3 用方位角计算两直线间的水平夹角

如图 1-26 所示，已知 CB 与 CD 两条直线的方位角分别为 α_{CB} 和 α_{CD}，则这两直线间的水平夹角为：

$$\beta = \alpha_{CD} - \alpha_{CB} \qquad (1\text{-}6)$$

由此可知，求算水平夹角的方法：站在角顶上，面向所求夹角，该夹角的值等于右侧直线的方位角减去左侧直线的方位角，当不够减时，应加 360°再减。

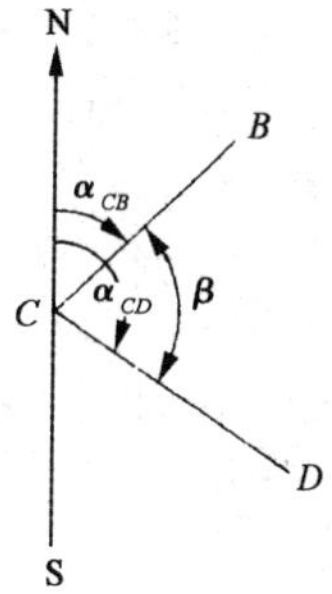

图 1-26 水平夹角的计算

任务实施

实训目的与要求

直线定向是对地面上任意两点构成的直线确定方向。通过实训，学生能够量取任意直线的坐标方位角和象限角，用坐标方位角与象限角进行互相转换，推算不同直线相应的真方位角、磁方位角，计算不同直线的反方位角，由坐标方位角计算两直线间的水平夹角等。

要求学生遵守学校各项规章制度和实训纪律，安全第一；熟悉直线定向的内容和方法，服从安排，分工协作，互相帮助；严格按照直线定向的工作方法和技术要求执行，做到实事求是，切忌弄虚作假；直线定向过程中要做到：眼勤、脑勤、手勤、嘴勤，加强检查、减少错漏，力求测定结果准确。

实训条件配备要求

每人配备：地形图 1 张，三角板 1 对，量角器 1 个，坐标方格纸 1 张，计算器 1 个，记录表格 1 张，铅笔等文具。

实训的组织与工作流程

1. 实训组织

(1) 成立教师实训小组，负责指导、组织实施实训工作。

(2) 建立学生实训小组，4~6 人为一组，并选出小组长，负责本组实习安排、考勤和仪器管理。

2. 实训工作流程（图 1-27）

图 1-27　直线定向主要工作流程

实训方法与步骤

(1) 绘制平面直角坐标系

在坐标方格纸的中央位置选取任一方格交点 O 作为平面直角坐标系的原点，并过 O 点沿方格纸的纵横方向垂直地画出坐标系的两轴，其中纵轴为 X 轴，上方即为北方向，横轴为 Y 轴，右方则为东方向。然后，从北方向起，按顺时针依次编注Ⅰ、Ⅱ、Ⅲ、Ⅳ四个象限的名称，如图 1-28 所示。

(2) 作直线

过原点 O，用三角板在第Ⅰ、Ⅱ、Ⅲ、Ⅳ四个象限分别作任一直线 OA、OB、OC、OD，如图 1-29 所示。

(3) 量取坐标方位角、象限角

用量角器分别量取直线 OA、OB、OC、OD 的坐标方位角和象限角。将量取结果填入"直线定向记录表"（表 1-4）。

(4) 转换方位角、象限角

对同一直线 OA、OB、OC、OD 进行方位角、象限角的互算，用量取的角值进行检验。

(5) 推算真方位角、磁方位角

根据直线 OA、OB、OC、OD 已量取的坐标方位角，结合三北关系图，推算不同直线相应的真方位角、磁方位角。

(6) 计算反方位角

根据直线 OA、OB、OC、OD 已量取的坐标方位角，计算不同直线相应的反方位角。

(7) 用方位角计算两直线间的水平夹角

①计算 OA、OB、OC、OD 中任意 2 条直线间的水平夹角。

②用量角器量取 $\angle AOB$ 的大小，并与计算值 β 进行比较。

实训成果

(1) 坐标纸绘图材料

(2) 直线定向记录表

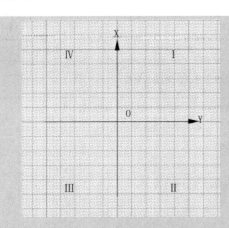

图1-28 绘制平面直角坐标系

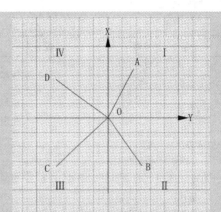

图1-29 象限中作直线

表1-4 直线定向记录表

测线编号	象限	坐标方位角	象限角	真方位角	磁方位角	反方位角	水平夹角	备注
OA								
OB								
OC								
OD								
OA								

量测者_____ 记录者_____ 日期_____

注意事项

1. 在使用量角器时，要注意其角值注记的方向，读数时估读到0.5°即可。

2. 方位角最小0°，最大360°；象限角最小0°，最大90°；2条直线间的水平夹角应大于0°。

→考核评估

序号	技术要求	配分	评分标准	实测记录	得分
1	能正确绘制平面直角坐标系及直线	10	图面不整洁、不清晰扣5分，明显错误全扣		
2	能熟练正确量取坐标方位角	10	量取误差超过1°每项扣2分，超过2°全扣		
3	能熟练正确量取象限角	10	量取误差超过1°每项扣2分，超过2°全扣		
4	能熟练正确进行坐标方位角和象限角的互换	10	计算错1项扣5分，2项以上全扣		
5	能熟练正确推算真方位角、磁方位角	10	计算错1项扣5分，2项以上全扣		
6	能熟练正确计算反方位角	10	计算错1项扣5分，2项以上全扣		

（续）

序号	技术要求	配分	评分标准	实测记录	得分
7	能熟练正确计算 2 条直线间的水平夹角	10	计算错 1 项扣 5 分，2 项以上全扣		
8	能规范填写测量记录	20	填写不规范扣 10 分，记录不整洁或有擦拭涂改现象扣 5 分，表头填写不完整扣 5 分		
9	团队协作 (1) 小组成员间团结协作 (2) 学习态度、职业道德、敬业精神 (3) 步骤和操作过程的规范性	6	根据学生表现，每小项 2 分		
10	方法能力 (1) 计划执行能力 (2) 过程的熟练程度	4	根据学生表现，每小项 2 分		
	合计	100			

➡巩固训练项目

各组另取坐标方格纸、地形图，绘制平面直角坐标系，在不同象限中过坐标中心点另作直线，进行坐标方位角、象限角的量取，坐标方位角、象限角的互换计算，正反方位角的计算，两直线间水平夹角的计算等，完成记录表的填写与计算，每人提交绘图材料及直线定向记录表。

自测题

一、名词解释

直线定线　直线定向　方位角　象限角　磁偏角　磁坐偏角　子午线收敛角

二、填空题

1. 常用的目估定线方法有_____、_____、_____和_____。
2. 根据用途及保存期限的长短，地面点标志可分为_____和_____。
3. 丈量距离的工具通常有_____、_____、_____和_____。
4. 丈量距离的精度，一般是用_____来衡量，因为_____。
5. 倾斜地面的距离丈量方法主要有_____、_____和_____。
6. 直线定向所用的基本方向主要有_____、_____和_____。
7. 根据高斯投影的方法，将地球从首子午线（零子午线）开始，自西向东每隔6°或_____划分为一带。

三、单项选择题

1. 由于直线定线不准确，造成丈量偏离直线方向，其结果使距离（　　）。
   A. 偏大　　　　　　　　　　B. 偏小
   C. 无一定的规律　　　　　　D. 忽大忽小、相互抵消，对结果无影响
2. 子午线收敛角的定义为（　　）。
   A. 过地面点真子午线方向与磁子午线方向之夹角
   B. 过地面点磁子午线方向与坐标纵轴方向之夹角
   C. 过地面点真子午线方向与坐标纵轴方向之夹角
   D. 从基本方向北端起，沿顺时针到某直线所夹的水平角
3. 属于直接测量距离的方法为（　　）。
   A. 钢尺一般量距和视距测量　　B. 钢尺精密量距和电磁波测距
   C. 钢尺一般量距和钢尺精密量距　D. 视距测量和电磁波测距

四、判断题

1. 在平坦地面上进行直线目估定线时，应由远及近定点。（　　）
2. 在倾斜地面丈量距离，为了操作方便，返测时仍应由高向低进行丈量。（　　）
3. 采用磁子午线方向作为基本方向，其精度比较低。（　　）
4. 一条直线的磁方位角等于其真方位角加上磁偏角。（　　）
5. 一条直线的正、反磁方位角并非相差180°。（　　）
6. 象限角不但要写出角值，还要在角值之前注明象限名称。（　　）
7. 用方位角求算水平夹角时，该夹角的值等于右侧直线的方位角减去左侧直线的方位角，当不够减时，应加360°再减。（　　）

五、简答题

1. 绘图并叙述过山岗定线的步骤。
2. 钢尺刻划零端与皮尺刻划零端有何不同？如何正确使用钢尺与皮尺？
3. 试比较整尺法丈量距离和串尺法丈量距离的优缺点。

4. 方位角与象限角之间有何互换关系？

5. 何谓直线的坐标方位角？同一直线的正、反坐标方位角有何关系？

六、计算题

1. 今用同一钢尺丈量甲、乙两段距离，甲段距离的往、返测值分别为 126.782m 和 126.682m；乙段往、返测值分别为 357.231m 和 357.331m。两段距离往、返测量值的差数均为 0.100m。问甲乙两段距离丈量的精度是否相等？若不等，哪段距离丈量的精度高？为什么？

2. 用尺长 30m 的钢尺整尺法丈量 A、B 两点间的距离，由 A 量至 B，后司尺员手中有 7 根测钎；丈量最后一段时，地上插有 1 根测钎，它与 B 点的距离为 20.372m。求 A、B 两点间的距离为多少？若 A、B 间往、返丈量距离允许相对误差为 1/2000，问往、返丈量时允许的距离较差为多少？

3. 测得 $\triangle ABC$ 中，AC 边的坐标方位角为 30°，AB 边的象限角为 NE70°，BC 边的坐标方位角为 320°。求该三角形的各内角值分别为多少？

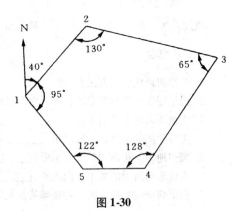

图 1-30

4. 如图 1-30 所示，已知 1-2 边的坐标方位角及各内角值。试计算出各边的坐标方位角，并把它们改算成象限角。

5. 在森林调查中，已知直线 AB 的坐标方位角为 68°30′，A 点的子午线收敛角为 +3°02′，磁偏角为西偏 5°03′。问 AB 的磁方位角应为多少？

自主学习资源库

如果同学们想了解更多的知识，可以通过下面渠道进行学习：

1. 浏览网站

森林调查技术精品课程网站 http：//sldcjs.7546m.com/

2. 通过本校图书馆借阅有关森林调查方面的书籍。

拓展知识

电磁波测距

电磁波测距是用仪器发射及接收电磁波（光波或微波），并按其传播速度及时间测定地面上两点间距离的一种间接量距方法。

按所采用的载波不同，电磁波测距的仪器可分为三种：用微波段的无线电波作为载波的微波测距仪；将激光作为载波的激光测距仪；以红外光作为载波的红外光测距仪（简称红外测距仪）。激光测距仪和红外测距仪又统称为光电测距仪。按测程大小又可分为三类：短程测距仪（5km 以下），用于普通工程测量和地形测量；中程测距仪（5~20km），常用于一般等级控制测量；远程测距仪（20km 以上），适于国家三角网及特级导线。远程一般都是激光作为载波，而中、短程一般都用红外光源。按测定传播时间方式的不同，光电测距仪可分为相位式测距仪和脉冲式测距仪。脉冲式测距仪测距精度较低，误差约为 ±0.5m；相位式测距仪测量精度比较高。

目前，光电测距仪类型较多，但其基本结构都是由照准头、反射器、微处理系统和电源四大部分组成。测程在 5km 以下的短程红外光电测距仪可安装于经纬仪之上，利用经纬仪的望远镜来寻找和瞄准目标，并运用经纬仪的测角等功能测定角度、距离或进行三角高程测量，具有操作方便、作业快、测距精度高以及受地形限制较少等优点，因此，近年来发展很快，且向着高效率、轻小型、数字化、自动化和全站型方向推进。

纵观电磁波测距，瑞典物理学家 Bergstrand 于 1941 年开发了高精度测量时间的技术，1948 年瑞典便推出了第一台光波测距仪；进入 20 世纪 90 年代，随着电子技术的迅速发展和计算机技术的广泛应用，距离测量技术和测量仪器都得到了迅猛发展，许多短距离、微距离测量都实现了测量数据采集的自动化。采用多普勒效应的双频激光干涉仪，能在数十米范围内达到 $0.01\mu m$ 的计量精度，成为重要的长度检校和精密测量设备；采用 CCD 线列传感器测量微距离可达到百分之几微米的精度，它们使距离测量精度从毫米、微米级进入到纳米级世界。

本项目参考文献

1. 魏占才. 2006. 森林调查技术[M]. 北京：中国林业出版社.
2. 顾孝烈，鲍峰，程效军. 1999. 测量学[M]. 2 版. 上海：同济大学出版社.
3. 郭金运，王大武. 1999. 地籍测绘[M]. 北京：地震出版社.
4. 韩熙春. 1988. 测量学[M]. 2 版. 北京：中国林业出版社.
5. 李生平. 2002. 建筑工程测量[M]. 北京：高等教育出版社.
6. 李修伍. 1990. 测量学[M]. 北京：中国林业出版社.
7. 李秀江. 2003. 测量学[M]. 北京：中国林业出版社.
8. 郑金兴. 2002. 园林测量[M]. 北京：高等教育出版社.
9. 郑金兴. 2005. 园林测量[M]. 北京：高等教育出版社.

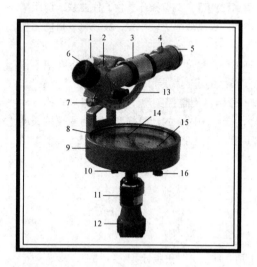

项目 2

罗盘仪测量

任务 2.1　罗盘仪的构造与使用
任务 2.2　罗盘仪林地面积测量
任务 2.3　罗盘仪测绘平面图

罗盘仪是森林资源调查中最基本和最常用的一种仪器，其主要用于进行标准地或样地境界测量、样地的引点定位、野外确定方向、林地面积测量等。本项目主要内容包括：罗盘仪的构造与使用、罗盘仪林地面积测量、罗盘仪测绘平面图等。

知识目标

1. 了解罗盘仪的构造、作用。
2. 掌握罗盘仪测磁方位角的方法。
3. 熟悉正反磁方位角的换算方法及平均磁方位角的计算方法。
4. 掌握罗盘仪视距测量技术。
5. 掌握罗盘仪测林地面积的方法。
6. 掌握罗盘仪测绘平面图的方法。

技能目标

1. 能熟练操作罗盘仪，并能正确读数。
2. 能熟练利用罗盘仪测定磁方位角和竖直角。
3. 能熟练利用罗盘仪进行视距测量。
4. 能熟练利用罗盘仪测林地面积。
5. 能熟练利用罗盘仪测绘平面图。

任务 2.1
罗盘仪的构造与使用

➡ 任务目标

准备一套森林罗盘仪,识别罗盘仪的结构、各部件的功能。将其安置好,进行对中、整平、瞄准、读数等操作,对任意直线进行磁方位角测定和视距测量,每人提交罗盘仪磁方位角测定记录表和视距测量记录表。

➡ 任务提出

罗盘仪测磁方位角是罗盘仪应用中最基本的工作内容,在标准地或样地境界测量、样地的引点定位、野外确定方向等方面都能用到。因此,需要熟悉罗盘仪的构造,理解磁方位角的概念,掌握罗盘仪测磁方位角和视距测量的方法。

➡ 任务分析

在应用罗盘仪测磁方位角时,要按照对中、整平、瞄准、读数的操作步骤进行,读取水平度盘的度数即为磁方位角,视距测量需注意观测上丝和下丝对应视距尺的刻度以及竖直角,注意各步骤的技术要领,使测量结果达到精度要求。

➡ 工作情景

工作地点:实训基地或实训林场。

工作场景:采用学生现场操作,以教师为引导、学生为主体的工学一体化教学方法,教师把罗盘仪的基本构造、安装操作、罗盘仪测定磁方位角、罗盘仪视距测量的过程进行逐步演示,学生根据教师演示操作和教材设计步骤逐步进行操作。完成罗盘仪测定磁方位角后,教师对学生工作过程和成果进行评价和总结,按教师的总结和要求,学生对罗盘仪测定磁方位角和视距测量的结果进行检查修订,最终提交磁方位角测定记录表和视距测量记录表。

➡ 知识准备

2.1.1 罗盘仪的构造

罗盘仪是观测直线磁方位角或磁象限角的一种仪器,也可用来测绘小范围内的平面图。它构造简单、使用方便、价格低廉，且精度能达到要求。罗盘仪的种类很多，型式各异，但主要由罗盘、望远镜、水准器与球臼等部分组成。望远罗盘仪的构造如图 2-1 所示。

（1）磁针

图 2-2 是罗盘盒剖面图。磁针为一长条形的人造磁铁，置于圆形罗盘盒的中央顶针上，可以自由转动。为了避免磁针帽与顶针尖之间的碰撞和磨损，不用时应旋紧磁针制动螺旋，将磁针抬起压紧在罗盘盒的玻璃盖上。磁针帽内镶有玛瑙或硬质玻璃，下表面磨成光滑的凹形球面。测量时，旋松磁针制动螺旋，使磁针在顶针尖上灵活转动。

由于磁针两端受地球磁极的引力不同，使磁针在自由静止时不能保持水平，我国位于北半球，磁针的北端会向下倾斜与水平面形成一个夹角，该角称为磁倾角。为了消除磁倾角的影响，保持磁针两端的平衡，常在磁针南端缠上铜丝，这也是磁针南端的标志。

图 2-1 罗盘仪的构造示意图

1. 望远镜制动螺旋 2. 照门 3. 对光螺旋 4. 准星
5. 望远镜物镜 6. 望远镜目镜 7. 望远镜微动螺旋
8. 水平度盘 9. 罗盘盒 10. 水平制动螺旋 11. 球臼
12. 连接螺旋 13. 竖直度盘 14. 磁针 15. 水准器
16. 磁针制动螺旋

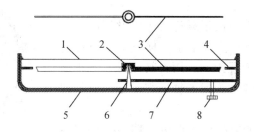

图 2-2 罗盘盒剖面图

1. 玻璃盖 2. 磁针帽 3. 磁针 4. 刻度盘
5. 罗盘盒 6. 顶针 7. 杠杆 8. 磁针制动螺旋

（2）水平度盘

水平度盘为铝或铜制的圆环，装在罗盘盒的内缘。盘上最小分划为 1°或 30′，并每隔 10°作一注记。水平度盘的注记形式有两种，如图 2-3（a）所示，0°~360°是按逆时针方向注记的，可直接测出磁方位角，称为方位罗盘；而在图 2-3（b）中，由 0°直径的两端起，分别对称地向左右两边各刻划注记到 90°，可直接测出磁象限角，故称为象限罗盘。

用罗盘仪测定磁方位角时，水平度盘是随着瞄准设备一起转动的，而磁针却静止不动，在这种情况下，为了能直接读出与实地相符合的方位角，将方位罗盘按逆时针方向注记，东西方向的注字与实地相反。

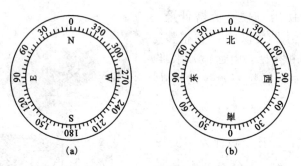

图 2-3　水平度盘及注记形式
(a)方位罗盘　(b)象限罗盘

（3）望远镜

望远镜是罗盘仪的瞄准设备，它由物镜、目镜和十字丝分划板三部分构成。图 2-4 为罗盘仪的外对光式望远镜剖面图。

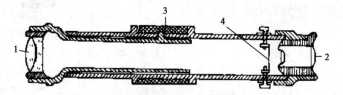

图 2-4　外对光式望远镜剖面图
1. 物镜　2. 目镜　3. 对光螺旋　4. 十字丝分划板

物镜的作用是使被观测的目标成像于十字丝平面上；目镜的作用是放大十字丝和被观测目标的像。十字丝装在十字丝环上，用 4 个校正螺钉将十字丝环固定在望远镜筒内，如图 2-5 所示。在十字丝横丝的上下还有对称的两根短横丝，称为视距丝，用作视距测量。十字丝交点与物镜光心的连线称为视准轴，视准轴的延长线就是望远镜的观测视线。

在望远镜旁还装有能够测量竖直角（倾斜角）的竖直度盘，以及用作控制望远镜转动的制动螺旋和微动螺旋。望远镜上还有对光螺旋，用以调节物镜焦距，使被观测目标的影像清晰。

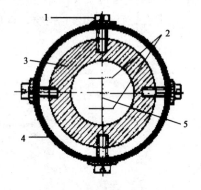

图 2-5　十字丝分划板
1. 十字丝校正螺钉　2. 视距丝
3. 十字丝环　4. 望远镜　5. 十字丝

（4）水准器与球臼

在罗盘盒内装有一个圆水准器或两个互相垂直的管水准器，当圆水准器内的气泡位于中心位置，或两个水准管内的气泡同时被横线平分时，称为气泡居中，此时，罗盘盒处于水平状态。

球臼螺旋在罗盘盒的下方，配合水准器可整平罗盘盒；在球臼与罗盘盒之间的连接轴上还安有水平制动螺旋，以控制罗盘的水平转动。

为了使用方便，望远镜罗盘仪还配有专用三脚架，架头上附有对中用的垂球帽，旋下垂球帽就会露出用于连接罗盘仪的螺杆。架头中心的下面有小钩，用来悬挂垂球。

2.1.2 罗盘仪测定磁方位角

在测量中，地面上的每一条直线都有方向，可通过测定直线的磁方位角的方式来标定其方向。欲测定一直线的磁方位角，可将罗盘仪安置在待测直线的起点上，对中、整平后放松磁针，用望远镜瞄准直线的另一端点，待磁针自由静止后，磁针北端（或南端）所指示的读数即为该直线的磁方位角。

罗盘仪测定磁方位角一般步骤包括罗盘仪的安置、对中、整平、瞄准、读数等。

2.1.3 罗盘仪视距测量

2.1.3.1 视距测量的概念

视距测量是根据几何光学和三角测量原理，利用望远镜内的视距丝，配合视距尺（或水准尺），间接测定两点间水平距离和高差的一种方法。虽然普通视距测量精度一般只有 1/300~1/200，但由于该方法操作简便迅速、不受地形起伏的限制，因此被广泛应用于精度要求不高的地形测量中。视距尺与视距读数如图 2-6 所示。

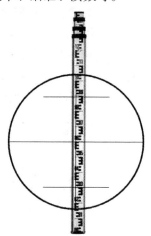

图 2-6 视距尺与视距读数

2.1.3.2 视距测量的原理

（1）视准轴水平时的视距测量原理

如图 2-7 所示，欲测定地面上 A、B 两点间的水平距离 D，可在 A 点安置罗盘仪，在 B 点竖立视距尺，调整仪器使望远镜视线水平，并瞄准 B 点的视距尺，此时视线与视距尺垂直。设仪器旋转中心到物镜的距离为 δ，物镜焦距为 f，焦点 F 至视距尺的距离为 d；上、下两视距丝 m、n 分别切于视距尺上的 M 和 N 处，M 和 N 间的长度称为尺间隔，用 l 表示；p 为两视距丝在十字丝分划板上的间距，则 A 点到 B 点的水平距离为

$$D = d + f + \delta$$

因 $\triangle m'n'F$ 与 $\triangle MFN$ 相似，故有

$$\frac{d}{f} = \frac{l}{p}$$

$$d = \frac{f}{p} \cdot l$$

$$D = \frac{f}{p} \cdot l + f + \delta$$

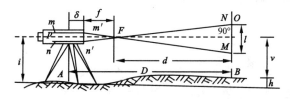

图 2-7 水平视距原理

则 A、B 两点间的距离为

令 $K = \dfrac{f}{p}$，$C = \delta + f$

故 $D = Kl + C$ (2-1)

式中 K——视距乘常数，通常为 100；

C——视距加常数，当罗盘仪采用外对光式望远镜时，C 值约为 0.3 m。

在内对光式望远镜中，由于增设了调焦透镜，并选择了适当的调焦透镜焦距和物镜焦

距，使 $C=0$，则内对光式望远镜视准轴水平时的水平距公式为

$$D = Kl \tag{2-2}$$

(2) 视准轴倾斜时的视距测量原理

如图 2-8 所示，在采用内对光式望远镜时，若地面上两点间的高差较大，必须使视准轴倾斜才能瞄准视距尺，故视准轴与视距尺不垂直，不能再用式(2-2)计算两点间的水平距离。设将竖直的视距尺 R 绕 O 点旋转一个 θ 角（θ 为视线的竖直角，竖直角是指测站点到目标点的倾斜视线和水平视线之间的夹角）变为 R'，使其与视准轴垂直，得出尺间隔 l'（$M'N'$ 长）后，再按式(2-2)求得倾斜距离为 $L = Kl'$。于是 A、B 两点间的水平距离为

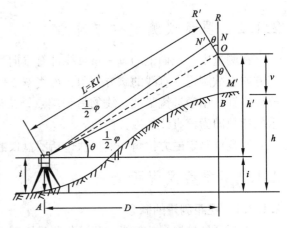

图 2-8 倾斜视距原理

$$D = L \cdot \cos\theta = Kl' \cdot \cos\theta \tag{2-3}$$

由于 $\angle NN'O = 90° + \varphi/2$，$\angle MM'O = 90° - \varphi/2$，且因 φ 很小（约 $34'$），故可将 $\angle NN'O$ 和 $\angle MM'O$ 近似视为直角。另外，由于 $\angle NON' = \angle MOM' = \theta$，故

$$M'N' = M'O + N'O = MO\cos\theta + NO\cos\theta = (MO + NO)\cos\theta = MN\cos\theta$$

即

$$l' = l\cos\theta$$

将上式代入式(2-3)，可得

$$D = Kl'\cos\theta = Kl\cos\theta\cos\theta = Kl\cos^2\theta$$

那么，用内对光式望远镜观测时，水平距离公式为

$$D = Kl\cos^2\theta \tag{2-4}$$

当采用外对光式望远镜时，A、B 两点间的水平距离公式为

$$D = (Kl' + C) \cdot \cos\theta = Kl' \cdot \cos\theta + C \cdot \cos\theta = Kl\cos^2\theta + C \cdot \cos\theta \tag{2-5}$$

➡ 任务实施

实训目的与要求

罗盘仪测定磁方位角，就是使用罗盘仪对直线进行磁方位角测定。在测量上，地面上的任何一条直线都有方向，利用罗盘仪的磁针在静止时其北端指向地球的磁子午线北向的特性测定直线的磁方位角。通过实训，学生能够了解罗盘仪的构造，掌握罗盘仪的操作方法，能够使用罗盘仪进行直线磁方位角的测定和水平距离的视距测量。

要求学生遵守学校各项规章制度和实训纪律，安全第一；熟悉罗盘仪测定磁方位角和视距测量的内容和方法，服从安排，分工协作，互相帮助；严格按照罗盘仪测定磁方位角和视距测量的工作方法和技术要求执行，做到实事求是，切忌弄虚作假；测量过程中要做到"五勤"：眼勤、脑勤、腿勤、手勤、嘴勤，加强检查、减少错漏，力求测定结果准确。

实训条件配备要求

每组配备：罗盘仪 1 套，标杆 2 根，视距尺 1 根，计算器 1 个，记录板 1 块，记录表格，铅笔等文具。

实训的组织与工作流程

1. 实训组织

(1) 成立教师实训小组，负责指导、组织实施实训工作。

（2）建立学生实训小组，4~6人为一组，并选出小组长，负责本组实习安排、考勤和仪器管理。

2. 实训工作流程（图2-9）

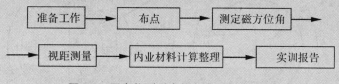

图2-9 罗盘仪测磁方位角主要工作流程

实训方法与步骤

1. 布点

在实训基地或实训林场找一比较开阔的区域，任意布设3个点 A、B、C，如图2-10所示，每两点之间的距离约30~50m，两点之间应通视，并在地面上用粉笔作标记。

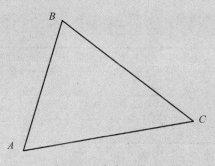

图2-10 布点示意图

2. 安置罗盘仪

打开并伸缩三脚架，安放在待测直线 AB 的起点 A 上方，使三脚架高度适中、架头大致水平，挂上垂球，将罗盘仪连接到三脚架上；于 B 点竖立标杆。如果是在坡地上安置，三脚架应于坡下方向立2只脚，坡上方向立1只脚。

3. 对中

固定1个架腿，移动另外2个架腿，使垂球对准地面点 A，对中容许误差为2cm（即以 A 点为中心的半径2cm的圆范围内）。

4. 整平

右手旋松球臼螺旋，左手前后、左右、仰俯罗盘盒，使水准器气泡居中，然后右手旋紧球臼螺旋。仪器整平后，旋松磁针制动螺旋，让磁针自由转动。

5. 瞄准

①粗瞄 旋松望远镜制动螺旋和水平制动螺旋，转动仪器利用照门和准星大致瞄准目标 B 点标杆，旋紧水平制动螺旋和望远镜制动螺旋。

②精瞄 转动目镜使十字丝清晰，再调节对光螺旋使物像清晰，最后转动望远镜微动螺旋和水平微动螺旋，使十字丝交点精确对准目标 B 点（部分型号的罗盘仪没有望远镜微动螺旋或水平微动螺旋）。

6. 读数

待磁针静止后，正对磁针并沿注记增大方向读出磁针所指的度数，即为所测直线的磁方位角。将磁方位角读数记入表2-1中。若水平度盘上的0°分划线在望远镜的物镜一端，则应按磁针北端读数，如图2-11（a）所示，A = 300°。若水平度盘上的0°分划线在望远镜的目镜一端，则应按磁针南端读数，如图2-11（b）所示。读数时，若盘上最小分划为1°，可直读1°，估读至30′。

7. 视距测量 AB 的水平距离

将 B 点的标杆移出，竖立视距尺（或水准尺）于 B 点，视距尺须立竖直。用望远镜瞄准 B 点的视距尺，消除视差，读取下丝读数 a、上丝读数 b（至 mm），或调节微倾螺旋后，将上丝（或下丝）对准整数值，直接读取上下丝夹距（尺间隔）。然后读取竖直角（估读至0.5°）。将观测数据记入表2-2中。

8. 测反磁方位角

旋紧磁针制动螺旋，将罗盘仪搬迁到 B 点并安置好，于 A 点竖立标杆，使罗盘仪对中、整平，瞄准 A 点，读出磁针所指的读数，测出直线 AB 的反磁方位角。将磁方位角读数记入表2-1中。

9. 测定其余直线的正反磁方位角和视距水平距离

依照上述方法，测出直线 BC 的正磁方位角及视距水平距离、直线 BC 的反磁方位角、直线 CA 的正磁方位角及视距水平距离、直线 CA 的反磁方

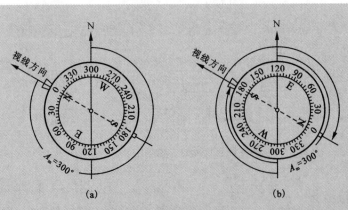

图 2-11 磁方位角读数图
(a)北针读数　(b)南针读数

位角。将所有读数填入表 2-1、表 2-2 中，计算平均磁方位角、视距水平距离。

实训成果

表 2-1　磁方位角测定记录表

测量地点_____　　　　　　　　　　　　　　　　　　　　　　　仪器编号_____

测站	目标	正磁方位角/°	反磁方位角/°	平均磁方位角/°	备注
A	B				
B	C				
C	A				

观测者_____　　　记录者_____　　　日期_____

表 2-2　罗盘仪视距测量记录表

测量地点_____　　　　　　　　　　　　　　　　　　　　　　　仪器编号_____

测线	往测视距尺读数/m			竖角/°	平距/m	返测视距尺读数/m			竖角/°	平距/m	平均距离/m	备注
	上丝	下丝	间隔			上丝	下丝	间隔				
AB												
BC												
CA												

观测者_____　　　记录者_____　　　日期_____

注意事项

1. 避免在高压电等磁场强度较大的地方测量，避免铁器靠近罗盘(包括打开的手机等)。

2. 使用前应检查罗盘仪，确保罗盘仪完好、正常，注意罗盘仪成正像与倒像对观测的影响。

3. 将罗盘仪安放在测线的一端，在测线另一端竖立标杆。安置罗盘仪时，要让脚架的架头大致水平，若在坡地，应将脚架的两条腿安在坡下方位置。

4. 在调整望远镜时，应先调整目镜使十字丝清晰(不模糊、不发亮)，再调整物镜使目标清晰。

5. 视距测量时应尽可能把标尺竖直，观测时应尽可能使视线离地面1m以上。

6. 读磁方位角时应正对磁针，沿注记增大方向读数。水平度盘上的0°分划线在望远镜的物镜一端时读磁针北端所指的度数；若刻度盘上的180°分划线在望远镜的物镜一端时，读磁针南端（绕有铜丝的一端）所指的度数。

7. 迁移站点之前或观测完毕后，旋紧磁针制动螺旋。

8. 当 A、B 两点相距较近时，其正、反磁方位角应相差180°，若不等，不符值（即正反方位角之差值与180°相比较）不得大于±1°，并以平均磁方位角作为该直线的方位角，即

$$\alpha_{平均} = \frac{\alpha_{正} + (\alpha_{反} \pm 180°)}{2}$$

→考核评估

序号	技术要求	配分	评分标准	实测记录	得分
1	能熟练操作仪器，并迅速、准确对罗盘仪进行读数	15	仪器操作不规范或不熟练扣10分，罗盘仪读数不准确全扣		
2	能正确安置、对中、整平罗盘仪	20	脚架的架头歪斜明显扣5分，垂球对中超过2cm扣10分，或明显未整平扣5分		
3	能精确瞄准目标	15	视距丝不清晰扣10分，视距丝未精确对准目标扣15分		
4	能正确进行视距测量	10	每错1个扣5分		
5	能规范填写测量记录	20	填写不规范扣10分，记录不整洁或有擦拭涂改现象扣5分，表头填写不完整扣5分		
6	能正确计算观测成果	10	公式运用不当或计算结果不正确全扣		
7	团队协作 (1)小组成员间团结协作 (2)学习态度、职业道德、操作敬业精神 (3)步骤和操作过程的规范性	6	根据学生表现，每小项2分		
8	方法能力 (1)计划执行能力 (2)过程的熟练程度	4	根据学生表现，每小项2分		
	合计	100			

→巩固训练项目

各组另选一区域，自行布设5个点进行罗盘仪磁方位角的测定和视距测量，并完成记录表的填写与计算，每组提交磁方位角测定记录表、罗盘仪视距测量记录表。

任务 2.2
罗盘仪林地面积测量

➜ 任务目标

准备一套森林罗盘仪,另备标杆、视距尺、皮尺等工具,对一块林地进行测量,并进行展绘成图、平差,最后量算该林地的面积。每人提交罗盘仪林地面积测量记录表。

➜ 任务提出

在森林资源作业设计调查或征占用林地中,由于实际地块太小(一般不超过 $0.3hm^2$),地形不明显等原因,不便于在地形图上直接勾绘,确定其面积大小时,可以在现地用罗盘仪实测的方法实现。因此有必要掌握这一技能。

➜ 任务分析

罗盘仪闭合导线林地面积测量的原理就是将林地的形状近似当成不规则的多边形,在林地的边缘拐点设置导线点构成闭合导线,利用罗盘仪测定各边的磁方位角,用视距法或皮尺测量各边的水平距离,根据各边的方位角和水平距,以适当的比例尺在坐标方格纸上展绘林地边界各边,并进行平差后绘制林地周界闭合导线图,最后用方格法根据图形计算林地的面积。要求测量结果达到精度要求。

➜ 工作情景

工作地点:实训基地或实训林场

工作场景:采用学生现场操作,以教师为引导、学生为主体的工学一体化教学方法,教师把罗盘仪林地面积测量的过程进行讲解,学生根据教师演示操作和教材设计步骤逐步进行操作。完成罗盘仪林地面积测量后,教师对学生工作过程和成果进行评价和总结,按教师的总结和要求,学生对罗盘仪林地面积测量的结果进行检查修订,最终提交罗盘仪林地面积测量记录表、展绘图、面积量算结果。

➜ 知识准备

2.2.1 罗盘仪导线测量

在测区范围的边缘拐点布设测站点,将各测站点按顺序连接起来,组成的连续折线或

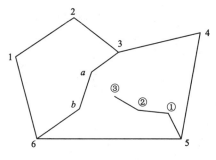

图2-12 罗盘仪导线的布设形式

多边形称为导线,导线转折处的测站点称为导线点;用罗盘仪测定各导线边的磁方位角,用皮尺丈量(或视距测量)相邻两导线点间的距离,最后绘制导线图,以上工作总称为导线测量。

罗盘仪导线按布置形式可分为闭合导线、附合导线和支导线三种,如图2-12所示。如果导线由一已知控制点出发,在经过若干个转折点后仍回到该已知点,组成一闭合多边形,这种导线称为闭合导线,如图2-12中的1-2-3-4-5-6-1;如果导线是从一已知控制点出发,在经过若干个转折点后,终止于另一已知控制点上,这种导线称为附合导线,如图2-12中的3-a-b-6;若由一已知点开始,支出2~3个点后就中止了,既不回到起点,也不附合到其他已知点上的导线,则称为支导线,如图2-12中的5-①-②-③。

在小区域内使用罗盘仪进行林地面积测量时,应布设闭合导线进行测量。

2.2.2 面积量算

将闭合导线测定的结果绘制在坐标方格纸上,如图2-13所示,分别查数图形边线内的完整方格数和被图形边线分割的不完整方格数,完整方格数加上不完整方格数的一半,即为总方格数,再用总方格数乘以1个方格所对应的实地面积,得实际总面积A。

[**例2.1**]如图2-13中,位于图形内的完整方格数为259,不完整方格数为58,已知方格的边长为1mm,比例尺为1:10 000,则该图形的面积为:

$$A = \left(\frac{1 \times 10\ 000}{1000}\right)^2 \times \left(259 + \frac{58}{2}\right)m^2 = 28\ 800m^2$$

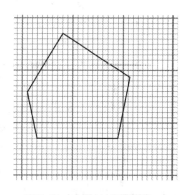

图2-13 方格法求算面积

为了提高面积量算的精度,罗盘仪林地面积测量导线图展绘时,常用选择较大比例尺(1:1000、1:500或1:200)进行绘图以提高精度,也可以采用电脑软件进行,如用ArcGIS软件等。

2.2.3 寻找罗盘仪导线测量错误的方法及磁力异常判断处理

在罗盘仪导线的展绘过程中,若闭合差显著超限,可用下述方法分析寻找可能出错之处,以便有目的地进行检查和改正。

2.2.3.1 一个角测错

如图2-14所示,如果导线边3-4的方位角测错或画错了一个χ角,那么4点的点位就会发生位移,并影响了后面各点,最后导致闭合差1′-1过大。由图可以看出,方位角出错的边与闭合差方向大致垂直。因此,应对该边的方位角进行检查。

如果磁方位角没有发现错误,则按下面方法检查距离是否出现问题。

2.2.3.2 一条边测错

如图2-15所示,在测量或展点时,若把3-4边的长度测错或画错了,将会引起4点

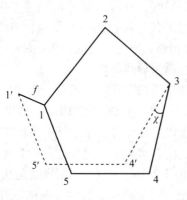 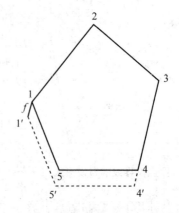

图 2-14　方位角错误检查　　　　图 2-15　距离错误检查

及其以后各点都产生位移,最后反映出闭合差 1′-1 过大。由图可看出,发生错误的那条边大致平行于闭合差方向。因此,当闭合差明显超限时,可先检查与闭合差方向大致平行的边是否画错或量错了。

如果在同一条导线内有两个以上的方位角或距离发生错误,或一个方位角和一条边的距离发生错误,则上述方法不再适用。

2.2.3.3　磁力异常判断处理

罗盘仪测量时,磁偏角在小范围内变化幅度很大的现象称为磁力异常。例如,表 2-3 列出的某一闭合导线磁方位角施测结果中,个别测站发生了磁力异常,可以根据一直线的正、反方位角的关系进行改正。

表 2-3　罗盘仪导线方位角的改正

测站	目标	正方位角	反方位角	平均方位角	备 注
1	2	49°	229°	49°	
2	3	138°	316°(318°)	138°	正、反方位角栏内括号中的数值和平均方位角栏内的数值都是经改正后的正确值
3	4	198°(200°)	23°(20°)	200°	
4	5	276°(273°)	93°	273°	
5	1	348°	168°	348°	

从表 2-3 可以看出,1-2、5-1 两边的正、反方位角都相差 180°,说明其方位角是正确的,同时也说明与这两条边有关的 1、2、5 三个测站没受磁力异常的影响。而 2-3、3-4、4-5 三条边的正、反方位角相差均与 180°不符,说明 3、4 两个测站受到磁力异常的影响。因在未受磁力异常影响的 2、5 两个测站观测的 2-3 边的正方位角和 4-5 边的反方位角都是正确的,故以同一条直线上的正确的方位角为依据,可以判断出受影响的方位角差了多少。在表 2-3 中,由于 2-3 边的正方位角(138°)正确,则判断其反方位角(316°)因受磁力异常影响而少了 2°(应为 318°);同理,在测站 3 上观测的 3-4 边的正方位角(198°)也应该加 2°才对(应为 200°)。再分析 4-5 边的观测结果,由于 4-5 边的反方位角(93°)是正确的,那么,在测站 4 上测的正方位角(276°)则多了 3°,应从该测站所测的两个方位角中都减去 3°,即 3-4 边的反方位角应为 20°、4-5 边的正方位角应

为273°。

经过上述改正后，2-3、3-4、4-5三条方位角有问题的边都符合了正、反方位角相差180°的关系，从而消除了磁力异常的影响。

因磁力异常对根据两直线的方位角计算得的水平夹角值没有影响，所以，也可利用夹角和前一边未受磁力异常影响的方位角来推算正确的方位角。但是，当磁力异常连续出现在3个以上测站时，无论采用何种方法进行方位角的改正，罗盘仪都不可能测出准确的结果。

→任务实施

实训目的与要求

通过实训，学生能够掌握罗盘仪林地面积测量的方法，学会罗盘仪导线的正确选点，能够进行导线的测量，能够进行导线点的展绘和平差，能够进行面积的量算。

要求学生遵守学校各项规章制度和实训纪律，安全第一；掌握罗盘仪林地面积测量的方法，服从安排，分工协作，互相帮助；严格按照掌握罗盘仪林地面积测量的方法的工作方法和技术要求执行，做到实事求是，切忌弄虚作假；测量过程中要做到"五勤"：眼勤、脑勤、腿勤、手勤、嘴勤，加强检查、减少错漏，力求测定结果准确。

实训条件配备要求

每组配备：罗盘仪1套，标杆2根，皮尺1个，测绳1根，三角板2个，量角器1个，计算器1个，记录板1块（含记录表格），铅笔等文具。

实训的组织与工作流程

1. 实训组织

（1）成立教师实训小组，负责指导、组织实施实训工作。

（2）建立学生实训小组，4~6人为一组，并选出小组长，负责本组实习安排、考勤和仪器管理。

2. 实训工作流程（图2-16）

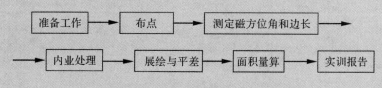

图2-16 罗盘仪林地面积测量主要工作流程

实训方法与步骤

1. 外业

（1）选导线点

在实训基地或实训林场，布设5个点组成闭合导线1-2-3-4-5-1，如图2-17所示。

布设导线之前，应对测区进行踏查，导线点应选在土质坚实、点位标志易于保存，方便安置仪器的地方，两点之间应通视，导线边长约50~100m。

（2）测1-2边的正磁方位角和距离

将罗盘仪安置在1点，标杆立于2点上，罗盘仪经对中、整平后，旋松磁针固定螺丝放下磁针，瞄1-2直线的2点，待磁针静止后，读取磁针在刻度盘上的读数，即是1-2方向的磁方位角（正

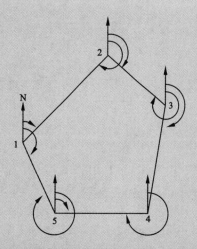

图2-17 罗盘仪观测磁方位角示意图

磁方位角)。用皮尺与测绳测量1-2边线的水平距离(即1-2边线的往测距离),也可用视距量测水平距。

由于测区范围较小,因此,各导线点上的磁子午线方向可以认为是相互平行的。这样,同一导线边的正、反磁方位角应相差180°,若差值不等于180°,其不符值(即正反方位角之差值与180°相比较)不得大于±1°,并以平均方位角作为该导线边的方位角,即 $\alpha_{平均} = \frac{\alpha_{正} + (\alpha_{反} \pm 180°)}{2}$;如果超出限差,应查明原因加以改正或重测。

当地面的倾斜角在5°以上(含5°)时,斜距需要改算为平距。

(3)测1-2边的反磁方位角和距离

旋紧磁针固定螺丝。将罗盘仪移到2点上,1点立标杆,罗盘仪经对中、整平后,旋松磁针固定螺丝放下磁针,瞄准1点,可测得2-1方向的磁方位角(即1-2方向的反磁方位角)。测量2-1边线的水平距离(即1-2边线的返测距离)。

(4)测2-3边的正磁方位角和距离

保持罗盘仪在2点,在3点上立标杆,同法测量2-3边线的正磁方位角、往测距离。

(5)测其他边的磁方位角和距离

参照步骤(3)、(4),直到将所有边线(包括12、23、34、45、51边线)的正、反磁方位角及往、返测距离测完。计算各边线正磁方位角的平均值,计算各边线的平均水平距离。

将所测得的数据填于表2-4、表2-5中。

2. 内业

(1)展绘

选择坐标方格纸的纵轴作为磁北方向,在图纸左上角绘一条磁北方向线,在图纸上适当位置定出1点(确保整幅图位于图纸中央),用量角器,按1-2边的平均磁方位角确定1-2边的方向线,在该方向线上根据1-2边的平均长度,按绘图比例尺缩小定出2点在图上的位置2';再根据2-3边的平均长度及绘图比例尺定出3点在图上的位置3';同法绘制其他各点的位置直至再绘出起点的位置1'为止。如图2-18(a)(虚线部分)所示。

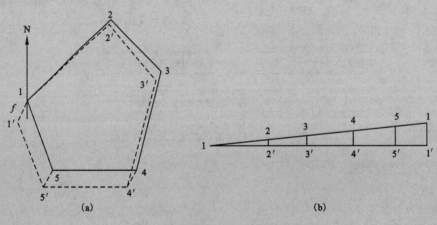

图2-18　导线点展绘与图解平差
(a)导线点展绘　(b)图解平差

(2)平差

①如1'与1点不重合,则产生了闭合差,连接点1'-1,量测1'-1的图面距离,其代表的实地距离即绝对闭合差f,绝对闭合差f与导线全长$\sum D$之比称为导线全长相对闭合差,以K表示,要求K不超过1/200,如在容许范围内时,则按图解平差的方法进行图上平差。如超限需检查展绘和记录的错误,必要时进行外业返工重测。

②图解平差如图2-18(b)所示,采用任一较小的比例尺画出等于导线全长的水平直线1-1',在其上按同一比例尺依次截取各边长得2'、3'、4'、5'、1'各点,并在1'点向上作1'-1的垂线,然后在垂线上截取1'-1等于绝对闭合差的图上长度。连接垂线顶点1和水平直线1-1'构成直角三角形11'1,再分别从2'、3'、4'、5'各点向上作1-1'的垂线,与1-1相交得2、3、4、5各点。由相似三

角形原理可知，线段 $2'-2$、$3'-3$、$4'-4$、$5'-5$ 即为相应导线点的改正值。

在图 2-18(a)上，过 $2'$、$3'$、$4'$、$5'$ 各点，分别沿 $1'-1$ 方向作闭合差 $1'-1$ 的平行线，并从各点起分别在平行线上截取相应的改正值，得改正后的各导线点位置，如图 2-18(a)中的 1、2、3、4、5 点，再将它们按顺序连接，即得到平差后的闭合导线图形，如图 2-18(a)(实线部分)所示。

平差以后，将图 2-18(a)中的虚线部分擦掉，图面上最终只需保留图 2-18(a)中的实线部分。

(3) 面积量算

①将闭合导线测量的结果展绘在间隔为 1mm 坐标方格纸上；

②先读出图形轮廓线包含的整格数 N，再读出轮廓线内不足一整格的读数值 n，并累和得 N'，$N' = N + n/2$；

③按测图比例尺计算出 1 个方格所对应的实地面积 S，即：(方格边长×比例尺分母)^2；

④用累和的总格数 N' 乘以 1 个方格所对应的实地面积 S，得实际总面积 A。即：

$$A = \left(\frac{d \times M}{1000}\right)^2 \times N' (\mathrm{m}^2) \quad (2\text{-}6)$$

式中 A——实际总面积；
　　　d——方格的大小(mm)；
　　　M——比例尺分母；
　　　N'——总方格数。

实训成果

1. 罗盘仪导线测量记录表。

表 2-4 罗盘仪导线测量记录表

测量地点_____　　　　　　　　　　　　　　　　　　　　仪器编号_____

测站	目标	正方位角/°	反方位角/°	平均方位角/°	竖角/°	距离/m		备注
						斜距	平距	
								$K \leqslant 1/200$

观测者_____　　　记录者_____　　　日期_____

表 2-5 罗盘仪视距测量记录表

测量地点_____　　　　　　　　　　　　　　　　　　　　仪器编号_____

测线	往测视距尺读数/m			竖角/°	平距/m	返测视距尺读数/m			竖角/°	平距/m	平均距离/m	备注
	上丝	下丝	间隔			上丝	下丝	间隔				

观测者_____　　　记录者_____　　　日期_____

2. 导线点展绘图及闭合导线面积量算结果。

注意事项

1. 导线点选设要合理。

2. 正、反磁方位角不超过 $180° \pm 1°$ 时，取其平均值，$\alpha_{平} = [\alpha_{正} + (\alpha_{反} \pm 180°)]/2$。当 $\alpha_{反} > 180°$ 时，用"−"号；当 $\alpha_{反} < 180°$ 时，用"+"号。

3. 倾斜角 5°起改平，距离读到 cm。

4. 各边线距离的误差不能超过 1/200，边线全长的相对闭合差不能超过 1/200。地势较陡的地方误差可适当放大，以规程为准。

5. 量算面积时，注意格子不要数重，也不要数漏，一般数 2～3 次，取其平均值。

→考核评估

序号	技术要求	配分	评分标准	实测记录	得分
1	能正确布点、熟练操作仪器	10	布点不合理扣 5 分，仪器操作不规范或不熟练扣 5 分		
2	能熟练进行导线磁方位角的测量	10	测量数据错漏 1 项扣 5 分，错漏 2 项以上全扣；误差超限全扣		
3	能熟练进行导线边长的测量	10	测量数据错漏 1 项扣 5 分，错漏 2 项以上全扣；误差超限全扣		
4	能熟练进行导线展绘与平差	20	图面不整洁、不清晰扣 5 分；展绘平差有明显错误全扣		
5	面积量算	10	量算超限，全扣		
6	能规范填写测量记录	20	填写不规范扣 10 分，记录不整洁或有擦拭涂改现象扣 5 分，表头填写不完整扣 5 分		
7	能正确计算观测成果	10	公式运用不当或计算结果不正确全扣		
8	团队协作 (1) 小组成员间团结协作 (2) 学习态度、职业道德、敬业精神 (3) 步骤和操作过程的规范性	6	根据学生表现，每小项 2 分		
9	方法能力 (1) 计划执行能力 (2) 过程的熟练程度	4	根据学生表现，每小项 2 分		
	合计	100			

→巩固训练项目

罗盘仪闭合导线林地面积测量的原理就是将林地的形状近似当成不规则的多边形，各组可选择一具体林地，沿林地边界转折处布设导线点，进行罗盘仪林地面积的闭合导线视距测量，并完成记录表的填写与计算，每组提交罗盘仪闭合导线测量记录表、导线点展绘图、面积量算结果。

在外业施测时可采用"逐站法"或"跳站法"进行，"逐站法"施测是指选择起点 1 后，沿着林地边界，在转折点上分别设置导线点 2、3、4、5、6、7、8、9、10、11、12、…、1，在各点均安置罗盘仪，逐站测出各边的磁方位角和水平距。"跳站法"施测是指只在偶(奇)数站上安置罗盘仪，分别测出前后两边的磁方位角和水平距，由于安置仪器站数较少，其测量速度较快。

任务 2.3
罗盘仪测绘平面图

→ 任务目标
对一块区域进行控制测量,在达到精度要求后,进行碎部测量,最后绘制平面图。

→ 任务提出
用罗盘仪测绘小区域平面图时,为了保证测图精度,先以罗盘仪进行导线控制测量,再进行地物碎部测量,最后绘制平面图。

→ 任务分析
利用罗盘仪测绘平面图时,需要事先布设具有控制作用的特征点(即:控制点)进行控制测量,再对特征点周围地物的碎部点进行测量。绘图时,需将闭合导线展绘平差后再绘制碎部点。要求测量结果达到精度要求。

→ 工作情景
工作地点:实训基地或实训林场。

工作场景:采用学生现场操作,以教师为引导、学生为主体的工学一体化教学方法,教师把罗盘仪测绘平面图的过程进行逐步演示,学生根据教师演示操作和教材设计步骤逐步进行操作。完成罗盘仪测绘平面图后,教师对学生工作过程和成果进行评价和总结,按教师的总结和要求,学生对罗盘仪测绘平面图的结果进行检查修订,最终提交罗盘仪测绘平面图记录表及展绘图。

→ 知识准备

2.3.1 比例尺

2.3.1.1 比例尺的概念

无论是平面图或地形图,都不可能将地球表面的形态和物体按真实大小描绘在图纸上,而必须用一定的比例缩小后,按规定的图式在图纸上表示出来。比例尺就是图上某一线段的长度 d 与地面上相应线段水平距离 D 之比,用分子为1的分数式表示,可表示为

$$\frac{1}{M} = \frac{d}{D} \tag{2-7}$$

式中 M——比例尺分母,表示缩小的倍数。

[例 2.2] 在 1∶1000 的地形图上,量得某苗圃地南、北边界长 $d = 5.8\text{cm}$,求其实地水平距离。

解:$D = M \cdot d = 1000 \times 5.8\text{cm} = 5800\text{cm} = 58\text{m}$

比例尺的大小,取决于分数值的大小,即分母越大则比例尺越小,分母愈小则比例尺愈大。

在森林调查中,通常将比例尺大于或等于 1∶5000 的图称为大比例尺图;比例尺为 1∶10 万~1∶1 万的图称为中比例尺图;比例尺小于 1∶10 万的图称为小比例尺图。

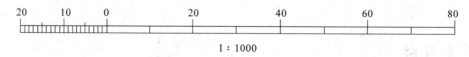

图 2-19 直线比例尺

比例尺有数字比例尺和图示比例尺两种。数字比例尺如 $\frac{1}{500}$ 或 1∶1000 的形式,图示比例尺如图 2-19 所示。

2.3.1.2 比例尺的精度

正常人的肉眼能分辨的最小距离为 0.10mm,而间距小于 0.10mm 的两点,只能视为一个点。因此,将图上 0.10mm 所代表的实地水平距离称为比例尺的精度,即 $0.1M$(M 为比例尺分母)。表 2-6 列出了几种不同比例尺的相应精度,从中可以看出,比例尺越大精度数值越小,图上表示的地物、地貌越详尽,测图的工作量也越大;反之则相反。因此,测图时要根据工作需要选择合适的比例尺。

表 2-6 比例尺及其精度

比例尺	1∶500	1∶1000	1∶2000	1∶5000	1∶1 万
比例尺精度/m	0.05	0.10	0.20	0.50	1.00

根据比例尺精度,在测图中可解决两个方面的问题:一方面,根据比例尺的大小,确定在碎部测量量距的精度;另一方面,根据预定的量距精度要求,可确定所采用比例尺的大小。例如,测绘 1∶2000 比例尺地形图时,碎部测量中实地量距精度只要达到 0.20m 即可,小于 0.20m 的长度,在图上也无法绘出来;若要求在图上能显示 0.50m 的精度,则所用测图比例尺不应小于 1∶5000。

2.3.2 罗盘仪测绘平面图

2.3.2.1 平面控制测量与碎部测量

用罗盘仪测绘小区域平面图时,应首先以罗盘仪进行导线控制测量,再对特征点周围地物的碎部点进行测量,最后将各控制点附近的碎部点测绘到图纸上。当原有控制点不够时,可以在碎部测量的时候对控制点加密。

(1) 平面控制测量

在整个测区内，布设一些具有平面位置控制作用的点即控制点，对控制点测定其平面位置的工作，称为平面控制测量。在罗盘仪导线测量中，可以将平差后的导线点作为控制点。

(2) 碎部测量

在罗盘仪导线测量完成后，利用平差后的导线点作为控制点，用罗盘仪测绘其周围地物的碎部点（如房屋、河流、道路、绿地等轮廓的特征点）的过程，称为碎部测量。

为了限制误差的累积和传播，保证测图的精度及速度，测量工作必须遵循"从整体到局部，先控制后碎部"的原则。即先进行整个测区的控制测量，再进行碎部测量。

(3) 地物特征点

地物是指地面上的不同类别和不同形状的物体。地物有天然的也有人工的，如房屋、道路、河流、电讯线路、桥涵、草坪、苗圃、林地、塔、碑、井、泉、独立树等。测绘地物时，除独立物体是以物体的中心位置为准外，其他地物都是先确定出组成地物图形的主要拐点、弯点和交点等平面位置，将相邻点连线，组成与实地物体水平投影相似的图形。这些主要拐点、弯点和交点等统称为地物特征点，也称地物碎部点。

(4) 地貌特征点

地貌是指地球表面高低起伏的自然形态，包括山顶、鞍部、山脊、山谷、山坡、山脚、凹地等。地貌特征点是指山顶、鞍部、山脊、山谷、山脚等的地形变换点以及山坡坡度变换点，也称地貌碎部点。

2.3.2.2 碎部测量的方法

经过平差的导线点作为依据进行罗盘仪碎部测量，最后绘制平面图。罗盘仪碎部测量的方法主要有极坐标法、方向交会法和导线法等，如图 2-20 所示。

(1) 极坐标法

极坐标法是利用方位角和水平距离来确定碎部点的平面位置。此法适用于测站附近地形开阔，通视条件良好的情况，如草坪、道路等。

(2) 方向交会法

方向交会法适用于目标显著，量距困难或立尺员不易到达，并在两个测站均能看到特征点的情况，如河流、峭壁等。应注意，交会角 $\angle 3P_1 4$、$\angle 3P_2 4$ 不应小于 30°或大于 150°。

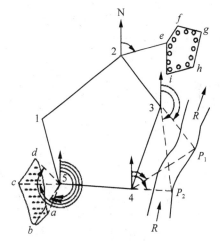

图 2-20 罗盘仪碎部测量

(3) 导线法

当被测地物具有闭合轮廓，但由于内部不通视，不便进入其中施测碎部，如林地、果园、池塘等，可用罗盘仪闭合导线测定地物的位置和形状，只需单向测出各边的正方位角和边长。

对于河流、道路等较大线状物体的位置和形状测绘，可用罗盘仪的附合导线或支导线。进行碎部测量时，上述三种方法可以单独使用，也可相互配合进行，施测时可根据具体情况而灵活运用。

　　碎部测量结束之后，在铅笔底图上，应擦去展点时留下的各种辅助线，并保留好导线点的位置；然后用铅笔按先图内后图外、先注记后符号的顺序，正确使用图式描绘各种地面物体的轮廓、位置，并加以注记等，使底图成为一幅内容齐全、线条清晰、取舍合理、注记正确的平面图原图，以便于复制利用。

→ 任务实施

实训目的与要求

　　通过实训，学生能够掌握罗盘仪测绘平面图的不同方法，能够运用极坐标法、方向交会法、导线法进行测绘平面图。

　　要求学生遵守学校各项规章制度和实训纪律，安全第一；掌握罗盘仪测绘平面图的不同方法，服从安排，分工协作，互相帮助；严格按照掌握罗盘仪测绘平面图的工作方法和技术要求执行，做到实事求是，切忌弄虚作假；测绘过程中要做到"五勤"：眼勤、脑勤、腿勤、手勤、嘴勤，加强检查、减少错漏，力求测定结果准确。

实训条件配备要求

　　每组配备：罗盘仪1套，标杆2根，皮尺1个，三角板2个，量角器1个，计算器1个，记录板1块（含记录表格），铅笔等文具。

实训的组织与工作流程

1. 实训组织

（1）成立教师实训小组，负责指导、组织实施实训工作。

（2）建立学生实训小组，4～6人为一组，并选出小组长，负责本组实习安排、考勤和仪器管理。

2. 实训工作流程（图2-21）

实训方法与步骤

1. 控制测量

（1）布设控制点

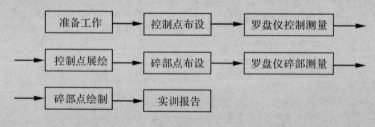

图 2-21　罗盘仪测绘平面图主要工作流程

　　在现地上，布设5个具有控制作用的点作为控制点，构成闭合导线。

（2）进行控制测量

进行控制测量，将数据填于表2-7中。

（3）控制点展绘

将控制测量的结果展绘在图纸上。

（4）控制点平差

当相对闭合差不超过1/200时，进行图解平差；否则查找问题及原因，甚至重新进行控制测量。

　　控制测量的详细操作过程请参见罗盘仪林地面积测量部分。

2. 碎部测量

以图解平差后得到的导线点作为测站点，根据现地情况从极坐标法、方向交会法和导线法中选用合适的方法进行碎部测量。

（1）极坐标法

①在方便采用极坐标法的测区布设碎部点。

②选取就近的控制点，安置罗盘仪，分别在各碎部点竖立标杆。

③将罗盘仪对中、整平后，分别瞄准各碎部点，测得该控制点到各碎部点的磁方位角，用皮尺量距（或视距测量距离）。

④将测定结果记录于表2-8中。

⑤将测量数据绘制在控制测量图解平差后的导线闭合图形上，绘图时长度要按原有比例尺进行。

（2）方向交会法

①在控制测量边线上，任意寻找一远处地物，作为碎部点。

②在该边线的一端控制点安置罗盘仪，经对中、整平后，瞄准碎部点，测得该控制点到碎部点的磁方位角。

③在该边线的另一端控制点安置罗盘仪，经对中、整平后，瞄准碎部点，测得该控制点到碎部点的磁方位角。

④将测定结果记录于表2-9中。

⑤将测量数据绘制在控制测量图解平差后的导线闭合图形上。

（3）导线法

①在控制测量的某控制点上，安置罗盘仪，在碎部点1上竖立标杆。

②罗盘仪经对中、整平后，瞄准碎部点1，测得该控制点到碎部点1的磁方位角，用皮尺量距（或视距测量距离）。

③将罗盘仪移到碎部点1，在碎部点2上竖立标杆，经对中、整平后，瞄准碎部点2，测得碎部点1到碎部点2的磁方位角，用皮尺量距（或视距测量距离）。

④将罗盘仪移到碎部点2，在碎部点3上竖立标杆，经对中、整平后，瞄准碎部点3，测得碎部点2到碎部点3的磁方位角，用皮尺量距（或视距测量距离）……重复下去，直到从碎部点 n 测到碎部点1，将全部碎部点测完。

⑤将测定结果记录于表2-10中。

⑥将测量数据绘制在控制测量图解平差后的导线闭合图形上，绘图时长度要按原有比例尺进行。

实训成果

表2-7 罗盘仪控制测量记录表

| 测站 | 目标 | 正方位角/° | 反方位角/° | 平均方位角/° | 倾斜角/° | 距离/m | | 备注 |
						斜距	平距	
								$K \leqslant 1/200$
碎部测量绘图								

观测者_____   记录者_____   日期_____

表2-8 罗盘仪碎部测量（极坐标法）记录表

测站	目标	方位角/°	倾斜角/°	距离/m		备 注
				斜距	平距	

观测者_____ 记录者_____ 日期_____

表2-9 罗盘仪碎部测量（方向交会法）记录表

测站	目标	方位角/°	备 注

观测者_____ 记录者_____ 日期_____

表2-10 罗盘仪碎部测量（导线法）记录表

测站	目标	方位角/°	倾斜角/°	距离/m		备 注
				斜距	平距	

观测者_____ 记录者_____ 日期_____

注意事项

1. 布点是否合理直接影响精度，因此，布设的点一定要具有控制作用。

2. 进行控制测量时，当正、反磁方位角不超过180°±1°，取其平均值，$\alpha_\text{平} = [\alpha_\text{正} + (\alpha_\text{反} \pm 180°)]/2$。

3. 坡度5°起改平，距离读到cm，磁方位角读到度，可估读到0.5°。

4. 各边线距离的误差不能超过1/200，边线全长的相对闭合差不能超过1/200。地势较陡的地方误差可适当放大，以规程为准。

5. 碎部测量时，立尺人员应将标尺竖直，并随时观察立尺点周围情况，弄清碎部点之间的关系，地形复杂时还需绘出草图，以协助绘图人员作好绘图工作。

6. 绘图人员要注意图面正确整洁，注记清晰，并做到随测点，随展绘，随检查。

7. 当每站工作结束后，应进行检查，在确认地物、地貌无测错或漏测时，方可迁站。

任务2.3 罗盘仪测绘平面图

→考核评估

序号	技术要求	配分	评分标准	实测记录	得分
1	能正确布点，能熟练操作仪器	10	布点不合理扣5分，仪器操作不规范或不熟练扣5分		
2	能熟练进行控制测量	10	测量数据错或漏1项扣5分，2项以上全扣；误差超限全扣；展绘平差有明显错误全扣		
3	能熟练使用极坐标法进行碎部测量	10	测量数据错或漏1项扣5分，2项以上全扣；误差超限全扣		
4	能熟练使用方向交会法进行碎部测量	10	测量数据错或漏1项扣5分，2项以上全扣；误差超限全扣		
5	能熟练使用导线法进行碎部测量	10	测量数据错或漏1项扣5分，2项以上全扣；误差超限全扣		
6	能熟练进行平面图绘制	10	图面不整洁、不清晰扣5分，明显错误全扣		
7	能规范填写测量记录	20	填写不规范扣10分，记录不整洁或有擦拭涂改现象扣5分，表头填写不完整扣5分		
8	能正确计算观测成果	10	公式运用不当或计算结果不正确全扣		
9	团队协作 (1)小组成员间团结协作 (2)学习态度、职业道德、敬业精神 (3)步骤和操作过程的规范性	6	根据学生表现，每小项2分		
10	方法能力 (1)计划执行能力 (2)过程的熟练程度	4	根据学生表现，每小项2分		
	合计	100			

→巩固训练项目

各组另选一区域，自行布设5个点进行罗盘仪测绘平面图，完成记录表的填写与计算，每组提交罗盘仪控制测量记录表、罗盘仪碎部测量(导线法)记录表。

自测题

一、名词解释

比例尺　比例尺精度　导线测量　磁倾角　磁力异常

二、填空题

1. 罗盘仪的种类很多，型式各异，但主要由_____、_____、_____等部分组成。
2. 辨别罗盘仪磁针南北端的方法是_____，采用此法的理由是_____。
3. 望远镜是罗盘仪的瞄准设备，它由_____、_____、_____三部分构成。
4. 用罗盘仪测定磁方位角时，刻度盘是随着_____一起转动的，而_____却静止不动，在这种情况下，为了能直接读出与实地相符合的方位角，将方位罗盘按_____方向注记，_____方向的注字与实地相反。
5. 罗盘仪导线按布置形式可分为_____、_____和_____三种。
6. 在森林调查中，罗盘仪导线全长相对闭合差不应大于_____。
7. 罗盘仪碎部测量的方法有_____、_____和_____三种。

三、单项选择题

1. 在检验罗盘仪磁针灵敏度时，用小刀吸引磁针使其摆动，每次摆动后很快静止下来，但停留在不同的位置，则可判断为(　　)。
   A. 磁针磁性衰弱　　　　　　　B. 顶针磨损
   C. 玛瑙磨损　　　　　　　　　D. 兼有 B、C 两项或仅有其中一项
2. 罗盘仪磁针南北端读数差在任何位置均为常数，这说明(　　)。
   A. 磁针有偏心　　　　　　　　B. 磁针无偏心，但磁针弯曲
   C. 刻度盘刻划有系统误差　　　D. 磁针既有偏心又有弯曲
3. 所谓罗盘仪罗差是(　　)。
   A. 望远镜视准轴铅垂面与刻度盘零直径相交
   B. 望远镜视准面与刻度盘零直径不重合而相互平行
   C. 磁针轴线与刻度盘零直径相交
   D. 磁针轴线与刻度盘零直径不重合而相互平行
4. 两台罗盘仪测量同一条直线的方位角相差较大，且为常数，这说明(　　)。
   A. 其中一台磁针偏心很大　　　B. 其中一台磁针弯曲了
   C. 其中一台或两台视准轴误差大　D. 两台罗盘仪的罗差不同
5. 所谓比例尺较大，即(　　)。
   A. 比例尺分母大，在图上表示地面图形会较大
   B. 比例尺分母小，在图上表示地面图形会较小
   C. 比例尺分母小，在图上表示地面图形会较大
   D. 比例尺精度的数值相对较大，在图上表示地面图形会较大

四、判断题

1. 罗盘仪搬站时，磁针应固定。(　　)
2. 为了消除磁倾角的影响，保持磁针两端的平衡，常在磁针北端缠上铜丝。(　　)
3. 磁力异常对根据两直线的方位角计算得的水平夹角值没有影响，故可利用夹角和前一边未受磁力

异常影响的方位角来推算正确的方位角。(　　)

4. 罗盘仪导线测量中,方位角出错的边与闭合差方向大致平行。(　　)

5. 罗盘仪导线测量中,发生错误的那条边大致平行于闭合差方向。(　　)

6. 若罗盘仪刻度盘上的0°分划线在望远镜的目镜一端,则应按磁针南端读数,才是所测直线的磁方位角。(　　)

五、简答题

1. 如何区别磁针的指南与指北端?
2. 方位罗盘仪的刻度盘度数注记为什么要采用逆时针方向增加?而东西(E、W)两字的注记方位为什么要与实际相反?
3. 在罗盘仪测定某一直线的磁方位角时,往往要同时读出磁针的北端读数和南端读数,然后取平均值作为一个方向的观测结果,这样做有何意义?
4. 在平面图或地形图的测绘中,比例尺精度有什么实际作用?
5. 简述罗盘仪测定直线磁方位角的操作步骤。
6. 罗盘仪导线的三种布设形式各适用于什么情况?

六、计算题

1. 已知直线 AB 的反磁方位角为289°30′,求它的正磁方位角。
2. 比例尺为1:300和1:2000平面图的比例尺精度各为多少?要求图上表示0.5m大小的物体,测图比例尺至少要选择多大?
3. 根据表2-11观测数据,计算测站 A 至各测点间的水平距离和高差。已知仪器高 $i=1.42$m,视距乘常数 $K=100$,加常数 $C=0.3$m。

表2-11　罗盘仪视距测量观测记录

测点	尺间隔/m	中丝读数/m	倾斜角	水平距离/m	高差/m	备　注
1	0.532	1.40	4°30′			
2	0.451	1.42	9°00′			
3	0.323	1.80	16°30′			
4	0.416	2.10	18°00′			

4. 表2-12列出的某一闭合导线磁方位角施测结果中,在小范围内个别测站发生了磁力异常,试根据一直线的正、反方位角相差180°的关系给予改正。

表2-12　罗盘仪导线方位角磁力异常的改正

测站	目标	磁方位角			备　注
		正方位角	反方位角	平均方位角	
1	2	62°	242°		
2	3	126°	303°		
3	4	64°	252°		
4	5	199°	14°		
5	6	255°	75°		
6	1	344°	164°		

5. 整理表2-13罗盘仪导线测量手簿，然后进行平差、绘图（绘图比例尺采用1∶500）。

表2-13 罗盘仪导线测量手簿

测站	目标	磁方位角			倾斜角	距离/m		备 注
		正方位角	反方位角	平均方位角		斜距	平距	
1	2	43°00′	223°30′		8°00′	52.2		要求 $K \leq \dfrac{1}{200}$
2	3	119°30′	300°00′		6°30′	42.5		
3	4	179°00′	359°00′		7°00′	41.0		
4	5	239°00′	60°00′		11°00′	44.8		
5	6	355°00′	174°00′		18°00′	33.8		
6	1	293°00′	113°00′		14°00′	35.2		

自主学习资源库

如果同学们想了解更多的知识，可以通过下面渠道进行学习：

1. 阅读书刊

黄鑫，唐启发.2012.森林资源二类调查系统点定位与样木测量[J].农技服务，29(1)：75-77.

孙克南，武生权，赵小宇.2003.利用Microsoft Excel处理罗盘仪导线测量数据方法[J].河北林业科技(5)：51-53.

张士朋.2010.EXCEL2003在罗盘仪导线(视距)测量内业计算中的应用[J].河北林业(2)：39.

2. 浏览网站

森林调查技术精品课程网站 http://sldcjs.7546m.com/

3. 通过本校图书馆借阅有关森林调查方面的书籍。

拓展知识

罗盘仪的检验与校正

罗盘仪在使用之前，应进行检验与校正，以使其满足应具备的条件。罗盘仪需要检验与校正的主要内容有以下几个方面。

1. 磁针的检验与校正的方法

(1) 磁针平衡检验与校正

将罗盘仪整成水平状态，松开磁针，等磁针自由静止后，应平行于刻度盘的平面，如不平行，则需校正。此时，移动缠绕在磁针南端的铜丝圈的位置，使磁针两端平衡即可。

(2) 磁针转动灵敏检验与校正

灵敏性检验时，整平罗盘仪，放松磁针，待磁针静止后，读记其北端(或南端)的读数，然后用一铁质物体将磁针吸离原来位置。当迅速拿开铁质物体后，如磁针经过幅度较大的摆动，能很快静止且仍指向原来的读数，则表明磁针的灵敏度高；若磁针要经过较长时间的摆动后才能停在原来的位置，表示磁针的磁性已衰弱；如果磁针在每次摆动后停于不同的位置，则说明是顶针或玛瑙磨损。

校正方法：把磁针取出并置于另一完好的顶针上，如磁针转动灵敏，说明原顶针磨损，用油石将其磨尖即可；若磁针转动不灵敏，则是玛瑙磨损，无法修复，需另换磁针；如果磁针的磁性衰弱，应当充磁。充磁时，用磁铁的北极从磁针的中央向磁针的南端顺滑若干次；同样，以磁铁的南极自磁针的中央向磁针的北端顺滑若干次。

(3) 磁针偏心检验与校正

磁针的顶针(旋转中心)与刻度盘中心不重合的现象称为磁针偏心。假若磁针无偏心，同时也不弯曲，则磁针两端的读数对于方位罗盘应相差180°，而象限罗盘两端的读数应相等。

检验时，整平仪器，放松磁针，待磁针自由静止后，读记其两端的读数；轻轻转动仪器，不断读记两端读数，就可对该一系列读数进行分析。如两端读数不相差180°(或不相等)，并在任何方向上其差数是一个常数，说明磁针弯曲；如果磁针两端读数之差为一变数，并且随刻度盘的转动而逐渐缩小，直至为零后，又随刻度盘的继续转动而不断增大，则表明磁针有偏心。

校正方法：如果是磁针弯曲，可将其取下并用小木棒轻轻敲直，使磁针两端读数恰为180°(或相等)；若磁针有偏心，可首先找出两端读数之差最大处，然后用扁嘴钳夹住顶针向中心仔细校正，直至无误差为止。

磁针偏心对读数的影响，也可用计算的方法予以消除。如图2-22所示，O 为刻度盘中心，O_1 为顶针中心，此时两者不重合。若磁针北端读数为 a_1，正确读数为 a，则 a_1 较 a 大了 x 值，即 $a = a_1 - x$；而磁针南端读数为 b_1，正确读数应为 b，b_1 较 b 则小了 x，即 $b = b_1 + x$，将上述两式相加得

$$a + b = a_1 + b_1$$

因为
$$b = a \pm 180°$$

所以
$$a = \frac{a_1 + (b_1 \pm 180°)}{2} \quad (2\text{-}8)$$

式(2-8)中，当磁针北端读数大于180°时取"＋"号，反之取"－"号。由此也说明，取磁针南、北端读数的平均值，可消除偏心对读数的影响。

2. 十字丝的检验与校正的方法

检验时，安置罗盘仪于某点，并在其前方20～30m处悬挂一垂球(为不让垂球摆动，可将它浸入水中)；整平后转动仪器，用望远镜十字丝的纵丝对准垂球线，看两者是否完全重合，若不重合则需校正。如图2-23所示。

校正方法：松开十字丝环上任意两个相邻的校正螺钉，转动十字丝环，直至纵丝与垂球线完全重合，再旋紧十字丝环上的校正螺钉即可。

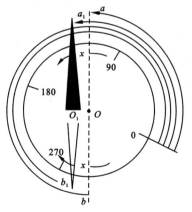
图2-22　磁针偏心校正

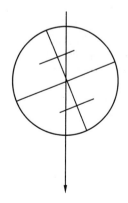
图2-23　十字丝的检验

3. 视准轴和度盘的检验与校正的方法

罗盘仪视准轴与度盘的0°～180°直径线应位于同一竖直面内，否则会产生视准差(读数误差)，在森林调查中称为罗差。检验有无罗差时，可取一根约1m长的细线，将其两端分别系一垂球后挂于罗盘上，

并使细线与0°～180°的连线重合；用望远镜瞄准20～30m处竖立的标杆后，拧紧水平制动螺旋；再经过2根铅垂细线瞄准此标杆，如果方向一致，表明该仪器无罗差，否则需校正。

校正时，一般需要求出罗差的大小，然后在观测值中进行改正。具体方法为：先用望远镜瞄准标杆，读取磁针北端的读数a，松开水平制动螺旋，微微转动仪器并使两根铅垂细线瞄准同一标杆，再读出磁针北端的读数b，若罗差用x表示，则

$$x = b - a \tag{2-9}$$

当使用带有罗差的罗盘仪测定某一直线的磁方位角时，将实测读数（观测值）加上罗差，即可得到改正后的正确数值；改正时，应注意罗差的正、负号。

本项目参考文献

1. 《测量学》编写组. 1993. 测量学[M]. 2版. 北京：中国林业出版社.
2. 崔希民. 2009. 测量学教程[M]. 北京：煤炭工业出版社.
3. 谷达华. 2011. 园林工程测量[M]. 重庆：重庆大学出版社.
4. 国家测绘局. 2007. GB/T 20257.1—2007 国家基本比例尺地图图式. 第1部分：1:500 1:1000 1:2000 地形图图式[S]. 北京：中国标准出版社.
5. 李建华. 2008. 测量学[M]. 上海：上海交通大学出版社.
6. 马继文, 李昌言, 娄云台. 1991. 森林调查知识[M]. 北京：中国林业出版社.
7. 宋鸿德. 1993. 中国古代测绘史话[M]. 北京：测绘出版社.
8. 魏占才. 2010. 森林调查技术[M]. 北京：中国林业出版社.
9. 赵德惠. 1987. 森林测算知识[M]. 北京：中国林业出版社.
10. 郑金兴. 2002. 园林测量[M]. 北京：高等教育出版社.
11. 中国有色金属工业总公司. 2007. GB50026—2007 工程测量规范[S]. 北京：中国计划出版社.

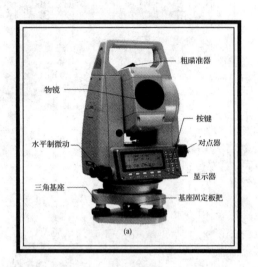

项目 3

全站仪测量

任务 3.1　全站仪基本测量
任务 3.2　全站仪测绘平面图

全站仪是测量工作中最基本和最常用的一种仪器，在森林资源调查过程中主要用于进行林地边界测量、林地面积测量等。本项目主要内容包括：全站仪的构造、参数设置与输入、基本测量模式、数据采集与数据传输以及利用南方 CASS 软件绘制平面图等内容。

知识目标

1. 了解全站仪的构造、用途。
2. 掌握全站仪角度测量、距离测量、坐标测量的方法。
3. 熟悉全站仪数据采集、数据传输的步骤。
4. 熟悉利用 CASS 软件导入全站仪数据自动绘制平面图的步骤。

技能目标

1. 会操作全站仪。
2. 能熟练利用全站仪进行角度测量、距离测量和坐标测量。

任务 3.1

全站仪基本测量

➙ 任务目标

利用全站仪对现有的林道进行角度测量与距离测量，要求每小组提交测量数据，每位同学提交林道路线图。

➙ 任务提出

全站仪测设样地边长不超过 100m 时，半测回的距离测量可达到 1/10 000 和高差不超过 1cm，且受距离和竖直角的影响较小，但要保证光学通视；在高度角和覆盖率满足要求的情况下，定位精度可达到厘米级且无需引点，效率高。

➙ 任务分析

在应用全站仪测量时，要按照对中、整平、瞄准、读数的操作步骤进行，注意各步骤的技术要领，使测量结果达到精度要求。

➙ 工作情景

工作地点：实训林场。

工作场景：采用学生现场操作，教师引导的学生主体、工学一体化教学方法，教师以实训基地林道测量为例，把全站仪测角、测距过程进行逐步演示，学生根据教师演示操作和教材设计步骤逐步进行操作。完成林道测量后，教师对工作过程和成果进行评价和总结，学生根据合格的测量数据展点成图，最终提交测区的平面图。

➙ 知识准备

3.1.1 全站仪的构造

全站仪，即全站型电子速测仪。是一种集光、机、电为一体的高技术测量仪器，是集水平角、垂直角、距离(斜距、平距)、高差测量功能于一体的测绘仪器系统。因其一次安置仪器就可完成该测站上全部测量工作，所以称为全站仪。

全站仪主要由基座和照准部组成。其中照准部由望远镜、水平制微动、垂直制微动、对点器、操作面板(含电源开关、显示屏、操作键、功能键)等。下面以北京博飞仪器公司生产的 BTS-6082 全站仪为例说明全站仪结构组成及部件名称。如图 3-1 至图 3-2 所示。

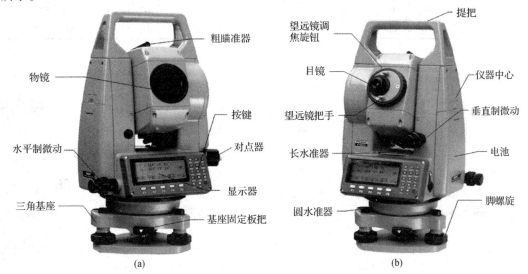

图 3-1 全站仪构造

3.1.2 操作面板各键的用途

3.1.2.1 操作键及功能

★星键　显示器照明开闭,设置棱镜常数。
◎电源键　电源接通或关闭。
F1 ~ F5 功能键　功能参见各模式所显示信息。
▲▼翻页键　文件或数据列表时翻页。
◀▶平移键　设置通讯波特率时平移。
0 ~ 9 数字键　输入数字。
A ~ Z 字母键　输入字母。
_ ~/符号键　输入符号。
ESC 退出键　返回前一模式或前一显示状态,进入主菜单。

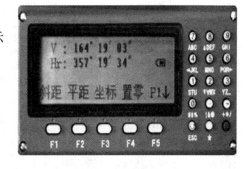

图 3-2 全站仪操作

3.1.2.2 功能键

全站仪的主要功能有角度测量、距离测量、坐标测量、放样测量、悬高测量、对边测量、偏心测量。前 3 个属于标准测量、后 3 个属于应用测量。这些功能主要通过功能键来操作,功能键信息显示在显示屏的底行,不同模式显示的信息不同,按下对应的功能键则执行相应显示信息命令。

3.1.2.3 显示符号的含义

全站仪显示的符号的含义见表 3-1。

表 3-1　全站仪显示符号的含义

符号	含义	符号	含义	符号	含义	符号	含义
V	垂直角	SD	倾斜距离	N	北向坐标	dHD	水平距放样差值
Hr	水平角右旋增量	HD	水平距离	E	东向坐标	dVD	高差放样值
Hl	水平角左旋增量	VD	高差	Z	天顶方向坐标	dSD	倾斜距离放样差值

→任务实施

实训目的与要求

1. 掌握全站仪各部分的具体含义及其作用。
2. 掌握全站仪安置、开机、照准、参数设置与输入的操作方法。
3. 掌握全站仪角度测量、距离测量和坐标测量模式的操作方法。

要求学生遵章守纪,确保安全;服从安排,团结协作,顾大局,识大体;熟悉全站仪构造及作用和测量方法,严格按照工程测量的工作方法和技术要求开展测绘工作,力戒弄虚作假,力求结果准确。

实训条件配备要求

1. 实训场所
实训林场。
2. 仪器数量

(1)电子全站仪每实训组 1 台。
(2)棱镜每实训组 2~3 只。

实训的组织与工作流程

1. 实训组织
(1)教师组织

成立教师实训小组,负责指导、组织实施实训工作。每班 25 名学生设 1 名指导教师,学生超过 25 名时,增加 1 名指导教师。指导教师巡回到各小组亲临指导。

(2)学生组织

建立学生实训小组,4~5 人为一组,并选出小组长,负责本组实习安排、考勤和仪器管理。同时选出 1 名学习骨干,负责本组的业务学习。

2. 实训工作流程(图 3-3)

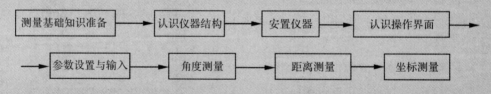

图 3-3　全站仪实训工作流程

实训方法与步骤

1. 用全站仪测某两条直线的水平角

水平角是指空间相交的两条直线在水平面上的投影所夹的角度,称为水平角,用 β 表示。

测水平角的方法很多,本次采用测回法,即用盘左观测左目标,再观测右目标,称为上半测回;用盘右观测右目标,再观测左目标,称为下半测回。两个半测回称为一测回。

采用测回法的水平角计算方法是,用右手边的读数(b)减去左手边读数(a),不够减加 360°。

$$\beta = b - a \quad (3-1)$$

式中　β ——水平角;

a ——右目标读数;
b ——左目标读数。

某两条道路 l_1 与 l_2 交于 O 点,在道路 l_1 上有一点 M,在道路 l_2 上有一点 N,用全站仪测出 $\angle MON$ 的水平角 β,如图 3-4 所示。

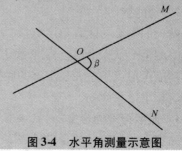

图 3-4　水平角测量示意图

测回法适用于观测两个方向之间的单角。采用测回法观测水平角∠MON操作步骤：

(1) 全站仪安置

全站仪安置于两条道路交叉点O，对中与整平。对中整平可采用常规方法进行，对中也可利用仪器本身的激光对点器对中。按下开关键使电源接通(开机)后，旋转望远镜，垂直角读数过零，屏幕进入标准测量模式(含角度测量、距离测量、坐标测量)的角度测量模式，默认显示为右旋增量(再次按下开关键使电源关闭，即关机)。

(2) 设置目标

测杆分别立于左目标点M与右目标点N。目镜调焦，然后松开水平制动钮和垂直制动钮，用粗瞄准器瞄准目标，使其进入视场后固定两制动钮，物镜调焦，用垂直微动和水平微动钮使十字丝精确瞄准目标中心。

(3) 盘左观测(测回法的上半测回)

盘左，即仪器竖直度盘在望远镜的左侧，盘左观测，又称正镜观测。

①设置水平角增量　默认为右旋增量。

②水平角置零　转动照准部，观测左目标点M，按F4(置零)进入置零模式，如图3-5所示。按F5(确认)键返回角度测量模式。此时，目标M的水平角显示为 0°00′00″。

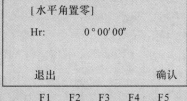

图3-5　水平角置零模式

```
V:       98°36′20″
Hr:     160°40′20″

斜距   平距   坐标   置零   P1↓
F1     F2     F3     F4     F5
```

图3-6　水平角测量结果显示

③读取水平角　瞄准右目标点N，显示的Hr值即为上半测回的水平角，如图3-6所示。

(4) 盘右观测(测回法的下半测回)

盘右，即仪器竖直度盘在望远镜的右侧，盘右观测，又称倒镜观测。

①设置水平角增量　按R/L对应的功能键F3，设置水平角为左旋增量，由Hr转为Hl。

②水平角置零　转动照准部，观测右目标点N，置零。

③读取水平角　瞄准左目标点M，显示值Hl即为下半测回的水平角。

(5) 计算水平角

上半测回的水平角与下半测回的水平角之平均值即为要测的水平角值。

2. 用全站仪测地面两点间的坡度(竖直角)

全站仪测量时，竖直度盘读数与竖直角统称为垂直角。

竖直角是指在同一竖直面内，倾斜视线与水平线之间的夹角，简称为竖角，又称为倾斜角，用α表示，视线向上倾斜为正，视线向下倾斜为负。竖直角的角值从0°~±90°。

在测量仪器中有时以天顶角表示，所谓天顶角是指在同一铅直面内，从天顶方向与倾斜视线之间的夹角。从天顶到天底，角值为0°~180°。天顶角一般用Z表示。

在全站仪中还有一种坡度角，即高差与平距的百分比值。当每按一次F4(V%)功能键，垂直角与坡度角可交替显示。

下面以全站仪测地面上某段直线MN的坡度为例，介绍测竖直角的操作步骤。

全站仪测竖直角时，默认以竖直度盘读数显示，即天顶方向为0°，盘左水平观测时显示90°，盘右水平观测时显示270°，当每按一次F2(CMPS)键，竖直度盘显示与竖直角显示依次转换。

(1) 设置测站

仪器设置于M点，对中与整平，量测仪器高。仪器操作面板处于角度测量页面。

(2) 立测杆

测杆立于N点，仪器照准测杆上等于仪器高的位置。

(3) 计算竖直角

①盘左观测目标　转动照准部，盘左观测目标点N点测杆距地面高等于仪器高位置，此时默认显示的为MN线段的竖盘读数(天顶角V_L)。

如果望远镜放在大致水平位置时读数为90°左右，且望远镜上倾时，竖盘读数减少，则竖直角

α_L 可用下式计算：

$$\alpha_L = 90° - V_L \qquad (3\text{-}2)$$

式中 α_L——盘左计算的竖直角；

V_L——盘左观测竖盘读数。

当按 F2(CMPS)功能键直接显示竖直角(倾斜角) α_L。

② 盘右观测目标 转动照准部，盘右观测目标点 N 点测杆距地面高等于仪器高位置，此时默认显示的为 MN 线段的竖盘读数(天顶角 V_R)。

如果望远镜放在大致水平位置时读数为 270°左右，且望远镜上倾时，竖盘读数增加，则竖直角 α_R 可用下式计算：

$$\alpha_R = V_R - 270° \qquad (3\text{-}3)$$

式中 α_R——盘右计算的竖直角；

V_R——盘右观测竖盘读数。

当按 F2(CMPS)功能键直接显示竖直角(倾斜角) α_R。

③ 计算倾斜角的平均值(α) 取盘左与盘右 2 次竖直角的平均值。

$$\alpha = \frac{1}{2}(\alpha_L + \alpha_R) = \frac{1}{2}[(V_R - V_L) - 180°] \qquad (3\text{-}4)$$

3. 用全站仪测地面两点间距离与高差

测距模式的转变的操作如下：

```
Hr:      130°40′00″
HD:      123.456
VD:        5.678 m    精测
 测量  角度  斜距  坐标  P1↓
  F1   F2   F3   F4   F5
```

图 3-7 距离测量模式第一页

```
Hr:      130°40′00″
HD:      123.456
VD:        5.678 m    精测
 模式  信号  放样  m/ft  P2↓
  F1   F2   F3   F4   F5
```

图 3-8 距离测量模式第二页

使仪器处于测距模式，显示如图 3-7 所示。按 F5(P1↓)键进入测距模式第二页功能，显示如图 3-8 所示。按 F1(模式)键进入测距模式选择，显示如图 3-9 所示。按 ESC 键，可取消测距模式设置。

```
Hr:      130°40′00″
HD:      123.456
VD:        5.678 m    精测
 精测  快测  跟踪  单次
  F1   F2   F3   F4   F5
```

图 3-9 测距模式选择

下面以全站仪测某块山地最高点 M 与最低点 N 间的斜距、平距和高差为例，介绍其操作步骤。

(1) 设置测站

仪器设置于 M 点，对中与整平，量测仪器高。仪器操作面板处于角度测量模式。

(2) 设置棱镜

棱镜立于 N 点，设置棱镜高等于仪器高(若不与仪器高相等，测得的斜距是指仪器中心至棱镜中心的斜距，平距与仪器高和棱镜高无关)。

(3) 仪器操作

① 斜距测量模式 转动照准部，正镜(盘左)观测目标点 N 处的棱镜中心，按 F1(斜距)键进入斜距测量模式，如图 3-10 所示。

② 进行斜距测量 通过水平制微动和垂直制微动使十字丝中心精确照准棱镜中心，按 F1(测量)键进行距离测量，显示垂直角、水平角和斜距，如图 3-11 所示。

③ 进行平距测量 按 F3(平距)可转至平距观测，显示水平角、水平距离和高差，如图 3-12 所示。

```
V:       49°38′45″
Hr:      130°40′00″
SD:        0.000 m    精测
 测量  角度  平距  坐标  P1↓
  F1   F2   F3   F4   F5
```

图 3-10 斜距测量模式

```
V:       49°38′45″
Hr:      130°40′00″
SD:      131.704 m    精测
 测量  角度  平距  坐标  P1↓
  F1   F2   F3   F4   F5
```

图 3-11 斜距测量结果显示

```
Hr:      130°40'00"
HD:      123.456
VD:      45.502 m      精测
测量  角度  斜距  坐标  P1↓
F1    F2    F3    F4    F5
```

图 3-12 平距测量结果显示

4. 用全站仪根据已知两点坐标测未知点坐标

已知点 $O(200.000, 234.500, 210.000)$，点 $M(123.400, 150.000, 213.400)$，用全站仪测出未知点 N 的坐标。

(1) 设置测站

① 安置仪器　仪器安置于其中一个已知点 O，对中与整平。

② 开机　按电源开关开机，进入角度测量模式。

③ 坐标测量模式　在角度测量模式下，按 F3 功能键调至坐标测量页面。

(2) 设置（测站点、后视点、仪器高、棱镜高）

坐标测量前必须先设置测站坐标、后视点坐标、仪器高及棱镜高。

```
N:   0.000 m
E:   0.000 m
Z:   0.000 m    精测
测量  角度  斜距  平距  P1↓
F1   F2   F3   F4   F5
```

图 3-13 坐标测量模式第一页

```
N:   0.000 m
E:   0.000 m
Z:   0.000 m    精测
模式  信号  设置  m/ft  P2↓
F1   F2    F3   F4    F5
```

图 3-14 坐标测量模式第二页

① 设置测站点　测站点坐标可利用内存中的坐标数据来设定，也可直接由键盘输入。

以直接由键盘输入为例，设置测站点的步骤如下：

```
F1: 测站点设置
F2: 后视点设置
F3: 仪器高
F4: 棱镜高
F1   F2   F3   F4   F5
```

图 3-15 坐标测量设置菜单

```
N:   0.000 m
E:   0.000 m
Z:   0.000 m
输入              确认
F1   F2   F3   F4   F5
```

图 3-16 测站点设置

```
N=
E:   20.123 m
Z:   0.112 m
                确认
F1   F2   F3   F4   F5
```

图 3-17 测站点坐标输入

```
N:   200.000 m
E:   234.500 m
Z:   210.000 m
                确认
F1   F2   F3   F4   F5
```

图 3-18 测站点坐标设置结果

由测角模式，按 F3（坐标）键进入坐标测量第一页（图 3-13），按 F5（P1↓）键进入坐标测量第二页（图 3-14），按 F3（设置）进入设置菜单（图 3-15），按 F1（测站点设置）显示如图 3-16 所示，按 F1（输入）显示如图 3-17 所示，输入仪器所在已知点 O 的坐标数据（200.000，234.500，210.000），依次按 "2"、"0"、"0"、"0"、"."、"0"、"0"、"0" 数字键和小数点键，输入 x 坐标，按 F5（确定）。同法输入 y 和 z 的坐标；每输入一行按 F5（确认）一次。坐标数据输入完后，按 F5（确认）显示如图 3-18 所示。按 F5（确认）测站点设置完成，返回设置菜单。

```
N:    0.000 m
E:    0.000 m
输入              确认
F1   F2   F3   F4   F5
```

图 3-19　后视点设置

```
N=
E:    0.000 m
                 确认
F1   F2   F3   F4   F5
```

图 3-20　后视点坐标输入

② 设置后视点　还是以直接由键盘输入为例，设置后视点的步骤如下：

在设置菜单里按 F2 键（后视点设置）进入后视点设置的输入界面，见图 3-19，按 F1（输入）显示等待输入坐标 N 数值，如图 3-20 所示，输入点 M 坐标数据（123.400，150.000），后视点不需输入高程坐标（Z），显示如图 3-21 所示，按 F5（确认）进入方位角设置，显示如图 3-22 所示，在后视点立棱镜，照准后视点，按 F5（确认）返回设置菜单。

```
N:    123.400 m
E=150.000
                 确认
F1   F2   F3   F4   F5
```

图 3-21　后视点设置结果

```
后视
Hr:    45°00′00″
退出              确认
F1   F2   F3   F4   F5
```

图 3-22　后视点设置完成

③ 设置仪器高　在设置菜单里按 F3（仪器高）进入仪器高的输入界面，输入仪器高后，返回设置菜单。

```
N:    10.245 m
E:    2.356 m
Z:    0.005 m        精测
测量  角度  斜距  平距  P1↓
F1   F2   F3   F4   F5
```

图 3-23　待测点坐标结果

④ 设置棱镜高　在设置菜单里按棱镜高对应的 F4 功能键，进入棱镜高的输入界面，输入棱镜的实际高后，返回设置菜单，至此测站设置完毕。

（3）测量待测点坐标

进行坐标测量时应先设置测站点坐标、输入仪器高和棱镜高，设置定向点的方位角。按 ESC 键返回坐标测量的第二页，再按 F5（P2↓）返回第一页。照准棱镜，按 F1（测量）进行测量，显示出测量结果，如图 3-23 所示。

实训成果

完成表 3-2 至表 3-4。

表 3-2　全站仪观测水平角记录表

组别：　　　姓名：　　　学号：　　　日期：

测站	盘位	测点	读数 ° ′ ″	半测回角值 ° ′ ″	一测回角值 ° ′ ″
O	盘左	M			
		N			
	盘右	M			
		N			

表3-3 全站仪测竖直角、斜距、水平距及高差

组别：　　　姓名：　　　　学号：　　　　日期：
仪器高：　　　棱镜高：

已知点(起点)	待测点(终点)	盘位	竖盘读数 ° ′ ″	竖直角 ° ′ ″	斜距 m	平距 m	高差 m
M	N	盘左					
		盘右					
		平均	—				

表3-4 全站仪坐标测量记录表

组别：　　　观测者姓名：　　　学号：　　　　日期：
测站名：M　　仪器高：　　　棱镜高：　　测站坐标：X =　　　Y =

待测点	坐标	
	x/m	y/m
N		

注意事项

1. 全站仪属于精密，一定要轻拿轻放；全站仪望远镜不能直接瞄准太阳，以免损坏仪器元件。

2. 切勿用眼睛直接观察对点器的激光光源，不要频繁地按下激光开关。

3. 尽量平移仪器，不要让仪器在架头上有转动，以尽可能减少气泡的偏移。

4. 测水平角时，要注意是右旋增加量还是左旋增量。

5. 全站仪使用前应确认电池有足够的剩余电量，卸下电池前必须关闭电源。

考核评估

序号	技术要求	配分	评分标准	实测记录	得分
1	能正确快速对中整平仪器	10	仪器对中、整平符合标准各5分		
2	设置水平角增量	15	左旋与右旋的正确使用5分，否则，无分		
3	能用测回法测水平角	15	测回法运用正确10分，仪器操作正确5分		
4	能用全站仪测距离、高差	20	仪器操作正确10分，距离、高差各5分		
5	能用全站仪与棱镜测坐标	30	设置测站点、后视点、棱镜高、仪器高均正确、待测点坐标正确满分；每项不正确扣6分		
6	团队协作 (1)小组成员间团结协作 (2)学习态度、职业道德、敬业精神 (3)步骤和操作过程的规范性	6	根据学生表现，每小项2分		

（续）

序号	技术要求	配分	评分标准	实测记录	得分
7	方法能力 (1)计划执行能力 (2)过程的熟练程度	4	根据学生表现，每小项2分		
	合计	100			

➜巩固训练项目

在角度测量和距离测量的基础上，利用偏心测量进行胸径测量；利用悬高测量进行树高的测量。

任务 3.2
全站仪测绘平面图

➔ 任务目标

利用全站仪的数据采集功能采集测区内各主要点位的坐标，通过数据传输功能把测得的各点坐标数据传输到电脑中，使用南方 CASS 软件，进行平面图的绘制，要求每人提交一份实训场所的平面图。

➔ 任务提出

全站仪测地面点的坐标是最基本的测量工作内容，林业生产中，采伐迹地、宜林荒山等地块的形状及面积确认工作用全站仪测量即快捷又准确，因此需要熟悉全站仪坐标测量的方法以及应用南方 CASS 软件绘制平面图的操作步骤。

➔ 任务分析

在应用全站仪坐标测量时，要在全站仪基本测量的基础上，按照坐标测量的操作步骤进行设置测站、后视点、棱镜高及仪器高等准备工作，然后进行各点位坐标的采集（测量），注意各步骤的技术要领，使测量结果达到精度要求。

➔ 工作情景

工作地点：实训林场。

工作场景：采用学生现场操作，教师引导的学生主体、工学一体化教学方法，教师以某一个地面点位的坐标测量为例，把全站仪坐标测量的过程逐步演示，学生根据演示操作和教材设计步骤逐步进行操作。完成测区测量工作后，教师对学生工作过程和成果进行点评，经过数据的传输与 CASS 软件的演示操作，让学生对测区平面图进行绘制，最终提交测区的平面图。

→ 知识准备

3.2.1 全站仪数据采集

3.2.1.1 控制测量

控制测量是指在整个测区范围内，均匀地布设一定数量具有控制作用的点（即控制点），相邻的控制点连接起来组成一定的图形（即控制网），用精密的仪器、工具和相应的方法准确地测算出控制点的平面位置和高程的工作。控制测量包括平面控制测量和高程控制测量，仅介绍平面控制测量。

（1）布设导线

导线的形式，有闭合导线、附合导线和支导线。

①闭合导线　从某点出发，经过若干个待定导线点后仍回到该点的导线。

②附合导线　从一已知点出发，经过若干个待定点以后，附合到另一已知点的导线。

③支导线　从一已知点出发，既不附合到另一已知点，也不回到起始点的导线。

以图3-24所示的附合导线为例，全站仪导线三维坐标测量的工作除踏勘选点及建立标志外，主要应观测导线点的坐标、高程和相邻点间的边长，并以此作为观测值，其观测步骤如下。

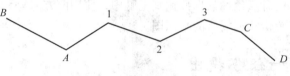

图3-24　附合导线布设

将全站仪安置于起始点 A（高级控制点），按距离及三维坐标的测量方法测定控制点 A 与1点的距离 D_{A1}、1点的坐标 (x'_1, y'_1) 和高程 H_1。再将仪器安置在已测坐标的1点上。用同样的方法测得1、2点间的距离 D_{12}、2点的坐标 (x'_2, y'_2) 和高程 H_2。依此方法进行观测，最后测得终点 C（高级控制点）的坐标观测值 (x'_C, y'_C)。

导线点的位置选定后，要及时建立标志，一般方法是打一木桩并在桩顶钉一铁钉，或用油漆直接在硬化地面上进行标定。对于需要长期保存的导线点，应埋入混凝土桩或石桩，桩顶刻凿"十"字或铸入锯有"十"字的钢筋。在桩顶或侧面写上编号，为了便于寻找，应作好点之记或在附近明显地物上用红油漆作标记。

如果导线附近找不到已知的高级控制点，即没有已知方位角和已知坐标，则可用罗盘仪测定导线起始边的方位角，作为定向和推算其他各边方位角的依据，假设起始点的坐标作为推算其他各点坐标的依据，即整个测区建立独立坐标系统。

3.2.1.2 以坐标和高程为观测值的导线近似平差计算

由于 C 为高级控制点，其坐标已知。在实际测量中，由于各种因素的影响，C 点的坐标观测值一般不等于其已知值，因此，需要进行观测成果的平差计算。

（1）导线全长闭合差及精度计算

①导线全长闭合差计算　在图中，设 C 点坐标的已知值为 (x_C, y_C)，其坐标观测值为 (x'_C, y'_C)，则纵、横坐标闭合差为

$$\left. \begin{aligned} f_x &= x'_C - x_C \\ f_y &= y'_C - y_C \end{aligned} \right\} \tag{3-5}$$

式中　f_x——纵坐标闭合差；
　　　f_y——横坐标闭合差；
　　　x'_C——C点纵坐标观测值；
　　　x_C——C点纵坐标已知值；
　　　y'_C——C点横坐标观测值；
　　　y_C——C点横坐标已知值。

由此，可计算出导线全长闭合差。

$$f_D = \sqrt{f_x^2 + f_y^2} \tag{3-6}$$

式中　f_D——导线全长闭合差；
　　　其他符号同前。

②导线测量的精度计算　导线全长闭合差 f_D 是随着导线长度的增大而增大，所以，导线测量的精度是用导线全长相对闭合差 K 来衡量的，即导线全长闭合差 f_D 与导线全长 $\sum D$ 之比值。

$$K = \frac{f_D}{\sum D} = \frac{1}{\dfrac{\sum D}{f_D}} \tag{3-7}$$

式中　K——导线全长相对闭合差；
　　　f_D——导线全长闭合差；
　　　$\sum D$——导线全长。

导线全长相对闭合差 K 通常用分子是 1 的分数形式表示，不同等级的导线全长相对闭合差的容许值 K 是不同的，用时查阅相关测量规范。

（2）坐标改正数计算

当精度合格时，可用下式计算各点坐标的改正数。

$$\left. \begin{array}{l} V_{x_i} = -\dfrac{f_x}{\sum D} \sum D_i \\ V_{y_i} = -\dfrac{f_y}{\sum D} \sum D_i \end{array} \right\} \tag{3-8}$$

式中　V_{x_i}——第 i 点的纵坐标改正数；
　　　V_{y_i}——第 i 点的纵坐标改正数；
　　　$\sum D$——导线全长；
　　　$\sum D_i$——第 i 点之前的导线边长之和。

（3）各导线点坐标计算

根据起始点的已知坐标和各点坐标的改正数，可按下列公式依次计算各导线点的坐标。

$$\left. \begin{array}{l} x_i = x'_i + V_{x_i} \\ y_i = y'_i + V_{y_i} \end{array} \right\} \tag{3-9}$$

式中　x'_i , y'_i——第 i 点的坐标观测值；
　　　x_i , y_i——第 i 点的改后坐标值。

（4）高程闭合差计算

因全站仪测量可以同时测得导线点的坐标和高程，因此高程的计算可与坐标计算一起完成，高程闭合差为：

$$f_H = H_C' - H_C \tag{3-10}$$

式中 f_H——高程闭合差；

H_C'——C 点的高程观测值；

H_C——C 点的已知高程。

（5）高程改正数计算

$$V_{H_i} = -\frac{f_H}{\sum D}\sum D_i \tag{3-11}$$

式中 V_{H_i}——导线点高程改正数；

其他符号同前。

（6）各导线点高程计算

$$H_i = H_i' - V_{H_i} \tag{3-12}$$

式中 H_i——第 i 点的改后高程；

H_i'——第 i 点的高程观测值。

全站仪附合导线的坐标测量平差计算过程算例见表3-5。

表3-5　全站仪附合导线坐标计算表

点号	坐标观测值/m			距离/m	坐标改正数/mm			改后坐标值/m		
	x	y	H		V_x	V_y	V_H	x	y	H
1	2	3	4	5	6	7	8	9	10	11
A								110.253	51.026	
B								200.00	200.00	72.126
				297.262						
1	125.532	487.855	72.543		−10	8	4	125.522	487.863	72.547
				187.814						
2	182.808	666.741	73.233		−17	13	7	182.791	666.754	73.240
				93.403						
C	155.395	756.046	74.151		−20	15	8	155.375	756.061	74.159
D								86.451	841.018	
				$\sum D = 578.479$				$K = 1/23139$		
	$f_x = 20\text{mm}$				$f_D = 25\text{mm}$					
	$f_y = -15\text{mm}$				$f_H = -8\text{mm}$					

闭合导线与支导线的坐标计算过程参照附合导线进行计算。

3.2.1.3　碎部测量

（1）碎部点的选择

碎部测量数据采集一般用全站仪进行，当所测地物比较复杂时，为了减少镜站数，提高效率，可适当采用皮尺丈量方法测量。

（2）人员组织

一个作业小组可配备：测站1人，司镜可根据地形情况，用单人或多人。绘图员负责画草图和室内成图，是核心成员，一般外业1d，内业1d，轮换进行。在任务紧时，白天进行外业工作，晚上进行内业工作。绘图员须与测站保持良好的通讯联系，使草图上的点号与手簿上的点号一致。

（3）碎部点施测

同全站仪的控制测量操作。

→ 任务实施

实训目的与要求

1. 掌握控制测量的方法
（1）能利用全站仪进行控制测量的外业操作；
（2）要求每位同学会进行控制测量的内业平差。
2. 掌握碎部测量的方法
（1）注意碎部点的选择；
（2）全站仪碎部点的坐标采集。
3. 掌握南方CASS绘制平面图的操作步骤
（1）具备CAD基本知识；
（2）认识南方CASS软件；
（3）要求每位同学能用CASS软件独立绘制平面图。

要求学生遵守测量野外操作规章制度，力保安全；加强训练，在学会全站仪坐标测量的基础上，掌握控制测量与碎部测量的方法，团结协作，互相帮助；严格按照工程测量技术要求和实事求是的工作态度开展测绘工作。

实训条件配备要求

1. 实训场所
（1）实训基地或校园。
（2）不少于40台电脑的机房。
2. 仪器数量
（1）电子全站仪每实训组1台。
（2）棱镜每实训组2～3只。
（3）电脑每人1台。

实训的组织与工作流程

1. 实训组织
（1）成立教师实训小组
每班设1名指导教师，负责指导、组织实施实训工作，指导教师巡回到各小组亲临指导。
（2）建立学生实训小组
每组由4～5人组成，并选出小组长，负责本组实习安排、考勤和仪器管理。
2. 实训工作流程（图3-25）

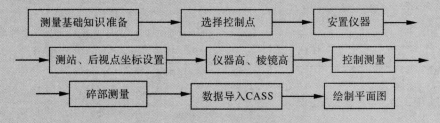

图3-25　全站仪绘制平面图工作流程

实训方法与步骤

利用BTS-6082C全站仪可进行测量数据的采集和坐标数据的采集，测量数据采集存储的数据为"垂直角、水平角、斜距值"、"仪器高、棱镜高"、"测站点坐标"，坐标数据采集存储的数据为待测点的坐标数据。

数据采集前须选定或输入一个文件（测量文件或坐标文件）。

数据采集菜单的操作：主菜单模式，按F1（程序）进入程序模式，按F1（数据采集）进入数据采集菜单(见图3-26)。

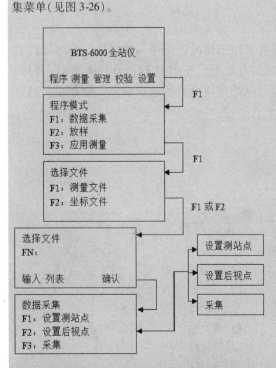

图3-26 数据采集操作步骤

1. 全站仪导线测量

(1)选择导线形式

根据实际情况选择闭合导线、附合导线和支导线,在无已知点的情况下,选择闭合导线。

(2)选择文件

数据采集前须选定一个文件,可以通过输入新的文件名,创建当前工作文件,也可调用内存中的文件作为当前的工作文件。现分述如下。

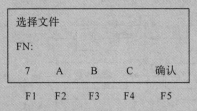

图3-27 字母输入示意图

①输入文件名创建当前工作文件 在主菜单模式,按程序对应的 F1 键进入程序模式,按数据采集对应的 F1 键进入数据采集,如果按测量文件对应的 F1 键,则选择文件类型为测量文件,按 F1(输入)进入测量文件名输入,输入文件名。如输入文件名 BOIF,应按如下操作:

按 F1(测量文件)键选择文件类型为测量文件;按 F1(输入)键进入文件名输入;按 7(ABC)键,在显示器下一行依次显示 7、A、B、C,分别对应着功能键 F1、F2、F3、F4,如图 3-27 所示;按 F3 键输入其对应的字母 B;同样方法输入字母 O、I、F,然后按 F5 键确认,文件名输入完成,返回数据采集菜单。

②调用内存文件创建当前工作文件 数据采集模式,按测量文件对应的 F1 键,选择文件类型为测量文件,按列表对应 F2 键,进入内存文件名列表,按数字键 8(▲)或 2(▼)可对文件列表翻页,改变当前指向文件。按 F5(确认),将当前指向文件设置为当前工作文件,返回数据采集菜单。

(3)设置测站点和后视点

设置测站点,包括点号(可略)、标识符(可略)、仪器高(可默认)、坐标(可直接输入,或调用内存中坐标文件中的坐标数据)。

通过设置后视点来确定方位角,设置方法为直接输入后视点坐标数据或输入点号调用内存中坐标文件中的坐标数据。

①设置仪器高 参照任务 3.1 中相关内容。

②设置测站及后视点 利用内存中的坐标数据设置,参照任务 3.1 中相关内容。但如果是采用假定坐标系的闭合导线,测站点坐标可假设,后视点可在假定的基本方向(北向)上适当距离处立棱镜,横坐标(东向坐标)与测站点横坐标相同,纵坐标(北向坐标)比测站点纵坐标适当大即可。如,起始点坐标设为(200.000,200.000,100.000),则后视点坐标可设为(230.000,200.000,100.000)。

(4)待测点数据采集与存储

在选择测量文件或坐标文件、确定当前工作文件、设置测站点与后视点工作后,进行待测点的数据采集工作。

①在数据采集模式下,按 F3 键,显示如图 3-28 所示,开始数据采集。

②按 F1(输入)功能键,输入待测点点号、点编码、棱镜高。输入状态显示如图 3-29 所示。按 F5(确认)输入完成。

③照准目标点,按 F3(测量)显示该点测量值,如图 3-30 所示(若选择坐标文件显示坐标值,这里选择测量文件显示的是垂直角、水平角、斜距值);若按 F4(所有)按照上一目标点的测量方

任务 3.2　全站仪测绘平面图

以草图法工作方式为例进行介绍内业成图过程。

草图法在内业工作时，根据作业方式的不同，又分为"点号定位"、"坐标定位"、"编码引导"几种方法。仅以点号定位法进行介绍。

(1) 通讯参数设置

在数据通讯时，要检查通讯电缆连接是否正确，计算机与全站仪参数设置是否一致。每次野外工作之后要注意及时传送数据到计算机，可以保证仪器有足够内存，同时减少数据丢失的可能性。

主菜单模式，按 F3（管理）、按 F5（P1↓）翻页至第二页（P2↓），按 F3 进入数据通讯菜单。再按 F3 显示若干个波特率数值，通过按 ▲、▼、◀或▶ 重新设置所需的波特率，按 F5 确认。

```
点号  →
点编码：
棱镜高：
输入  查找  测量  所有  确认
 F1    F2    F3    F4    F5
```
图 3-28　准备输入待测点号

```
点号：   PT-30
点编码： A1
棱镜高： →1.000 m
输入  查找  测量  所有  确认
 F1    F2    F3    F4    F5
```
图 3-29　待测点信息输入

式进行测量，自动生成新的点号，如图 3-31 所示；如果按 F2（查找）键，可查阅当前文件中的坐标数据。

```
V：     90°01′02″
Hr：     0°00′00″
SD：    12.345 m
测量    发送    记录
 F1     F2      F3      F4     F5
```
图 3-30　待测点的测量值

```
点号  →PT-31
点编码： A1
棱镜高： 1.000 m
输入  查找  测量  所有  确认
 F1    F2    F3    F4    F5
```
图 3-31　当前待测点测量值

④按 F5（记录），将测得数据存储至内存，返回采集模式（可继续输入新点号），见图 3-29。按 ESC 键即可结束数据采集。

(5) 导线平差

导线闭合差计算、精度计算、坐标改正值计算，最后推算出各导线点的平面坐标值。

(6) 碎部测量

在各导线点安置全站仪，输入该测站平差后的坐标值，其他操作内容同前。

2. CASS 软件绘制平面图

南方 CASS 内业成图方法有草图法和简码法，

(2) 发送数据

全站仪文件中的坐标数据可发送至计算机，首先应进行计算机通讯软件的操作，再进行全站仪的操作。操作步骤如下：

①进入存储管理模式第二页；

②按 F3 功能键进入数据通讯菜单；

③按 F1 功能键选择发送数据；

④按 F1 功能键输入要发送的文件名（按 F2 键从列表中选择要发送的文件名）；

⑤按 F5 功能键确认传送该文件中的坐标数据至计算机。

同样，计算机中的坐标数据也可发送至全站仪，操作步骤与发送数据基本相似不再赘述。

(3) 定显示区

定显示区的作用是根据输入坐标数据文件的数据大小定义屏幕显示区域的大小，以保证所有点位均可见。

首先移动鼠标至"绘图处理"项，按左键出现如图 3-32 下拉菜单。然后选择"定显示区"项，按左键出现一个对话窗如图 3-33 所示。

这时，需输入碎部点坐标数据文件名。可直接通过键盘输入，在"文件（N）："处输入 C：\CASS70\DEMO\YMSJ.DAT 后，再移动鼠标至"打开（O）"处，按左键，命令区显示：

最小坐标（米）$X = 87.315$，$Y = 97.020$

最大坐标（米）$X = 221.270$，$Y = 200.00$

(4) 选择测点点号定位成图法

移动鼠标至屏幕右侧菜单区之"坐标定位/点

(5) 绘平面图

① 根据野外作业时绘制的草图，移动鼠标至屏幕右侧菜单区选择相应的地形图图式符号，然后在屏幕中将所有的地物绘制出来。系统中所有地形图图式符号都是按图层来划分的，例如所有表示测量控制点的符号都放在"控制点"这一层，所有表示独立地物的符号都放在"独立地物"这一层，所有表示植被的符号都放在"植被园林"这一层。

② 为了在图形编辑区内看到各测点之间的关系，可先将野外测点点号在屏幕中展出来。其操作方法是：先移动鼠标至屏幕的顶部菜单"绘图处理"项按左键，这时系统弹出一个下拉菜单。再移动鼠标选择"展点"项的"野外测点点号"项按左键，便出现同图3-34所示的对话框。输入对应的坐标数据文件名 C：\CASS70\DEMO\YMSJ.DAT 后，便可在屏幕展出野外测点的点号。

图 3-32　CASS 数据处理下拉菜单

图 3-34　全站仪内存数据转换

根据外业草图，选择相应的地图图式符号在屏幕上将平面图绘出来。

比如草图中由 1，2，3 号点连成一间普通房屋绘出来，移动鼠标至右侧菜单"居民地/一般房屋"处按左键，系统便弹出对话框。再移动鼠标到"四点房屋"的图标处按左键，图标变亮表示该图标已被选中，然后移鼠标至 OK 处按左键。这时命令区提示：

绘图比例尺 1：　　，输入 1000，回车。

1. 已知三点/2. 已知两点及宽度/3. 已知四点 <1>：输入 1，回车（或直接回车默认选 1）。

说明：已知三点是指测矩形房子时测了 3 个

图 3-33　选择测点点号定位成图法对话框

号定位"项，按左键，即出现对话框。

输入坐标点数据文件名 C：\CASS70\DEMO\YMSJ.DAT，命令区提示：读点完成! 共读入60点。

点;已知两点及宽度则是指测矩形房子时测了2个点及房子的1条边;已知四点则是测了房子的4个角点。

点P/<点号>输入1,回车。

说明:点P是根据实际情况在屏幕上指定一个点;点号是绘地物符号定位点的点号(与草图的点号对应),此处使用点号。

点P/<点号>输入2,回车。

点P/<点号>输入3,回车。

这样,即将1、2、3号点连成一间普通房屋。

绘房子时,输入的点号必须按顺时针或逆时针的顺序输入,如上例的点号按2、1、3或3、1、2的顺序输入,绘出来房子就不对。

重复上述操作,将其他号点依次绘成四点棚房、四点破坏房子、四点建筑中房屋、多点一般房屋。

同样在"居民地/垣栅"层找到"依比例围墙"的图标,将对应号点绘成依比例围墙的符号;在"居民地/垣栅"层找到"篱笆"的图标将对应号点绘成篱笆的符号。完成这些操作后形成平面图。

实训成果

提交电子平面图。

注意事项

1. 导线点应选在视野开阔、土质坚实的地方。
2. 对复杂地物,应画出草图、注明尺寸,绘图时与草图对比。
3. 养成一套较好的命名习惯,以减少内业工作中不必要的麻烦。

→考核评估

序号	技术要求	配分	评分标准	实测记录	得分
1	会布设6个点以上闭合导线	30	导线点选择有1个不合理的扣5分		
2	能用全站仪与棱镜进行闭合导线测量	30	测站点设置、后视点设置各10分,仪器高、棱镜高各5分		
3	会导线测量的坐标平差	30	方法正确、数据准确30分,坐标改正数符号错误扣15分,坐标推算错误扣15分		
4	团队协作 (1)小组成员间团结协作 (2)学习态度、职业道德、敬业精神 (3)步骤和操作过程的规范性	6	根据学生表现,每小项2分		
5	方法能力 (1)计划执行能力 (2)过程的熟练程度	4	根据学生表现,每小项2分		
	合计	100			

→巩固训练项目

参照教材中的用全站仪进行附合导线测量的方法,各小组进行闭合导线的测量及内业坐标计算;最后每人利用南方CASS软件提交一份电子版的平面图。

自测题

一、名词解释

水平角　竖直角　坡度角

二、填空题

1. 控制测量的导线形式有_____、_____和_____。
2. 全站仪数据采集分为_____数据和_____数据。
3. 测回法角度测量观测顺序，上半测回为盘左、_____目标、盘_____、右目标；下半测回为盘_____、右目标、盘右、_____目标。

三、简答题

用全站仪测定水平角时，往往要用测回法，测回法的操作步骤是什么，这样做有何意义？

四、计算题

全站仪闭合导线观测数据见表3-6。要求完成表中辅助因子计算，最终完成计算出各点的坐标。

表3-6　全站仪闭合导线坐标计算表

点号	坐标观测值/m		距离/m	改正数/mm		改后坐标值/m		点号
	x	y		V_x	V_y	x	y	
M						456	500	M
A						400.00	500.00	A
			67.235					
B	409.721	432.812						B
			102.151					
C	510.348	425.013						C
			46.921					
D	510.822	471.930						D
			89.637					
E	851.683	526.578						E
			62.166					
F	551.366	580.532						F
			99.993					
G	451.812	581.405						G
			42.893					
H	411.866	565.627						H
			66.788					
A	399.987	500.012				400	500	A
	$\sum D =$			$K = 1/$				
	$f_x =$			$f_D =$				
	$f_y =$			$f_H =$				

自主学习资源库

如果同学们想了解更多的知识,可以通过下面渠道进行学习:

1. 阅读书刊

(1)梁中平. 2011. 全站仪在面积测量中的应用[J]. 科学之友(12):41-42.

(2)王飞驰,郑黄海,盛伟. 2009. 全站仪平面偏心测量原理及其应用[J]. 煤炭技术(11):186-188.

(3)郭保生,张敬东,王林中,郭东炜. 2007. 林地小班面积测量方法探讨[J]. 中国农学通报(5):162-165.

2. 浏览网站

(1)数字测绘网 http://www.nbgis.com/forum/default.asp

(2)测绘天地网 http://pgs.surveysky.com/

(3)中国测绘网 http://www.cehui8.com/

3. 通过本校图书馆借阅有关森林调查方面的书籍。

本项目参考文献

1. 王文斗. 2003. 园林测量[M]. 北京:中国科学技术出版社.
2. 周建郑. 2007. 测量学[M]. 北京:化学工业出版社.
3. 许加东. 2011. 控制测量[M]. 北京:中国电力出版社.

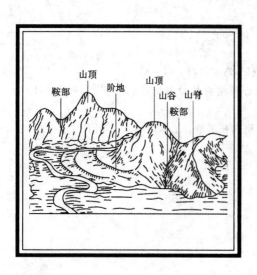

项目 4
地形图在森林调查中的应用

任务 4.1　地形图的识别
任务 4.2　地形图的基本应用
任务 4.3　地形图在森林调查中的应用

地形图具有文字和数字形式所不具备的直观性、一览性、量算性和综合性的特点，这就决定了地形图的独特功能和广泛的用途。在林业生产中，如森林资源清查、林业规划设计、工程造林、森林环境保护等，都是以地形图作为重要的基础资料开展工作的。本项目主要内容包括：地形图识图基础、地形图的分幅与编号、基本数据的求算、在地形图上进行境界线的勾绘、面积计算等。

知识目标

1. 了解国家基本地形图的分类。
2. 了解国家基本地形图分幅与编号标准、方法。
3. 熟悉地形图的图外注记和作用。
4. 熟悉地理坐标的意义与作用。
5. 熟悉高斯平面直角坐标格网意义与作用。
6. 熟悉地物、地貌在地形图上的表示方法。

技能目标

1. 能在地形图上进行各种基本数据的求算。
2. 能实地对图读图、实地定向和确定站立点的位置。
3. 能利用地形图对坡勾绘确定某地境界线。
4. 能在地形图上进行面积测算。

任务 4.1
地形图的识别

➡任务目标

准备本地区1:1万或1:2.5万地形图,对地形图进行识别与读图。分析地物与注记、地物与地物、地物与地貌、地貌与地貌之间的关系;通过对地物、地貌的分析和研判,了解本地区的地理概况和其他方面的情况。

➡任务提出

在林业生产中,如森林资源清查、林业规划设计、工程造林、森林环境保护等,都是以地形图作为重要的基础资料开展工作的,能识读地形图是林业工作者最基本的技能。

➡任务分析

在识读地形图时,先了解地形图图外注记,分析注记与地形图之间的关联性;再进行地物、地貌的判读,对它们之间的联系作详细的分析判断,尽可能多得到本地区的地理信息。

➡工作情景

工作地点:森林调查实训室。

工作场景:采用以学生为主体、教师引导的工学一体化的教学方法,教师以实验林场(学生熟悉的地区最好)的某一张地形图为例,介绍地形图判读的方法、步骤,和学生共同分析地物、地貌之间的关系,引导学生得出该地区的地理概况的结论。

➡知识准备

4.1.1 地形图分类

在林业工作中,一般将1:500、1:1000、1:2000、1:5000地形图称为大比例尺地形图,1:1万、1:2.5万、1:5万、1:10万地形图称为中比例尺地形图,1:25万、1:50万、1:100万地形图称为小比例尺地形图。

国家基本地形图是按国家测绘总局有关规定,规范测绘的标准图幅地形图,因其根据国家颁布的测量规范、图式和比例尺系统测绘或编绘，也称为基本比例尺地形图。各国所使用的地形图比例尺系统不尽一致，我国把 1∶100 万、1∶50 万、1∶25 万、1∶10 万、1∶5 万、1∶2.5 万、1∶1 万和 1∶5000 等 8 种比例尺的地形图规定为基本比例尺地形图。

4.1.2 地形图分幅与编号

地形图只是实地地形在图上缩影，不是直观的景物，我国地域辽阔，受绘图比例尺的限制，不可能在一张有限的纸上将其全部描绘出来，因此为了便于管理和使用地形图，需按一定方式将大区域的地形图划分为尺寸适宜的若干单幅图，称为地形图分幅。为了便于储存、检索和使用系列地形图，按一定的方式给予各分幅地形图唯一的代号，称为地形图编号。我国地形图的分幅与编号的方法分为两类，一类是国家基本比例尺地形图采用的梯形分幅与编号（又称为国际分幅与编号），另一类是大比例尺地形图采用的矩形分幅与编号。

4.1.2.1 梯形分幅与编号

梯形分幅，是以国际 1∶100 万地形图的分幅与编号为基础，因而也称国际分幅。它是以经线和纬线来划分的，一幅图的左、右以经线为界，上、下以纬线为界，图幅形状近似梯形，所以称为梯形分幅。现有两种，一种是 1993 年以前地形图分幅和编号标准产生的，称为旧分幅与编号，另一种是按 1992 年国家标准局发布的《国家基本比例尺地形图分幅和编号》GB/T13989—1992 国家标准，对于 1993 年 3 月以后测绘和更新的地形图采用的分幅和编号，称为新分幅与编号。

（1）旧分幅与编号方法

①分幅与编号标准　1∶100 万地形图的分幅采用国际分幅标准，按经差 6°、纬差 4°进行分幅，即由 180°经线起算，自西向东，每经差 6°为一列，把地球分为 60 纵列，依次用阿拉伯数字 1，2，…，60 表示；由赤道分别向北、南，按纬差 4°为一行，分别分为 22 横行（分到北纬 88°和南纬 88°），依次用字母 A，B，C，…，V 表示，其中每一格（梯形）为一幅 1∶100 万地形图。每一幅图的编号由其所在的"横行—纵列"的代号组成。如某地的经度为东经 116°23′30″，纬度为 39°57′20″，则所在地的 1∶100 万比例尺地形图的图号为 J-50（图 4-1）。1∶100 万地形图的分幅是其他基本比例尺地形图分幅的基础。

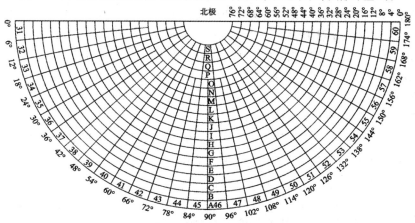

图 4-1　北半球东侧 1∶100 万图的分幅编号

1∶50万地形图的分幅是按纬差2°,经差3°把一幅1∶100万地形图分成2行2列,共4幅1∶50万地形图,分别用A,B,C,D表示,其编号为"1∶100万图号 – 序号码"。如上述某地的1∶50万图的编号为J – 50 – A。

1∶25万地形图的分幅是按纬差1°,经差1°30′把一幅1∶100万地形图分成4行4列,共16幅1∶25万地形图,分别以[1]、[2]、[3]、…、[16]表示,其编号为"1∶100万图号 – 序号码"。如上述某地的1∶25万图的编号为J – 50 – [2]。

1∶10万地形图的分幅是按纬差20′,经差30′把一幅1∶100万地形图分成12行12列,共144幅1∶10万的图。分别以1、2、3、…、144表示,其编号为"1∶100万图号 – 序号码"。如图4-2所示,上述某地的1∶10万图的编号为J – 50 – 5。

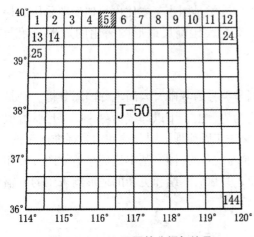
图4-2 1∶10万图的分幅与编号

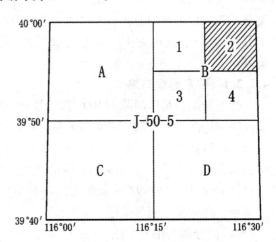
图4-3 1∶5万、1∶2.5万图的分幅与编号

1∶5万地形图的分幅编号是按纬差10′,经差15′把一幅1∶10万地形图分成2行2列,共4幅1∶5万的图,分别用A,B,C,D表示,其编号为"1∶10万图号 – 序号码"。如图4-3所示,上述某地的1∶5万图的编号为J – 50 – 5 – B。

1∶2.5万地形图的分幅编号是按纬差5′,经差7.5′把一幅1∶5万地形图分成2行2列,共4幅1∶5万的图,分别用1,2,3,4表示,其编号为"1∶5万图号 – 序号码"。如图4-3所示,上述某地的1∶2.5万图的编号为J – 50 – 5 – B – 2。

1∶1万地形图的分幅编号是按纬差2′30″,经差3′45″把一幅1∶10万图分成8行8列,共64幅1∶1万的图,分别用(1),(2),…,(64)表示,其编号为"1∶10万图号 – 序号码"。如图4-4所示,上述某地的1∶1万图的编号为J – 50 – 5 – (15)。

1∶5000地形图的分幅编号是按纬差1′15″经差1′52.5″把一幅1∶1万地形图分成2行2列,共4幅1∶5000的图,分别用a,b,c,d表示,其编号为"1∶1万图号 – 序号码"。如图4-5所示,上述某地的1∶1万图的编号为J – 50 – 5 – (15) – a。

②旧图幅编号查算 1∶100万比例尺地形图编号的查算,已知某地的经度 λ 和纬度 φ,则其所在1∶100万图幅编号,可按图4-1查出,也可用下列公式计算。

$$行号 = \frac{\varphi}{4°}(取商的整数)+1$$

$$列号 = \frac{\lambda}{6°}(取商的整数)+31 \qquad (4-1)$$

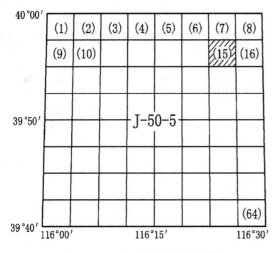

图 4-4　1:1 万图的分幅与编号　　　　图 4-5　1:5000 图的分幅与编号

1:50 万 ~ 1:5000 地形图编号是在 1:100 万比例尺地形图编号的基础上加序号进行，其序号可用下式算得

$$W = V - \left[\frac{\left(\frac{\varphi}{\Delta\varphi}\right)}{\Delta\varphi'}\right] \times n + \left[\frac{\left(\frac{\lambda}{\Delta\lambda}\right)}{\Delta\lambda'}\right] \tag{4-2}$$

式中　W——所求序号；

　　　V——划分为该比例尺图幅后左下角一幅图的代码数；

　　　[ ]——取商的整数；

　　　( )——取商的余数；

　　　n——划分为该比例尺的列数；

　　　$\Delta\varphi$——作为该比例尺地形图分幅编号基础的前图之纬差；

　　　$\Delta\lambda$——作为该比例尺地形图分幅编号基础的前图之经差；

　　　$\Delta\varphi'$——所求比例尺地形图图幅的纬差；

　　　$\Delta\lambda'$——所求比例尺地形图图幅的经差。

(2)新分幅与编号方法

①分幅与编号标准　1:100 万地形图的仍采用国际分幅标准进行，其编号与旧编号方法基本相同，只是去掉字母和数字间的短线，行和列称呼相反，编号为"行号码列号码"，如某地所在 1:100 万地形图的编号为 J50。其他比例尺地形图的分幅均在 1:100 万地形图的基础上加密来进行。另外，由过去的纵行、横列改成了现在的横行、纵列。

1:50 万地形图的分幅是按纬差 2°，经差 3°把一幅 1:100 万地形图分成 2 行 2 列，共 4 幅，行(列)号从上到下(从左到右)依次为 001，002。

1:25 万地形图的分幅是按纬差 1°，经差 1°30′把一幅 1:100 万地形图分成 4 行 4 列，共 16 幅，行(列)号从上到下(从左到右)依次为 001，002，003，004。

1:10 万地形图的分幅是按纬差 20′，经差 30′把一幅 1:100 万地形图分成 12 行 12 列，共 144 幅，行(列)号从上到下(从左到右)依次为 001，002，…，012。

1:5 万地形图的分幅是按纬差 10′，经差 15′把一幅 1:100 万地形图分成 24 行 24 列，共576幅，行(列)号为001，002，…，024。

1:2.5万地形图的分幅是按纬差5′，经差7.5′把一幅1:100万地形图分成48行48列，共2304幅，行(列)号从上到下(从左到右)依次为001，002，…，048。

1:1万地形图的分幅是按纬差2′30″，经差3′45″把一幅1:100万地形图分成96行96列，共9216幅，行(列)号为001，002，…，096。

1:5000地形图的分幅是按纬差1′15″，经差1′52.5″把一幅1:100万地形图分成192行192列，共36 864幅，行(列)号从上到下(从左到右)依次为001，002，…，192。

1:50万~1:5000地形图的新图幅编号是以1:100万地形图的编号为基础，由十位码组成，下接相应比例尺代码，及横行、纵列代码所构成，如图4-6所示。因此，所有1:50万~1:5000地形图的图号均由5个元素10位代码组成，编码系列统一为一个根部，编码长度相同，便于计算机处理和识别。

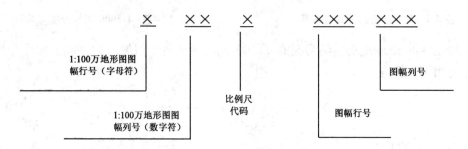

图4-6　1:50万~1:5000地形图图号的构成

上述比例尺的图幅和编号可归纳为表4-1。

表4-1　国家基本比例尺地形图分幅编号表

比例尺		1:100万	1:50万	1:25万	1:10万	1:5万	1:2.5万	1:1万	1:5000
分幅标准	经差	6°	3°	1°30′	30′	15′	7.5′	3′45″	1′52.5″
	纬差	4°	2°	1°	20′	10′	5′	2′30″	1′15″
行号范围		A, B, …, V	001, 002	001, 002, 003, 004	001, 002, …, 012	001, 002, …, 024	001, 002, …, 048	001, 002, …, 096	001, 002, …, 192
列号范围		1, 2, …, 60							
比例尺代码			B	C	D	E	F	G	H
图幅数量关系		1	4	16	144	576	2304	9216	36 864

②图幅编号查算　1:100万比例尺地形图编号的查算方法同旧编号相同。1:50万~1:5000地形图的编号可按下式进行计算：

$$图幅行号 = \frac{\varphi_{左上} - \varphi}{\Delta\varphi}(取商的整数) + 1$$

$$图幅列号 = \frac{\lambda - \lambda_{左上}}{\Delta\lambda}(取商的整数) + 1$$

(4-3)

式中 $\varphi_{左上}$，$\lambda_{左上}$——该地所在 1∶100 万地形图左上角图廓点的纬度和经度；

$\Delta\varphi$，$\Delta\lambda$——地形图分幅的纬差和经差。

[例 4.1] 某地经度 116°23′30″，纬度为 39°57′20″，其编号为 J50 的 1∶100 万地形图，其左上角图廓点的纬度为 40°，经度为 114°，经计算可得各种比例尺地形图新图幅编号见表 4-2。

表 4-2 某地各种比例尺新图幅编号

比例尺	1∶50 万	1∶25 万	1∶10 万	1∶5 万	1∶2.5 万	1∶1 万	1∶5000
编号	J50B001001	J50C001002	J50D001005	J50E001010	J50F001020	J50G002039	J50H003077

随着计算机使用的普及，基本比例尺地形图的图幅号都可通过编写相应的计算机程序，输入相应的经纬度很方便求得。

4.1.2.2 地形图的矩形分幅与编号

(1) 分幅标准

矩形分幅适用于 1∶5000~1∶500 的大比例尺地形图，它是按直角坐标的纵、横坐标线划分图幅的，图幅大小见表 4-3。

表 4-3 1∶5000~1∶500 地形图图幅大小

比例尺	图幅大小/(cm×cm)	实地面积/km²	每幅 1∶5000 地形图所包含的幅数
1∶5000	40×40	4	1
1∶2000	50×50	1	4
1∶1000	50×50	0.25	16
1∶500	50×50	0.0625	64

(2) 编号方法

矩形图幅的编号，一般可采用以下几种方法

①按西南角坐标编号 西南角坐标编号是用该图幅西南角的 x 坐标和 y 坐标的公里数来编号，x 坐标在前，y 坐标在后，中间用短线连接。编号时，1∶5000 地形图，坐标取至 1km；1∶2000 和 1∶1000 地形图，坐标取至 0.1km；1∶500 地形图，坐标取至 0.01km。如图 4-7 所示，某幅 1∶5000 比例尺地形图，其西南角的坐标 $x=28$km，$y=18$km，则其编号为 28-18。某幅 1∶1000 比例尺地形图西南角坐标 $x=28\,500$m、$y=17\,500$m，则该图幅的编号为 28.5-17.5。

②以 1∶5000 比例尺图为基础编号 如果整个测区测绘 1∶5000~1∶500 等比例尺的地形图，为了地形图的测绘管理、图形拼接、存档管理和方便应用，则应以 1∶5000 地形图为基础进行其他比例尺地形图的分幅与编号。在 1∶5000 比例尺图号末尾分别加上罗马字Ⅰ、Ⅱ、Ⅲ、Ⅳ，作为 1∶2000 比例尺图幅的编号，同样，在 1∶2000 比例尺图号末尾分别

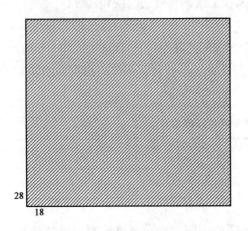

图4-7 西南角坐标编号

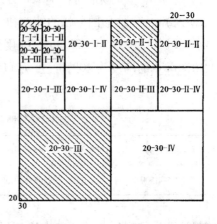

图4-8 以1:5000比例尺图为基础编号

加上罗马字Ⅰ、Ⅱ、Ⅲ、Ⅳ，作为1:1000比例尺图幅的编号，在1:1000比例尺图号末尾分别加上罗马字Ⅰ、Ⅱ、Ⅲ、Ⅳ，作为1:500比例尺图幅的编号。如图4-8所示，1:5000图幅的西南角坐标为$x=20$km，$y=30$km，编号为20-30；以编号20-30作为其他比例尺地形图的基础编号，各比例尺图幅编号方法如图4-8所示。

③按数字顺序编号 小面积测区的图幅编号，可采用数字顺序或工程代号等方法进行编号。如图4-9所示，虚线表示测区范围，数字表示图幅编号，排列顺序一般从左到右、从上到下。

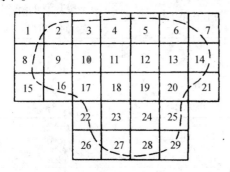

图4-9 按数字顺序编号

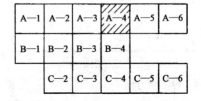

图4-10 按行列编号

④按行列编号 按行列编号一般以行代号（如A，B，C，…）和列代号（如1，2，3，…）组成，中间用短线连接，如图4-10所示。

大比例尺地形图常在城市规划、市政建设以及工程勘察设计，如林场场部、苗圃地等建设规划或施工中使用，在分幅编号上也可以从实际出发，根据用图要求，结合作业方便，以方便测图、用图和管理为目的，灵活掌握。

4.1.3 地理坐标

将地球视为球体，按经、纬线划分的坐标格网为地理坐标系，用以表示地球表面某一点的经度和纬度。以参考椭球面为基准面，地面点沿椭球面的法线投影在该基准面上的位置，称为该点的大地坐标，用大地经度和大地纬度表示。如图4-11所示，包含地面点P

的法线且通过椭球旋转轴的平面称为 P 的大地子午面。过 P 点的大地子午面与起始大地子午面所夹的两面角就称为 P 点的大地经度，用 L 表示，其值分为东经 $0°\sim180°$ 和西经 $0°\sim180°$。过点 P 的法线与椭球赤道面所夹的线面角就称为 P 点的大地纬度，用 B 表示，其值分为北纬 $0°\sim90°$ 和南纬 $0°\sim90°$。

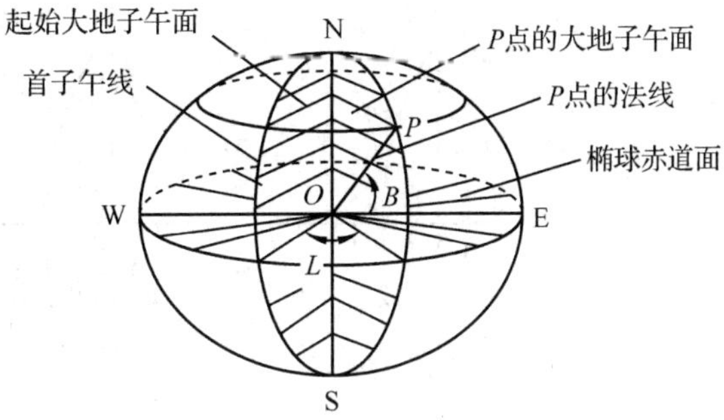

图 4-11　地理坐标系

4.1.4　高斯平面直角坐标

当测区范围较大时，要建立平面坐标系，就不能忽略地球曲率的影响。为了解决球面与平面的矛盾，则必须采用地图投影的方法将球面上的大地坐标转换为平面直角坐标。目前我国采用高斯投影，它是一种等角横切椭圆柱投影，该投影解决了将椭球面转换为平面的问题。从几何意义上看，就是假设一个椭圆柱横套在地球椭球体外并与椭球面上的某一条子午线相切，这条相切的子午线称为中央子午线。假想在椭球体中心放置一个光源，通过光线将椭球面上一定范围内的物象映射到椭圆柱的内表面上，然后将椭圆柱面沿一条母线剪开并展成平面，即获得投影后的平面图形，如图 4-12 所示。

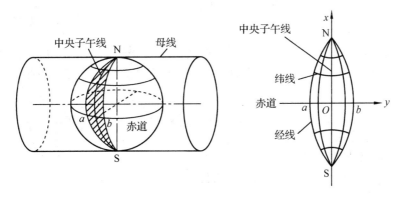

图 4-12　高斯投影

该投影的经纬线图形有以下特点：

①投影后的中央子午线为直线，无长度变化。其余的经线投影为凹向中央子午线的对称曲线，长度较球面上的相应经线略长。

②赤道的投影为一直线，并与中央子午线正交。其余的纬线投影为凸向赤道的对称曲线。

③经纬线投影后仍然保持相互垂直的关系，说明投影后的角度无变形。

高斯投影没有角度变形，但有长度变形和面积变形，离中央子午线越远，变形就越大。为了对变形加以控制，测量中采用限制投影区域的办法，即将投影区域限制在中央子午线两侧一定的范围，此范围称为投影带。对于 1∶2.5 万~1∶50 万地形图采用 $6°$ 分带，1∶1 万及更大比例尺地形图采用 $3°$ 分带，如图 4-13 所示。

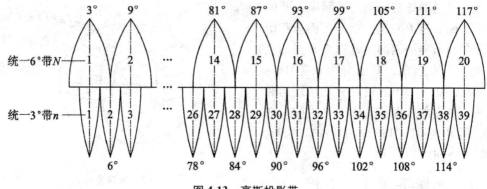

图 4-13 高斯投影带

6°带：是从首子午线开始，自西向东，每隔经差6°分为一带，将全球分成60个带，其编号分别为1，2，⋯，60。6°带每带的中央子午线经度可用下式计算：

$$L_6 = 6° \cdot n_6 - 3° \tag{4-4}$$

式中　L_6——6°投影带的中央子午线经度；

　　　n_6——6°投影带的带号。

如果已知某地的经度L，则其所在6°投影带的带号为：

$$n_6 = \left[\frac{L}{6°}\right] + 1 \tag{4-5}$$

式中　[ ]内的值为取商后的整数。

3°带：是从东经1°30′的子午线开始，自西向东每隔经差3°为一带，将全球划分成120个投影带，其中央子午线在奇数带时与6°带中央子午线重合。3°带每带的中央子午线经度为：

$$L_3 = 3° \cdot n_3 \tag{4-6}$$

式中　L_3——3°投影带的中央子午线经度；

　　　n_3——3°投影带的带号。

如已知某地的经度L，则其所在3°投影带的带号为：

$$n_3 = \left[\frac{L}{3°}\right] \tag{4-7}$$

式中　[ ]内的值为取商后的整数，但若余数大于1°30′时，才需要加上1。

我国领土位于东经72°~136°之间，共包括了11个6°投影带，即13~23带；22个3°投影带，即24~45带。

通过高斯投影，将中央子午线的投影作为纵坐标轴，用x表示；将赤道的投影作为横坐标轴，用y表示，两轴的交点作为坐标原点O；由此构成的平面直角坐标系称为高斯平面直角坐标系。如图4-14(a)所示，对应于每一个投影带，就有一个独立的高斯平面直角坐标系，区分各带坐标系则利用相应投影带的带号。

在每一投影带内，y坐标值有正有负，这对计算和使用均不方便，为了使y坐标都为正值，故将纵坐标轴向西(左)平移500km，即将所有点的y坐标值均加上500km，并在y坐标前加上投影带的带号，这种坐标称为通用坐标，如图4-14(b)所示。例如，若A点位于第19带内，则A点的国家统一坐标表示为$y = 19\,123\,456.789\text{m}$。

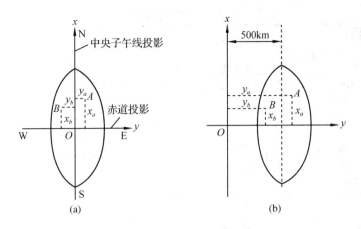

图 4-14　高斯平面直角坐标
(a)高斯平面直角坐标　(b)通用高斯平面直角坐标

4.1.5　地物符号

地物是地面上天然或人工形成的物体，如湖泊、河流、房屋、道路等。在地形图中，地面上的地物和地貌都是用原国家测绘总局颁布的《地形图图式》中规定的符号表示的，图式中的符号可分为地物符号、地貌符号和注记符号三种。表 4-4 是在原国家测绘总局统一制定和颁发的《1∶500、1∶1000、1∶2000 地形图图式》中摘录的一部分地物、地貌符号。图式是测绘、使用和阅读地形图的重要依据，因此，在识别地形图之前，应首先了解地物符号的分类方法。

(1)比例符号

有些地物轮廓较大，如房屋、运动场、湖泊、林分等，可将其形状和大小按测图比例尺直接缩绘在图纸上的符号称为比例符号。用图时，可在图上量取地物的大小和面积。

(2)非比例符号

有些地物很小，如导线点、井泉、独立树、纪念碑等，无法依比例缩绘到图纸上，只能用规定的符号表示其中心位置，这种符号称为非比例符号。

非比例符号上表示地物实地中心位置的点叫作定位点。地物符号的定位点是这样规定的：几何图形符号，其定位点在几何图形的中心，如三角点、图根点、水井等；具有底线的符号，其定位点在底线的中心，如烟囱、灯塔等；底部为直角的符号，其定位点在直角的顶点，如风车、路标、独立树等；几种几何图形组合成的符号，其定位点在下方图形的中心或交叉点，如路灯、气象站等；下方有底宽的符号，其定位点在底宽中心点，如亭子、山洞等。地物符号的方向均垂直于南图廓。

(3)半比例符号

对于成带状的狭长地物，如道路、电线、沟渠等，其长度可依比例尺缩绘而宽度无法依比例尺缩绘的符号，称为半比例符号。半比例符号的中心线就是实际地物的中心线。

(4)注记符号

在地物符号中用以补充地物信息而加注的文字、数字或符号称为注记符号，如地名、高程、楼房结构、层数、地类、植被种类符号、水流方向等。

表 4-4　地物符号摘录

编号	符号名称	图例	编号	符号名称	图例
1	三角点 凤凰山——点名 394.468——高程	△ 凤凰山／394.468　3.0	9	排水暗井	⊕ ⋯ 2.0
2	水准点 Ⅱ——等级 京石5——点名点号 32.804——高程	2.0 ⊗　Ⅱ京石5／32.804	10	建筑中房屋	建
3	卫星定位等级点 B——等级 14——点号 495.267——高程	△ B 14／495.267　3.0	11	破坏房屋	破
4	游泳池	泳	12	无看台的露天体育场	体育场
5	过街天桥		13	独立树 针叶	1.6　3.0　1.0
6	乡村路 a. 依比例尺的 b. 不依比例尺的	a　4.0　1.0　0.2 b　8.0　2.0　0.3	14	独立树 阔叶	1.6　2.0　3.0　1.0
7	小路	1.0　4.0　0.3	15	电力检修井孔	⊗ ⋯ 2.0
8	内部道路	1.0　1.0	16	电信检修井孔 a. 电信人孔 b. 电信手孔	a ⊗ ⋯ 2.0 b ⊠ ⋯ 2.0

(续)

编号	符号名称	图 例	编号	符号名称	图 例
17	热力检修井孔	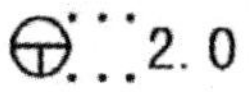 ⊖ ⋮2.0	21	独立树 棕榈、椰子、槟榔	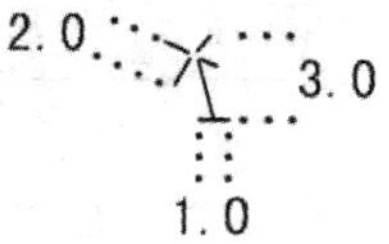 2.0 ⋮ 3.0 ⋮ 1.0
18	给水检修井孔	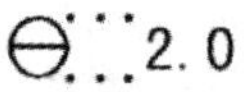 ⊖ ⋮2.0	22	排水（污水） 检修井孔	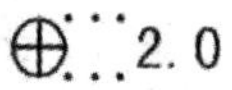 ⊕ ⋮2.0
19	加油站	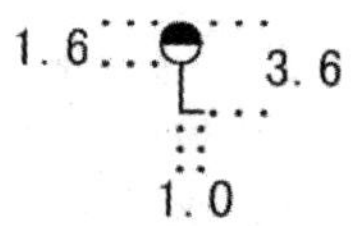 1.6 ⋮● 3.6 ⋮ 1.0	23	等高线 a. 首曲线 b. 计曲线 c. 间曲线	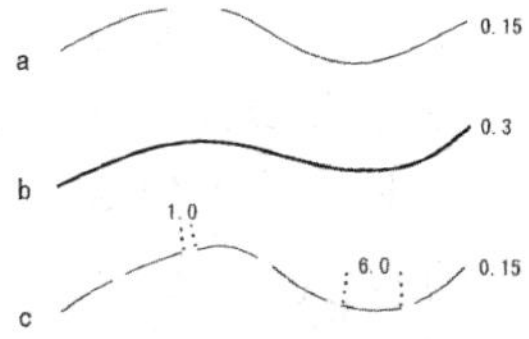 a ～～～ 0.15 b ～～～ 0.3 c ～⋯1.0⋯～ 6.0⋯ 0.15
20	路灯	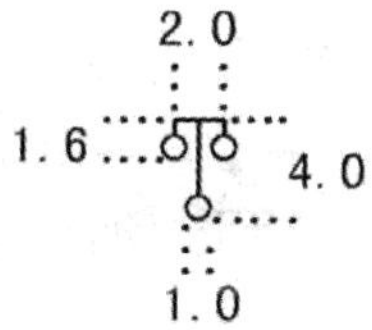 2.0 1.6 ⋮ 4.0 ⋮ 1.0	24	等高线注记	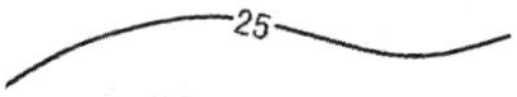 ～～25～～

4.1.6 地貌符号

地貌是指地表面的高低起伏形态，它包括山地、丘陵和平原等。在图上表示地貌的方法很多，而地形图中通常用等高线表示，等高线不仅能表示地面的起伏形态，并且还能表示出地面的坡度和地面点的高程。

(1) 等高线的概念

等高线是地面上高程相同的点所连接而成的连续闭合曲线。如图4-15所示，设有一座山位于平静湖水中，湖水涨到P_3水平面，随后水位分别下降h m到P_2、下降$2h$m到P_1水平面，3个水平面与山坡都有一条交线，而且是闭合曲线，曲线上各点的高程是相等的。这些曲线就是等高线。将各水平面上的等高线沿铅垂方向投影到一个水平面M上，并按规定的比例尺缩绘到图纸上，就得到用等高线表示该山头地貌的等高线图。由图4-15可以看出，这些等高线的形状是由地貌表面形状来决定的。

(2) 等高距和等高线平距

相邻等高线之间的高差称为等高距，常以h表示。图4-16中的等高距为5m。在同一幅地形图上，等高距是相同的。

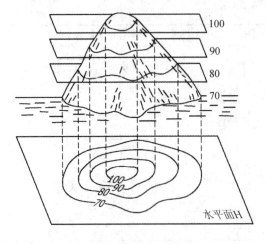

图 4-15 用等高线表示地貌的原理

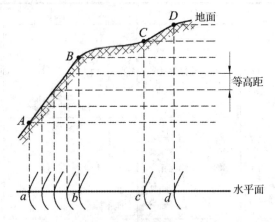

图 4-16 坡度大小与平距的关系

相邻等高线之间的水平距离称为等高线平距，常以 d 表示。因为同一张地形图内等高距是相同的，所以等高线平距 d 的大小直接与地面坡度有关。如图 4-16 所示，地面上 AB 段的坡度大于 CD 段，其 ab 间的等高线平距就比 cd 小。由此可见，等高线平距越小，地面坡度就越大；平距越大，则坡度越小；坡度相同（图上 AB 段），平距相等。因此，可以根据地形图上等高线的疏、密来判定地面坡度的缓、陡。

同时还可以得知等高距越小，显示地貌就越详细；等高距越大，显示地貌就越简略。但是，当等高距过小时，图上的等高线过于密集，将会影响图面的清晰醒目。因此，在测绘地形图时，应根据测区坡度大小、测图比例尺和用图目的等因素综合选用等高距的大小。地形测量规范中对等高距的规定见表 4-5。

表 4-5 基本等高距表 m

比例尺	地 形 类 别			
	平地(0°~2°)	丘陵(2°~6°)	山地(6°~25°)	高山地(>25°)
1:500	0.5	0.5	0.5, 1	1
1:1000	0.5	0.5, 1	1	1, 2
1:2000	0.5, 1	1	2	2

(3) 典型地貌的等高线

地貌的形态虽错综复杂、变化万千，但不外乎由山头和洼地、山脊和山谷、鞍部、绝壁、悬崖和梯田等基本形态组合而成，了解和熟悉典型地貌的等高线特征，将有助于识读、应用和测绘地形图。典型地貌等高线形状描述如下：

① 山丘和洼地（盆地） 如图 4-17 所示为山丘和洼地及其等高线。山丘和洼地的等高线都是一组闭合曲线。在地形图上区分山丘或洼地的方法是：凡是内圈等高线的高程注记大于外圈者为山丘，小于外圈者为洼地。如果等高线上没有高程注记，则用示坡线来表示。

示坡线是垂直于等高线的短线，用以指示坡度下降的方向。如图 4-17，示坡线从内圈

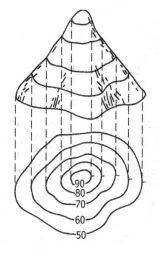

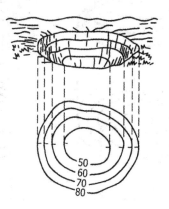

图 4-17　山丘、洼地及其等高线

指向外圈，说明中间高，四周低，为山丘。而示坡线从外圈指向内圈，说明四周高，中间低，故为洼地。

②山脊和山谷　山脊是沿着一个方向延伸的高地。山脊的最高棱线称为山脊线。山脊等高线表现为一组凸向低处的曲线（图4-18）。

山谷是沿着一个方向延伸的洼地，位于两山脊之间。贯穿山谷最低点的连线称为山谷线。山谷等高线表现为一组凸向高处的曲线（图4-18）。

山脊附近的雨水必然以山脊线为分界线，分别流向山脊的两侧[图4-19（a）]，因此，山脊又称分水线。而在山谷中，雨水必然由两侧山坡流向谷底，向山谷线汇集[图4-19（b）]，因此，山谷线又称集水线。

图 4-18　山谷、山脊及其等高线

③鞍部　鞍部是相邻两山头之间呈马鞍形的低凹部位，如图 4-20 所示。鞍部（K 点处）往往是山区道路通过的地方，也是两个山脊与山谷会合的地方。鞍部等高线的特点是在一圈大的闭合曲线内，套有两组小的闭合曲线。

④峭壁和悬崖

近于垂直的陡坡叫作峭壁，若用等高线表示将非常密集，所以采用峭壁符号来代表这一部分等高线，如图 4-21（a）所示。垂直的陡坡叫作断崖，这部分等高线几乎重合在一起，故在地形图上通常用锯齿形的峭壁来

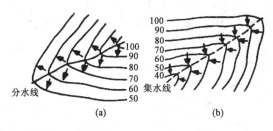

图 4-19　分水线和集水线

（a）山脊　（b）山谷

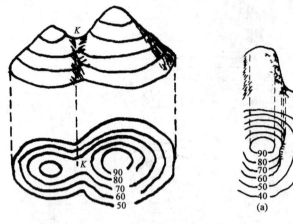

图 4-20 鞍部及其等高线

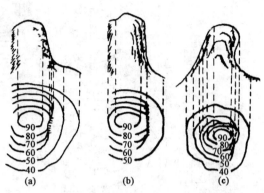

图 4-21 峭壁、悬崖及其等高线
(a)、(b)峭壁 (c)悬崖

表示，如图 4-21(b)所示。

悬崖是上部突出，下部凹进的陡坡，这种地貌的等高线如图 4-21(c)所示，等高线出现相交，俯视时隐蔽的等高线用虚线表示。

还有某些特殊地貌，如冲沟、滑坡等，其表示方法参见地形图图式。

了解和掌握了典型地貌等高线，就不难读懂综合地貌的等高线图。图 4-22 是某一地区综合地貌及其等高线图，读者可自行对照阅读。

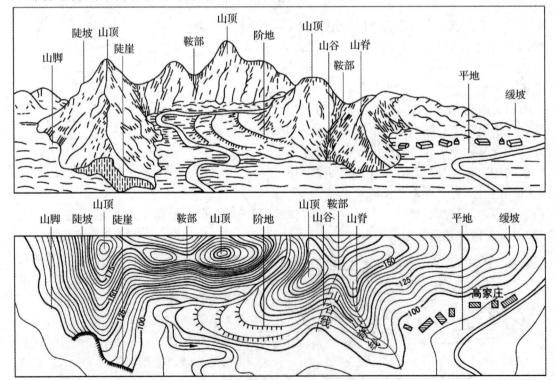

图 4-22 用等高线表示综合地貌

（4）等高线的分类

为了便于查看，地形图上的等高线常用不同的种类表现，其中最常见、地形图上都有的等高线是首曲线和计曲线，有些地形图在局部地形有时还用间曲线和助曲线表示。

①首曲线　在同一幅图上，按规定的等高距描绘的等高线称首曲线；也称基本等高线。它是宽度为 0.15mm 的细实线，如图 4-23 中的 9m、11m、12m、13m 等各条等高线。

②计曲线　为了读图方便，凡是高程能被 5 倍基本等高距整除的等高线加粗描绘，称为计曲线，如图 4-23 中的 10m、15m 等高线。

③间曲线和助曲线　当首曲线不能显示地貌特征时，按 1/2 基本等高距描绘的等高线称为间曲线，在图上用长虚线表示，如图 4-23 中的 11.5m、13.5m 等高线。有时为显示局部地貌的需要，可以按 1/4 基本等高距描绘的等高线，称为助曲线。如图 4-23 中 11.25m 的等高线，一般用短虚线表示。

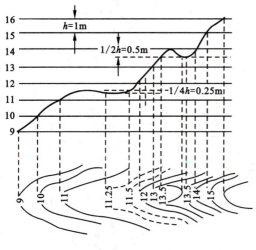

图 4-23　等高线的种类

（5）等高线的特性

了解等高线的性质，目的在于能根据实地地形正确勾绘等高线或根据等高线正确判读实际地貌。等高线的特征主要有以下几点：

①等高性　在同一等高线上的各点，其高程相等。

②闭合性　等高线应是闭合曲线，不在图幅内闭合，就在图幅外闭合；在图幅内只有遇到符号或数字时才能人为断开。

③非交性　等高线一般不能相交，也不能重叠。只有悬崖和峭壁的等高线才可能出现相交或重叠，相交时交点成双出现。

④正交性　等高线与山脊线、山谷线（合称地性线）成正交，如图 4-24 所示。与山脊线相交时，等高线由高处向低处凸出；与山谷线相交时，等高线由低处向高处凸出。

⑤密陡稀缓性　同一幅地形图内，等高线越密，说明平距越小，表示地面的坡度越陡；反之，坡度越缓；等高线分布均匀，则地坡度也均匀。

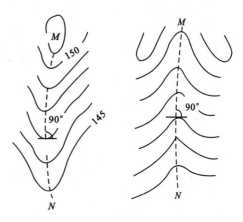

图 4-24　等高线与地性线的正交性

任务实施

实训目的与要求

通过实训熟悉地形图的各种注记、地物的符号和等高线表达地貌方法,建立地形图图式符号与表示对象的联系,掌握地形图识别的基本技能。

实训条件配备要求

每人配备:本地区 1:1 万或 1:2.5 万地形图 1 幅,原国家测绘总局编印的《地形图图式》1 本、量角器 1 个、直尺 1 把。

实训的组织与工作流程

1. 实训组织

(1) 成立教师实训小组,负责指导、组织实施实训工作。

(2) 建立学生实训小组,4~5 人为一组,并选出小组长,负责本组实习安排、考勤和仪器管理。

2. 实训工作流程(图 4-25)

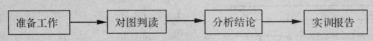

图 4-25　地形图识别工作流程

实训方法与步骤

1. 识别图名、图号和接图表

(1) 图名

每幅地形图都以图幅内最大的村镇或突出的地物、地貌的名称来命名,也可用该地区的习惯名称等命名。每幅图的图名注记在北外图廓外面正中处。如图 4-26 所示,地形图的图名为"复兴"。

(2) 图号

为便于保管、查寻及避免同名异地等,每幅图应按规定编号,并将图号写在图名的下方。如图 4-26 所示,地形图的图号为 K-51-82-(30)。

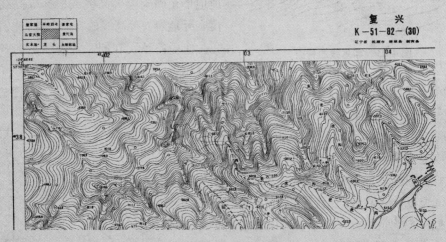

图 4-26　图名、图号和接图表

(3) 接图表

为了方便检索一幅图的相邻图幅,在图名的左边需要绘制接图表。它由 9 个矩形格组成,中央填绘斜线的格代表本图幅,四周的格表示上下、左右相邻的图幅,并在每个格中注有相应图幅的图名。如图 4-26 所示。

2. 识别地形图图廓与坐标格网

(1) 图廓

图廓是地形图的边界。1:10 万、1:5 万、1:2.5 万地形图图廓包括外图廓(粗黑线外框)、内图廓(细线内框)和中图廓(也称经纬廓)。外图廓是仅为装饰美观;中图廓上绘有黑白相间(或短划线)并表示经、纬差分别为 1′ 的分度带,使用它可内插求出图幅内任意点的地理坐标;内图廓为图

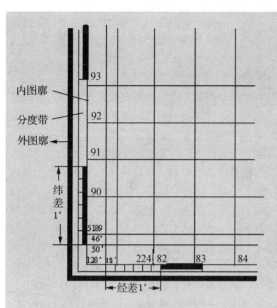

图 4-27 地形图图廓

幅的边线，四角标注经度和纬度，表示地形图的范围。如图 4-27 中西图廓经线是东经 128°45′，南图廓线是北纬 46°50′。1∶1 万地形图只有外图廓和内图廓。

1∶2000～1∶500 比例尺地形图图廓只有外图廓和内图廓，内图廓是地形图分幅时的坐标格网线，也是图幅的边界线。外图廓是距内图廓之外一定距离绘制的加粗平行线，仅起装饰作用。

（2）坐标格网

内图廓以内的纵横交叉线是坐标格网或平面直角坐标网，因格网长一般以公里为单位，故也称公里网。公里数注记在内外图廓线之间，注记的字头朝北，并规定第一条和最末一条格网注明全值，而中间的公里线只注明个位和十位公里数。使用坐标格网可求出图幅内任意点的平面直角坐标。如图 4-27 中的 5189 表示纵坐标为 5189km（从赤道起算），向上的分别为 90、91 等，其公里的千、百位都是 51，故从略。横坐标为 22 482，22 为该图幅所在的 6°带投影带号，482 表示该纵线的横坐标公里数。

3. 识别测图比例尺

绘制在南图廓外正中央是图示比例尺和数字比例尺（图 4-28）。

用图示比例尺可直接量得图上两点间的实地水平距离；用数字比例尺可按式（4-8）计算图上两点间的实地水平距离。

$$D = d \times \frac{M}{100}(\text{m}) \qquad (4-8)$$

式中　d——图上两点间的直线长，cm；
　　　D——相应的实地水平距离，m；
　　　M——地形图的数字比例尺的分母值。

图 4-28　1∶10 000 图示比例尺

4. 识别坡度尺

在 1∶2.5 万和 1∶5 万地形图南图廓外左下方绘有坡度尺，以便量算地面坡度，如图 4-29 所示。矩形分幅的地形图一般不绘坡度尺。

5. 识别三北方向关系图

在中、小比例尺图的南图廓线的右下方，还绘有真子午线、磁子午线和坐标纵轴（中央子午线）方向这三者之间的角度关系，称为三北方向图，如图 4-30 所示。图上标注子午线收敛角γ和磁

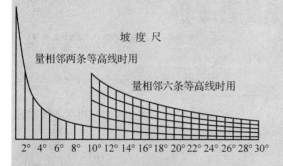

图 4-29　坡度尺图

图 4-30　三北方向关系图

偏角δ的角值。此外，在南、北内图廓线上，还绘有标志点 P 和 P'，该两点的连线即为该图幅的磁子午线方向，有了它利用罗盘可将地形图进行实地定向。矩形分幅的地形图没有三北方向关系图。

6. 测图说明与注记等

测图说明注记一般有以下内容。

平面坐标系：是独立（假定）坐标系还是 1954 年北京坐标系或 1980 年大地坐标系。

高程系：是假定高程系还是"1956 年黄海高程系"或"1985 年国家高程基准"。高程系之后注明图幅内所采用的等高距。

测绘单位、测图方法和测图时间：不同的测绘单位，其用途目的不同，地形图表现的重点内容会有所不同；测图方法不同，测图的精度也不同；测图时间（或调绘日期）可以判断地形图使用价值，离现在愈远，现状与地形图不相符的情况愈多，地形图的使用价值愈低。

图式和图例：注明图幅内采用的图式是什么年版的，便于用图者参阅，另外在东图廓线右侧，把一些不易识别的符号作为图例列出，便于用图者使用。

7. 地物的判读

地形图上的地物主要是用地物符号和注记符号来表示，因此判读地物，首先要熟悉原国家测绘总局颁布的相应比例尺的《地形图图式》中一些常用的符号，这是识读地物的基本工具；其次，区分比例符号、半比例符号和非比例符号的不同，要搞清各种地物符号在图上的真实位置，如表示一些独立物的非比例符号、路堤和路堑符号等，在图上量测距离和面积时要特别注意；第三，要懂得注记的含义，如表示林种、苗圃的注记，仅仅表明是那类植物，而并非表示树木（或苗木）的位置、数量或大小等；第四，应注意有些地物在不同比例尺图上所用符号可能不同（如道路、水流等），不要判读错了。

另外，就是符号主次让位问题，例如铁路与公路并行，按比例绘制在图上有时会出现重叠，按规定以铁路为主，公路为次。所以图上是以铁路中心位置铁路符号，使公路符号让位。根据原国家测绘总局编印的《地形图图式》，认真识别地形图上地物符号，找出图中主要居民点、道路、河流及其他所有的地物，明确比例符号、非比例符号、半比例符号和注记符号的表达方式。完成本地形图中所有地物符号表的填写。

8. 地貌判读

地形图上主要是用等高线表示地貌，所以地貌判读，首先要熟悉等高线的特点，如等高线形状与实地地面形状的关系，地性线与等高线的关系，等高线平距与实地面坡度的关系等；其次，要熟悉典型地貌的等高线表示方法，如山丘与凹地、山背与山谷、鞍部的等高线表示方法；第三，要熟悉雨裂、冲沟、悬崖、绝壁、梯田等特殊地貌的表示方法。

在此基础上，判读地貌应还应从客观存在的实际出发，分清等高线所表达的地貌要素及地性线，找出地貌变化的规律。由山脊线即可看出山脉连绵；由山谷线便可看出水系的分布；由山峰、鞍部、洼地和特殊地貌，则可看出地貌的局部变化。分辨出地性线（分水线和集水线）就可以把个别地貌要素有机地联系起来，对整个地貌有个比较完整的概念。

要想了解某一地区的地貌，先要看一下总的地势。例如哪里是山地，哪里是丘陵、平地；主要山脉和水系的位置与走向，以及道路网的布设情况等。由大到小、由整体到局部地进行判读，就可掌握整体地貌的情况。

若是国家基本图，还可根据其颜色作大概的了解。蓝色用于溪、河、湖、海等水系，绿色用于森林、草地、果园等植被套色，棕色用于地貌、土质符号及公路套色，黑色用于其他要素和注记。

实训成果

根据配备的地形图完成表 4-6 的填写。

注意事项

1. 在地物识读时要注意区分比例符号和非比例符号。

2. 在地形图识读时要注意地物与地貌之间的联系。

3. 地形图属于国家机密资料，用完必须如数归还，严禁损坏和丢失。

任务 4.1 地形图的识别

表 4-6 地形图识别记录表

图外注记		作用或意义	地理概况描述	
图名			地形	
图号				
接图表				
比例尺				
坡度尺			水系	
图廓	外			
	中		交通	
	内			
公里网			土地利用	
经纬网			居民点	
三北方向图			电力	

→考核评估

序号	项目与技术要求	配分	评分标准	实测记录	得分
1	图外注记识别	30	作用或意义错一项 3 分，扣完为止		
2	地理概况描述	60	地形描述不准确扣 5 分，描述错误扣 10 分 水系描述不准确扣 5 分，描述错误扣 10 分 交通描述不准确扣 5 分，描述错误扣 10 分 土地利用描述不准确扣 5 分，描述错误扣 10 分 居民点描述不准确扣 5 分，描述错误扣 10 分 电力描述不准确扣 5 分，描述错误扣 10 分		
3	团队协作 (1)小组成员间团结协作 (2)学习态度、职业道德、敬业精神 (3)步骤和操作过程的规范性	6	根据学生表现，每小项 2 分		
4	方法能力 (1)计划执行能力 (2)过程的熟练程度	4	根据学生表现，每小项 2 分		
	合计	100			

→巩固训练项目

根据配备的本地区的地形图，设计一条线路，沿设计好的路线进行实地对图，并对线路两边的地形、地貌、地物作详细的记载，每人提交一份记录报告。

任务 4.2 地形图的基本应用

➔ 任务目标

掌握地形图上各种基本数据的求算方法，正确计算地形图上某点的坐标与高程，测算图上两点间的距离与方位角，求算一直线的坡度。

➔ 任务提出

在林业工程规划、设计和建设中，需要在地形图上求算坐标、高程、距离、方位角以及坡度等基本数据。

➔ 任务分析

地形图上含有各项林业工程建设所需要的基础信息，在图上可准确、方便地确定地物的位置和相互关系以及地貌的起伏等情况。应用地形图求算各种基本数据，可以按照一定的顺序进行。例如，欲求算一线段（直线）的坡度，必须首先已知该线段两端点的高程大小，而高程则可由等高线的注记求得；若要得到一线段的距离和坐标方位角，事先就需根据地形图的直角坐标格网计算出两端点的直角坐标。

➔ 工作情景

工作地点：森林调查实训室。

工作场景：采用以学生为主体、教师引导的工学一体化的教学方法，教师以实验林场（学生熟悉的地区最好）的某一张地形图为例，介绍坐标、高程、距离、方位角以及坡度等基本数据的计算方法，引导学生完成某一地区基本数据的计算。

➔ 知识准备

4.2.1 坐标正算

根据已知坐标、已知边长及该边的坐标方位角，计算未知点的坐标，称为坐标的正算。如图 4-31 所示，已知 A 点的坐标 X_A、Y_A 和 AB 边的边长 D_{AB} 及坐标方位 α_{AB}，则边长 AB 的坐标增量为：

任务 4.2 地形图的基本应用

$$\Delta X_{AB} = D_{AB} \cdot \cos\alpha_{AB}$$
$$\Delta Y_{AB} = D_{AB} \cdot \sin\alpha_{AB} \qquad (4\text{-}9)$$

B 点的平面坐标为：

$$X_B = X_A + \Delta X_{AB}$$
$$Y_B = Y_A + \Delta Y_{AB} \qquad (4\text{-}10)$$

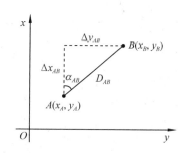

图 4-31　坐标计算图

4.2.2　坐标反算

根据两个已知点的坐标，求算两点间的边长及其方位角，称为坐标反算。直线 AB 的方位角为：

$$\alpha_{AB} = \arctan\frac{(Y_B - Y_A)}{(X_B - X_A)} = \arctan\frac{\Delta Y_{AB}}{\Delta X_{AB}} \qquad (4\text{-}11)$$

直线 AB 的长度为：

$$D_{AB} = \sqrt{(x_B - x_A)^2 + (y_B - y_A)^2} \qquad (4\text{-}12)$$

计算出的 α_{AB}，应根据 ΔX、ΔY 的正负，判断其所在的象限。

→任务实施

实训目的与要求

初步学会地形图应用的基本内容。掌握地形图上点的直角坐标、高程；两点间的距离、方向、高差和坡度求算方法。

实训条件配备要求

每人配备：本地区 1∶1 万或 1∶2.5 万地形图 1幅，原国家测绘总局编印的《地形图图式》1 本，量角器 1 个，直尺 1 把，细绳 1 条，计算器 1 个。

实训的组织与工作流程

1. 实训组织

(1) 成立教师实训小组，负责指导、组织实施实训工作。

(2) 建立学生实训小组，4～5 人为一组，并选出小组长，负责本组实习安排、考勤和仪器管理。

2. 实训工作流程（图 4-32）

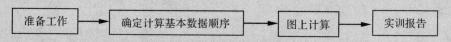

图 4-32　地形图基本应用工作流程

实训方法与步骤

1. 求地形图上一点的坐标

(1) 求图上一点的平面直角坐标

如图 4-33 所示，平面直角坐标格网的边长为 100m，P 点位于 a、b、c、d 所组成的坐标格网中，欲求 P 点的直角坐标，可以通过 P 点作平行于直角坐标格网的直线，交格网线于 e、f、g、h 点。用比例尺（或直尺）量出 ae 和 ag 两段长度分别为 27m、29m，则 P 点的直角坐标为：

$$x_p = x_a + ae = 21\,100\text{m} + 27\text{m} = 21\,127\text{m}$$
$$y_p = y_a + ag = 32\,100\text{m} + 29\text{m} = 32\,129\text{m}$$

若图纸伸缩变形后坐标格网的边长为 99.9m，

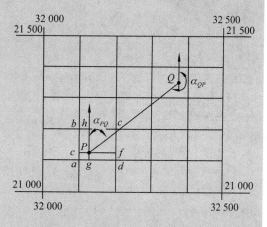

图 4-33　求图上一点的平面直角坐标

为了消除误差，P 点的直角坐标为：

$$x'_P = x_a + \frac{ae}{ab} \cdot l = 21\,100\text{m} + \frac{27\text{m}}{99.9\text{m}} \times 100\text{m}$$
$$= 21\,127.03\text{m}$$
$$y'_P = y_a + \frac{ag}{ad} \cdot l = 32\,100\text{m} + \frac{29\text{m}}{99.9\text{m}} \times 100\text{m}$$
$$= 32\,129.03\text{m}$$

式中　l——相邻格网线间距。

(2)求图上一点的大地坐标

在求某点的大地坐标时，首先根据地形图内、外图廓中的分度带，绘出经纬度格网，接着作平行于该格网的纵、横直线，交于大地坐标格网，然后按照求算直角坐标的方法即可计算出点的大地坐标，具体可参考求平面直角坐标的算例。

2. 求图上两点间的距离

(1)根据两点的平面直角坐标计算

欲求图 4-33 中 PQ 两点间的水平距离，可先求算出 P、Q 的平面直角坐标 (x_P, y_P) 和 (x_Q, y_Q)，然后再利用下式计算：

$$D_{PQ} = \sqrt{(x_Q - x_P)^2 + (y_Q - y_P)^2}$$
(4-13)

(2)根据数字比例尺计算

当精度要求不高时，可使用直尺在图 4-33 上直接量取 PQ 两点的长度，再乘以地形图比例尺的分母，即得两点的水平距离。

(3)根据测图比例尺直接量取

为了消除图纸的伸缩变形给计算距离带来的误差，可以在图 4-33 上用两脚规量取 PQ 间的长度，然后与该图的直线比例尺进行比较，也可得出两点间的水平距离。

(4)量取折线和曲线的长度

地形图上的通讯线、电力线、上下水管线等都为折线，它们的总长度可分段量取，各线段的长度相加便可求得。曲线的长度，可将曲线近似地看作折线，用量测折线长度的方法量取；或先用伸缩变形很小的细线与曲线重合，然后拉直该细线，用直尺量取长度并计算出其实际距离；使用曲线仪也可方便量出曲线长度。

3. 求图上两点间的方位角

(1)根据两点的平面直角坐标计算

欲求图 4-33 中直线 PQ 的坐标方位角 α_{PQ}，可由 P、Q 的平面直角坐标 (x_P, y_P) 和 (x_Q, y_Q) 得：

$$\alpha_{PQ} = \arctan\frac{y_Q - y_P}{x_Q - x_P} \quad (4\text{-}14)$$

求得的 α_{PQ} 在平面直角坐标系中的象限位置，将由 $(x_Q - x_P)$ 和 $(y_Q - y_P)$ 的正、负符号确定。

(2)用量角器直接量取

如图 4-33 所示，若求直线 PQ 的坐标方位角 α_{PQ}，当精度要求不高时，可以先过 P 点作一条平行于坐标纵线的直线，然后用量角器直接量取坐标方位角 α_{PQ}。

4. 求图上一点的高程

根据地形图上的等高线，可确定任一地面点的高程。如果地面点恰好位于某一等高线上，则根据等高线的高程注记或基本等高距，便可直接确定该点高程。如图 4-34 所示，p 点的高程为 20m。

在图 4-34 中，当确定位于相邻两等高线之间的地面点 q 的高程时，可用目估法；当精度要求较高时，也可采用内插法计算，即先过 q 点作一条直线，与相邻两等高线相交于 m、n 两点，再依高差和平距成比例的关系求解。若图 4-34 中的等高线基本等高距为 1m，mn、mq 的长度分别为 20mm 和 14mm，则 q 点高程 H_q 为：

$$H_q = H_m + \frac{mq}{mn} \cdot h = 23 + \frac{14}{20} \times 1 = 23.7(\text{m})$$

如果要确定图上任意两点间的高差，则可采用该方法确定两点的高程后相减即得。

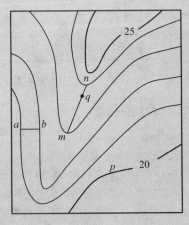

图 4-34　求图上一点的高程

5. 求直线的坡度

(1)利用高程计算

如图 4-34 所示，欲求 a、b 两点之间的地面坡度，可先求出两点的高程 H_a、H_b，计算出高差

$h_{ab} = H_b - H_a$，然后再求出 a、b 两点的水平距离 D_{ab}，按下式即可计算地面坡度：

$$i = \frac{h_{ab}}{D_{ab}} \times 100\% \quad (4\text{-}15)$$

或

$$\alpha_{ab} = \arctan \frac{h_{ab}}{D_{ab}} \quad (4\text{-}16)$$

（2）利用坡度尺量取

使用坡度尺，可在地形图上分别测定 2~6 条相邻等高线间任意方向线的坡度。量测时，先用两脚规量取图上 2~6 条等高线间的宽度，然后到坡度尺上比量，在相应垂线下面就可读出它的坡度值；如图 4-35 所示，所量 2 条等高线处地面的坡度为 2°。利用坡度尺量取，要求量测几条等高线就要在坡度尺上相应比对几条；当地面两点间穿过的等高线平距不等时，等高线间的坡度则为地面两点平均坡度。

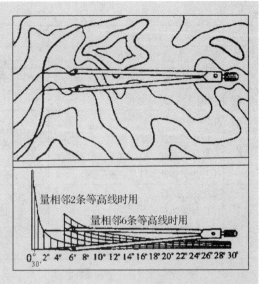

图 4-35　坡度尺的应用

实训成果

根据配备的地形图和图上给定的 4 个点完成表 4-7。

表 4-7　地形图基本应用记录表

点	A	B	C	D
平面坐标				
地理坐标				
高程				
水平距离				
倾斜距离				
坐标方位角				
磁方位角				
坡度				

注意事项

1. 在地形图上，求算高程的点假如位于山顶或凹地上，处于同一等高线的包围中，那么，该点的高程等于最近首曲线的高程加上或减去 1/2 个基本等高距；若是山顶应加 0.5 个等高距，若是凹地应减去 0.5 个等高距。

2. 当求某地区的平均坡度时，首先按该区域地形图等高线的疏密情况，将其划分为若干同坡小区；然后在每个小区内绘一条最大坡度线，求出各线的坡度作为该小区的坡度；最后取各小区的平均值，即为该地区的平均坡度。

➡ 考核评估

序号	技术要求	配分	评分标准	实测记录	得分
1	求图上一点的平面坐标	20	计算错 1 个点扣 5 分		
2	求图上两点间的距离	20	计算错 1 个点扣 5 分		

(续)

序号	技术要求	配分	评分标准	实测记录	得分
3	求图上两点间的方位角	20	计算错 1 个点扣 5 分		
4	求图上任意一点的高程	20	计算错 1 个点扣 5 分		
5	求图上一直线的坡度	10	计算错 1 条直线扣 5 分		
6	团队协作 (1) 小组成员间团结协作 (2) 学习态度、职业道德、敬业精神 (3) 步骤和操作过程的规范性	6	根据学生表现，每小项 2 分		
7	方法能力 (1) 计划执行能力 (2) 过程的熟练程度	4	根据学生表现，每小项 2 分		
	合计	100			

巩固训练项目

图 4-36 为某地森林旅游区地形图，根据该地形图所提供的信息，从游船码头 P 点至车站 Q 点修建一条林业道路，试为其选线（要求：坡度不大于 8%，并且线路最短）。

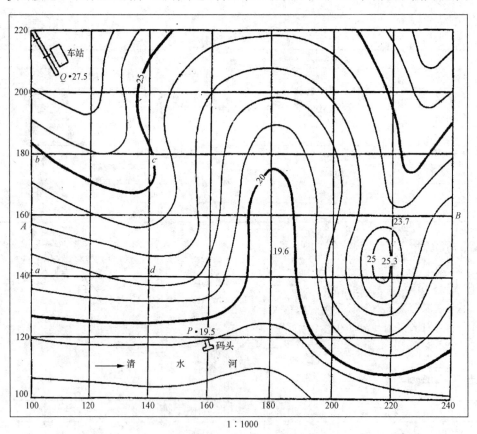

图 4-36　某森林旅游区地形图

任务 4.3
地形图在森林调查中的应用

➜任务目标

准备实验林场 1:1 万地形图，选取林场内森林资源和地形都具有代表性的区域，进行野外调绘，实地填图，区划地块，计算区划地块的面积。

➜任务提出

地形图是野外调查的工作底图和基本资料，任何一种野外调查工作都必须利用地形图，野外应用是地形图在林业生产中应用的重要内容。森林资源调查中的境界线、森林区划线，土壤调查中的分类线、土地利用调查中的地类线等，一般在调查时都要持图到现场判读，实地填图勾绘界线，计算面积。

➜任务分析

地形图野外应用除了熟悉地形图识图的基本知识外，还必须掌握地形图的实地定向、确定站立点的位置、地形图与实地对照和实地填图与勾绘等方法与技巧。

➜工作情景

工作地点：实训林场。

工作场景：采用学生现场操作，教师引导的学生主体、工学一体化教学方法，教师以林场某一区域为例，把小班区划过程进行演示，学生根据教师演示操作，完成林场某一区域小班区划后，教师对学生工作过程和成果进行评价和总结，按教师的总结和要求，学生对地块区划图进行修订，提交地块区划图，并计算区划好的地块面积。

➜知识准备

4.3.1 利用地形图进行图形面积测定

在地形图上利用区划勾绘的成果量算面积，是地形图在林业生产中的一项重要用途。下面介绍几种常用的测定方法。

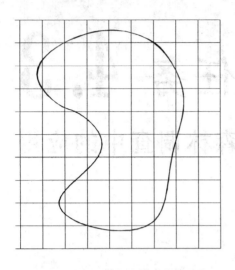

图4-37 透明方格法求算面积

(1)方格法和网点板法

该方法特别适用于不规则的林地面积测算。求面积时,把印有(或画上)间隔为2mm(4mm或其他规格)的透明方格网随意盖在图形上,如图4-37所示,分别查数图形内不被图形分割的完整方格数和被图形分割的不完整方格数,完整方格数加上不完整方格数的一半,即为总方格数,则图形面积 A 为:

$$A = \left(\frac{d \times M}{1000}\right)^2 \times n \, (\text{m}^2) \quad (4\text{-}17)$$

式中 d——方格的大小,mm;
M——比例尺分母;
n——总方格数。

(2)平行线法

在透明模片上制作相等间隔的平行线,如图4-38所示。量测时把透明模片放在欲量测的图形上,使整个图形被平行线分割成许多等高的梯形,设图中梯形的中线分别为 L_1、L_2、…、L_n,量其长度大小,则所量测的面积为:

$$S = h(L_1 + L_2 + \cdots + L_n) = h\sum_{i=1}^{n} L_i \quad (4\text{-}18)$$

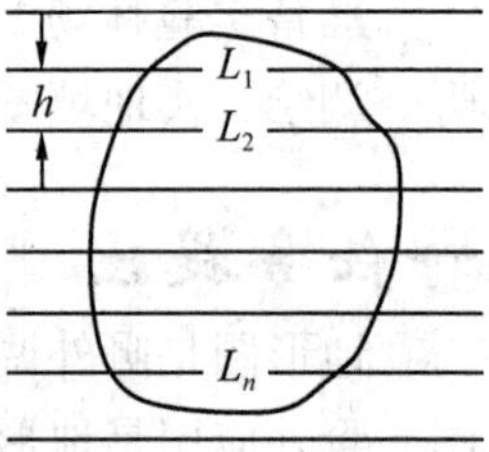

式中 L_i——被量测图形内平行线的线段长度$(i=1, 2, \cdots, n)$;

图4-38 透明平行线法

h——制作模片时所用相邻平行线间的间隔,可根据被量测图形的大小而确定。

(3)电子求积仪法

图4-39为KP-90N型电子求积仪,主要部件为动极臂、跟踪臂和微型计算机。微型计算机表面的功能键见表4-8;各功能键显示的符号在显示屏上的位置,如图4-40所示。电子求积仪的操作步骤为:

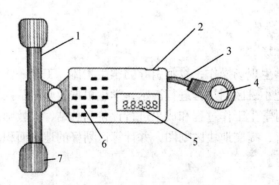

图4-39 KP-90N型电子求积仪

1. 动极臂 2. 交流转换器插座 3. 跟踪臂 4. 跟踪放大镜
5. 显示屏 6. 数字键和功能键 7. 动极轮

任务 4.3 地形图在森林调查中的应用

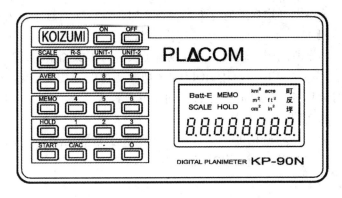

图 4-40 各功能键及显示符号的位置

表 4-8 KP-90N 型电子求积仪的功能键

ON	电源键(开)	OFF	电源键(关)
0~9	数字键	.	小数点键
START	启动键	HOLD	固定键
MEMO	存储键	AVER	结束及平均值键
UNIT	单位键	SCALE	比例尺键
R-S	比例尺确认键	C/AC	清除键

①准备工作　将图纸固定在平整的图板上,把跟踪放大镜大致放在图的中央,使动极臂与跟踪臂约成 90°角;用跟踪放大镜沿图形轮廓线试绕行 2~3 周,检查动极臂是否平滑移动。如果转动中出现困难,可调整动极臂位置。

②打开电源　按下 ON 键,显示屏上显示"0."。

③设定面积单位　按 UNIT 键,选定面积单位;面积单位有米制、英制和日制。

④设定比例尺　设定比例尺主要使用数字键、SCALE 键和 R-S 键。例如,当测图比例尺为 1:500 时,其设定的操作步骤见表 4-9。

表 4-9 设定比例尺 1:1 万的操作

键操作	符号显示	操作内容
10000	cm^2 10000	对比例尺进行置数 10000
SCALE	SCALE cm^2 0	设定比例尺 1:10000
R-S	SCALE cm^2 10000000	$10000^2 = 100000000$ 确认比例尺 1:10000 已设定,因为最高可显示 8 位数,故显示 10000000 而不是 100000000
START	SCALE cm^2 0	比例尺 1:10000 设定完毕,可开始测量

⑤跟踪图形　在图形边界上选取一个较明显点作为起点,使跟踪放大镜中心与之重合,按下 START 键,蜂鸣器发出声响,显示窗显示"0.";用右手拇指和食指控制跟踪放

大镜，使其中心准确沿图形边界顺时针方向绕行1周，然后回到起点，按下AVER键，即显示所测图形的面积。

⑥累加测量　如果所测图形较大，需分成若干块进行累加测量。即第一块面积测量结束后(回到起点)，不按AVER键而按HOLD键(把已测得的面积固定起来)；当测定第二块图形时，再按HOLD键(解除固定状态)，同法测定其他各块面积。结束后按AVER键，即显示所测大图形的面积。

⑦平均测量　为提高测量精度，可对一块面积重复测量几次，取平均值作为最后结果。即每次结束后，按MEMO键，数次测量全部结束时按AVER键，则显示这几次测量的平均值。

➡任务实施

实训目的与要求

在掌握地形图野外判图技巧的基础上，学会利用地形图现场进行小班界线勾绘的方法与技巧，掌握透明方格纸法、平行线法、求积仪测算地块面积的方法。

要求学生遵守学校各项规章制度和实训纪律，注意安全；加强学习，熟悉调查内容和调查方法，服从工作安排，搞好团结协作，互相帮助，顾大局，识大体；严格按照调查的工作方法和技术要求开展调查，力戒弄虚作假；实训过程中要做到"五勤"：眼勤、脑勤、腿勤、手勤、嘴勤，加强检查、减少错漏，力求调查结果准确。

实训条件配备要求

每组配备：图板1块，实验林场1∶1万地形图1幅，手持罗盘1个，比例尺1把，两脚规1个，记录板1块，记录表格若干，透明方格纸，电子求积仪1台，铅笔，橡皮，小刀等。

实训的组织与工作流程

1. 实训组织

(1)成立教师实训小组，负责指导、组织实施实训工作。

(2)建立学生实训小组，4~5人为一组，并选出小组长，负责本组实习安排、考勤和仪器管理。

2. 实训工作流程(图4-41)

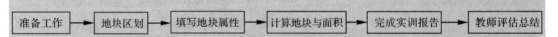

图4-41　地形图在森林调查中的应用工作流程

实训方法与步骤

1. 地形图的实地定向

地形图的实地定向是使地形图的方向与实地的方向相一致，图上线段与地面上的相应线段平行或重合。常用的方法有：

(1)根据直长地物定向

直长物定向是使图上的直长地物符号(直路、围墙、电线等)与实地直长地物方向一致。如当站在道路上时，可先在图上找到表示这段直长道路符号，然后将地形图展开铺平，并转动地形图，使图上的道路与实地的道路方向一致，此时地形图方向与实际方向就一致了，但必须注意使图上道路两侧地形与实地道路两侧地形相一致，以免地形图颠倒。

(2)根据明显地物或地貌特征点定向

定向前先找出与图上相应且具有方位意义的明显地物，如公路、铁路、水渠、河流、土堤、输电通讯线路、独立房子、独立树、明显的山头等，然后转动地形图，使图上地物与实地对应的地物位置关系一致，此时地形图已基本定向。

(3)根据罗盘定向

如图4-42所示，把罗盘平放在地形图上，使度盘上零直径线(或南北线)与图上磁子午线(即磁南与磁北两点的连线)方向一致，转动地形图，使磁北针对准零(或"北"字)，此时，地形图方向与实际方向一致。

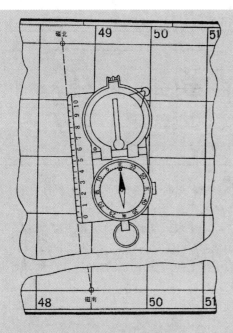

图 4-42 罗盘实地定向

2. 确定站立点在地形图上的位置

地形图经过定向后,需要确定站立点在图上的位置才能开展现场的调绘工作,确定站立点的主要方法如下:

根据明显地物或地貌特征点判定:当站立点位于明显地物或地貌特征点时,在图上找出该符号,就是实地站立点在图上的位置。当站立点在明显地物或地貌特征点附近时,可根据站立点周围明显地物点或地貌点的相关位置确定站立点位置。首先,观察站立点附近的明显地物、地貌(如尖山头、冲沟、湖泊、土堆、独立树、水塔、独立屋、桥梁、道路交叉点、池塘等),并与图上相应的地物、地貌一一对照;然后目估站立点至各个明显地物、地貌的方位和距离,从而确定站立点在图上的位置;最后,寻找附近地物进行校核,这是确定站立点最简便、最常用的基本方法。

3. 地形图与实地对照

在确定了地形图的方向和地形图上站立点的位置之后,就可以依照图上站立点周围的地物、地貌的符号,在实地找出相应的地物、地貌,或者观察实地的地物、地貌,识别其在图上的位置。实地对照读图时,一般采用目估法,由近至远,先识别主要而明显的地物、地貌,再根据相关的位置关系识别其他地物、地貌。如因地形复杂较难确定某些地物、地貌时,可用直尺通过站立点和地物符号(如山顶等)照准,依方向和距离确定该地物的实地位置。对图时尽量站在视野开阔的高处,多走多看多比较,区别相似的地物、地貌,避免辨认错误。在起伏较大的地形对图时,可先找出较高的山顶(或制高点),然后按照与其相连的山脊,逐次对照山脊线上的各山顶、鞍部,从而判明山脊、山谷的走向、起伏的特点,保证野外专业调查或规划设计的准确性。

4. 利用地形图进行实地勾绘

(1)对坡目测勾绘法

对坡目测勾绘法是调查者持图站在林地山坡的对面高处观测,进行区划线的勾绘填图的方法。根据对坡勾绘的原则,仔细观察正面视域范围内土地的分布情况和林分结构的特点找出地块特征点,根据由点到线、先易后难、由近及远的原则,运用参照法、比例法确定地块转折点在图上的位置,然后根据地块界线的走向及形状,连接各折点,构成一个闭合圈,得到地块边界图。

(2)走边界勾绘法

走边界勾绘法是沿着地块的边界定点勾绘的方法。此法适宜地势平缓,不通视的地块。

5. 修正

对已勾绘的地块界线进行多角度、多视点的详细观察和修正。

6. 编号注记

对已勾绘的小班进行简单注记。如:2 马,3 杉,4 农等

7. 分别用透明方格纸法、平行线法、电子求积仪法测算上述所勾绘的小班图形的实地面积

量算面积时,应变换方格纸、平行线的位置1~2次,并分别量算面积,用电子求积仪法量算面积时至少要测量2次,以便校核成果和提高量测精度。

实训成果

1. 地块区划成果图。
2. 根据地块区划成果图填写表4-10。
3. 实训总结体会。

表 4-10 地块属性记录表

地块号	地类	海拔	坡向	坡度	坡位	地块面积
1						
2						
3						
4						
5						
6						

注意事项

1. 地形图属于国家机密资料，用完必须如数归还，严禁损坏和丢失。

2. 野外读图，注意安全。

3. 为了保证量测面积的精度和可靠性，应将图纸平整地固定在图板或桌面上。当需要测量的面积较大时，也可以在待测的大面积内划出一个或若干个规则图形，如四边形、三角形等，用几何图形法求算面积，剩下的小块面积再用电子求积仪测量。

4. 电子求积仪不能放在太阳直射、高温、高湿的地方；表面有脏物时，应用柔软、干燥的布抹拭，不能使用稀释剂、挥发油及湿布等擦洗；电池取出后，严禁把电子求积仪和交流转换器连接使用。

考核评估

序号	技术要求	配分	评分标准	实测记录	得分
1	地块界线勾绘准确	20	地块界线勾绘不准确扣 10 分，地块界线勾绘错误扣 20 分		
2	地块地类判读正确	20	地块地类判读错误扣 20 分		
3	地块海拔计算正确	10	地块海拔计算错误扣 10 分		
4	地块坡向判读正确	10	地块坡向判读错误扣 10 分		
5	地块坡度计算正确	10	地块坡度计算错误扣 10 分		
6	地块坡位判读正确	10	地块坡位判读错误扣 10 分		
7	正确求算地块面积	10	地块面积计算误差大扣 5 分，超出误差范围扣 10 分		
8	团队协作 (1) 小组成员间团结协作 (2) 学习态度、职业道德、敬业精神 (3) 步骤和操作过程的规范性	6	根据学生表现，每小项 2 分		
9	方法能力 (1) 计划执行能力 (2) 过程的熟练程度	4	根据学生表现，每小项 2 分		
	合计	100			

巩固训练项目

利用假期实习的机会，参加森林资源二类调查工作，每人提交一份二类资源调查成果。

自测题

一、名词解释

地形图　地物　地貌　等高线　等高距　等高线平距

二、填空题

1. 山脊的最高棱线称为_____，山谷内最低点的连线称为_____。
2. 根据地物的形状大小和描绘方法的不同，地物符号可分为_____、_____、_____和_____4种，对于成带状的狭长地物，如道路、电线、小河等其长度可依比例尺表示，宽度不能依比例尺表示，这种符号称_____。
3. 由山顶向某个方向延伸的凸棱部分称为_____，几乎垂直的陡坡称为_____。垂直的陡坡称为_____。
4. 地形图上主要采用的等高线种类_____、_____、_____和_____。
5. 相邻等高线间的水平距离，称为_____。
6. 地形图的分幅方法有两种，一种是_____，另一种是_____。
7. 1∶100万、1∶10万、1∶5万、1∶2.5万和1∶1万地形图图幅纬度差分别是_____，经度差分别是_____。

三、单项选择题

1. 在图上不但表示出地物的平面位置，而且表示地形高低起伏的变化，这种图称为_____。
   A. 平面图　　　　B. 地图　　　　C. 地形图　　　　D. 断面图
2. 同一等高线上所有点的高程_____，但高程相等的地面点_____在同一条等高线上。
   A. 相等，不一定　B. 相等，一定　C. 不等，不一定　D. 不等，一定
3. 等高线通过_____才能相交。
   A. 悬崖　　　　　B. 雨裂　　　　C. 陡壁　　　　　D. 陡坎
4. 相邻两条等高线之间的高差称为_____。
   A. 等高线　　　　B. 等高距　　　C. 等高线平距
5. 地形图上的等高线的"V"字形其尖端指向高程增大方向的则为_____。
   A. 山谷　　　　　B. 山脊　　　　C. 盆地

四、判断题

1. 地形图中，山谷线为一组凸向高处的等高线。（　）
2. 地形图中，山脊线为一组凸向高处的等高线。（　）
3. 地形图比例尺越大，反映的地物、地貌越简单。（　）
4. 同一幅地形图上，等高线平距是固定的。（　）
5. 同一幅地形图上，等高距是固定的。（　）
6. 一幅地形图上，等高距是指相邻两条等高线间的高差。（　）
7. 不同高程的等高线，不能相交或重合。（　）
8. 测图比例尺越大，图上表示的地物地貌越详尽准确，精度愈高。（　）
9. 衡量比例尺的大小是由比例尺的分母来决定，分母值越大，比例尺越小。（　）
10. 已知某一点 A 的高程是102m，A 点恰好在某一条等高线上，则 A 点的高程与该等高线的高程不相同。（　）

11. 如果等高线上设有高程注记，用示坡线表示，示波线从内圈指向外圈，说明由内向外为下坡，故为山头或山丘；反之，为洼地或盆地。（ ）

12. 在测绘地形图时，等高距的大小是根据测图比例尺与测区地面坡度来确定。（ ）

13. 在地形图上区分山头或洼地的方法是：凡是内圈等高线的高程注记大于外圈者为洼地，小于外圈者为山头。（ ）

14. 等高线的疏密反映了该地区的坡度陡、缓、均匀。（ ）

五、简答题

1. 地形图的图名通常是怎样取的？
2. 地物符号可分为哪几类？试举例说明。
3. 等高线有哪些特性？
4. 等高线平距与地面坡度之间有何关系？
5. 如何区分地形图上的山丘和洼地？
6. 典型地貌有哪些？其等高线各有什么特点？
7. 地形图应用的基本内容有哪些？
8. 野外用图时，如何用罗盘进行地形图实地定向？如何确定站立点在图上的位置？
9. 简述利用地形图进行小班面积勾绘的操作要点？
10. 在地形图上量算面积方法有哪些？

六、计算题

1. 我国某地的地理坐标为东经119°55′30″，北纬34°50′17″，求该点所在的1∶2.5万和1∶1万比例尺地形图的新、旧编号标准的图幅号。
2. 地面上 A、B 两点间平距为89.735m，在1∶500和1∶1000地形图上，它的长度分别为多少？
3. 在1∶10 000地形图上，测得某小班图上面积为3.4cm^2，试求实地面积为多少公顷？
4. 如图4-43所示，绘图比例尺为1∶2000，完成以下项目计算：

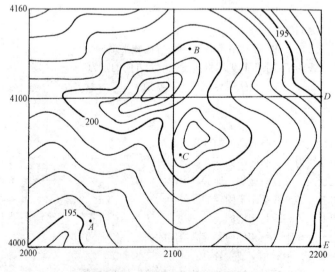

图4-43 1∶2000 比例尺地形图

①求 A、B、C、D、E 点的坐标；
②计算 AB 的水平距离和方位角；

③求 A、C 两点的高程及其连线的坡度；

④分别用方格法和网点板法、平行线法，求算 $A-R-D-E-C-A$ 所围的面积。

自主学习资源库

如果同学们想了解更多的知识，可以通过下面渠道进行学习：

1. 阅读书刊

(1)武文忠，郭新成. 2011. 国家基础地理信息数字产品——数字线划地图概述[J]. 测绘通报(12)：11-14.

(2)李霖，许铭，尹章才，朱海红. 2006. 基于地图的地理信息可视化现状与发展[J]. 测绘工程，15(5)：61-63.

2. 浏览网站测量学精品课程网 http://jpkc.csust.edu.cn

3. 通过校图书馆借阅有关森林调查方面的书籍。

拓展知识

电子地图

1. 电子地图的概念

电子地图是利用计算机技术，将存储于计算机设备上的数据在屏幕上进行可视化表现的地图产品，又称"瞬时地图"或"屏幕地图"。它以可视化的数字地图为背景，用文本、图片、图表、声音、动画、视频等多种媒体为表现手段综合展现地区、城市、旅游景点等区域综合面貌的现代信息产品，是数字化技术与古老地图学相结合而产生的新地图品种。

2. 电子地图的优点

(1) 信息量大

纸质地图由于存储介质单一，限制了其信息量和表现手法。而电子地图以计算机技术为支撑，其信息存储和表现能力得到了极大的扩展。技术成熟、价格低廉的存储设备，为电子地图承载现实世界的海量数据提供了可靠的保证。同时，发达的计算机图像处理技术，又为电子地图将海量数据以丰富多彩的形式呈现在使用者面前提供了全方位的支持。

(2) 动态性

纸质地图以静态的形式反映了地理空间中某时刻的地物状态及其相互之间静态的联系，而难以表达随时间变化的动态过程。电子地图则是使用者在不断与计算机的对话过程中动态生成的，使用者可以制定地图显示范围，自由组织地图上的要素的种类和个数。

电子地图的动态表现在两个方面：一是利用图形图像技术来表达地理实体及现象随时间连续变化的整个过程，并通过分析来总结事物变化的规律，预测未来的发展趋势；二是利用计算机动态显示技术突出表达地物以达到强调的目的，例如利用闪烁、渐变、动画等虚拟动态显示技术表示没有时间维的静态现象来吸引读者。

(3) 交互性

电子地图的数据存储与数据显示相分离，地图的存储是基于一定的数据结构以数字化的形式存在的。因此，当数字化数据进行可视化显示时，地图用户可以对显示内容及显示方式进行干预，如选择地图符号和颜色，将制图过程和读图过程在交互中融为一体。不同的使用者由于使用的目的不同，在同样的电子地图系统中会得到不同的结果。

(4) 无级缩放

纸质地图必须经过地图分幅处理，才能完成表达整个区域的内容；且一旦制作完成，其比例尺是一成不变的。电子地图具有数据存储和显示技术的独特优势,可以任意无级缩放和开窗显示。

(5) 无缝拼接

电子地图是不需要进行地图分幅,所以是无缝拼接,利用漫游和平移阅读整个地区的大地图。

(6) 多尺度显示

由于计算机按照预先设计好的模式,动态调整好地图载负量。比例尺越小,显示地图信息越概略;比例尺越大,显示地图信息越详细。

(7) 多维性

电子地图利用计算机图形图像处理技术可以直接生成三维立体影像,并可对三维地图进行拉近、推远、三维漫游及绕 x、y、z 三个轴方向旋转,还能在地形三维影像上叠加遥感图像,逼真地再现地面情况。此外,运用计算机动画技术,还可产生飞行地图和演进地图。飞行地图能按一定高度和路线观测三维图像,演进地图能够连续显示事物的演变过程。

(8) 超媒体集成

电子地图以地图为主体结构,将图像、图表、文字、声音和数据多媒体集成,把图形的直观性、数字的准确性、声音的引导性和亲切感相结合,充分利用了读者的各种感官,使地图信息得到充分的表达。

(9) 共享性

数字化使信息容易复制、传播和共享。信息的存储、更新以及通信方式较为简便,便于携带与交流。在数字技术的支持下,电子地图能够方便快捷地大批量无损复制,利用磁盘、光盘等设备存储地图已经相当广泛。而利用日益普及的因特网,电子地图的传输变得十分高效,多人共享使用电子地图已成为可能。

(10) 空间分析功能

电子地图拥有较强的表达与显示空间信息的功能。因此,电子地图具备地理信息系统的基本功能,并且具有在电子媒体上应用各种不同的格式来创建、存储和表达地图空间信息的功能,可进行路径查询分析、量算分析和统计分析等空间分析。

3. 电子地图的应用

电子地图不仅具备了地图的基本功能,在应用方面还有其独特之处,因而广泛地应用于政府宏观管理、科学研究、经济建设、规划、预测、大众传播媒介信息服务和教学等领域。另外,它与全球定位系统(GPS)相连,在军事、航天、航空以及汽车导航等领域中也有广泛的应用。

(1) 在地图量算和分析中的作用

在地图上量算坐标、角度、长度、距离、面积、体积、高度、坡度等是地图应用中常遇到的作业内容。这些工作在纸质地图上实施时,需要使用一定的工具和手工方法,操作比较繁琐,精度也不易保证。但在电子地图上,可通过直接调用相应的算法,操作简单方便,精度仅取决于地图比例尺。生产和科研部门经常利用地图进行问题的分析研究,若利用电子地图进行更能显示其优越性。

(2) 在导航中的应用

地图是开车行路的必备工具。一张 CD - ROM 电子地图能储存全国的道路数据,可供随时查阅。电子地图可帮助选择行车路线,制定旅行计划。电子地图能在行进中接通全球定位系统(GPS),将目前所处的位置显示在地图上,并指示前进路线和方向。在航海中,电子地图可将船的位置实时显示在地图上,并随时提供航线和航向,可为船实时导航。在航空中,可将飞机的位置实时显示在地图上,也可随时提供航线、航向信息。

(3) 在公共旅游交通中的应用

电子地图可将与旅游交通有关的空间信息通过网络发布给用户,也可以通过机场、火车站、广场、商场等公共场所的电子地图触摸屏,提供交通、旅游、购物信息。了解旅游点基本情况,选择旅游路线,制定最佳的旅游计划,为旅游者节约时间和金钱。

(4) 在军事指挥中的作用

在军队自动化指挥系统中,电子地图与卫星系统连接,指挥员可从屏幕上观察战局变化,指挥部队行动。作为现代化武装力量的标志,在现代的飞机、战舰、装甲车、坦克上都装有电子地图系统,随时将其所在位置实时显示在电子地图上,供驾驶人员观察、分析和操作,同时将其所在位置实时显示在指挥部电子地图系统中,供指挥员随时了解和掌握战况,为指挥决策服务。电子地图还可以模拟战场,为军事演习、军事训练服务。

(5) 在规划管理中的作用

规划管理需要大量信息和数据支持,而电子地图作为信息的载体和最有效的可视化方式,在规划管理中是必不可少的。电子地图不仅能覆盖其规划管理的区域,内容现势性很强,并有与使用目的相适宜的多比例尺的专题地图。电子地图检索调阅方便,可在电子地图上进行距离、面积、体积、坡度等指标的量算分析,可进行路径查询分析和统计分析等空间分析,利于辅助决策,完全能满足现代化规划管理对地图的需求。

(6) 在防洪救灾中的作用

防洪救灾电子地图可显示各种等级堤防分布、险段分布和交通路线分布等详细信息,为各级防汛指挥部门具体布置抗洪抢险方案,如物资调配、人员转移、安全救护等方面提供科学依据,基于3S技术的防汛电子地图是集GIS、RS和GPS技术功能于一体,高度自动化、实时化和智能化的全新防洪救灾信息系统,是空间信息实时采集、处理、更新及动态过程的现势性分析与决策辅助信息的有力手段。防汛电子地图可为各级领导、防汛指挥部门防汛指挥和抗灾抢险的决策提供科学依据,避免决策失误。同时,可对洪涝灾害造成的损失作出较为准确的评估,为救灾工作提供依据;还可为各级防汛指挥办公室的堤防建设规划、防汛基础设施建设规划服务,更加合理规划防汛设施建设,把洪涝灾害减小到最低限度。

(7) 在其他领域的应用

电子地图的应用领域非常广泛,各种与空间信息有关的系统中都可以应用电子地图。农业部门可用电子地图表示粮食产量、各种经济作物产量情况和各种作物播种面积分布,为各级政府决策服务;气象部门将天气预报电子地图与气象信息处理系统相链接,把气象信息处理结果可视化,向人们实时地发布天气预报和灾害性的气象信息,为国民经济建设和人们日常生活服务。

本项目参考文献

1. 李秀江. 2008. 测量学[M]. 2版. 北京:中国林业出版社.
2. 魏占才. 2010. 森林调查技术[M]. 北京:中国林业出版社.
3. 魏占才. 2002. 森林计测[M]. 北京:高等教育出版社.
4. 王文斗. 2003. 园林测量[M]. 北京:中国科学技术出版社.
5. 李秀江. 2003. 测量学[M]. 北京:中国林业出版社.
6. 郑金兴. 2005. 园林测量[M]. 北京:高等教育出版社.
7. 冯仲科,余新晓. 2000. "3S"技术及应用[M]. 北京:中国林业出版社.
8. 李修伍. 1992. 测量学[M]. 北京:中国林业出版社.
9. 覃辉. 2004. 土木工程测量[M]. 上海:同济大学出版社.

项目 5

GPS 在森林调查中的应用

任务 5.1　手持 GPS 的基本操作
任务 5.2　手持 GPS 在森林调查中的应用

GPS 是全球定位系统(Global Positioning System)的英文缩写。是美国20世纪70年代开始研制，于1994年全面建成，具有在海、陆、空进行全方位实时三维导航与定位能力的新一代卫星导航与定位系统；也是森林调查过程中最基本和最常用的一种仪器，在森林调查过程中主要用于样地的引点定位、野外确定方向、林地面积测量等方面。本项目主要内容包括：手持GPS接收机的参数设置、手持GPS接收机的定位、导航等基本操作以及利用手持GPS接收机测林地面积的应用。

知识目标

1. 了解全球定位系统基本构成。
2. 掌握手持GPS接收机基本操作方法。
3. 熟悉手持GPS接收机存点定位导航操作步骤。
4. 熟悉手持GPS接收机测面积的操作步骤。

技能目标

1. 会操作手持GPS接收机。
2. 能熟练利用手持GPS接收机进行存点、定位、导航。
3. 能熟练利用手持GPS接收机进行面积测算。

任务 5.1
手持 GPS 的基本操作

➡ 任务目标
通过手持 GPS 接收机的操作练习，进一步对手持 GPS 接收机的参数设置及基本操作。

➡ 任务提出
森林调查中使用罗盘仪施测，不仅费时费力，也满足不了数字化林业的需求。对于确定某地具体海拔高度、经纬度位置，使用手持 GPS 接收机能提高效率和精度，有事半功倍的效果。为此，我们必须学会手持 GPS 接收机的基本使用方法。

➡ 任务分析
要使用手持 GPS 接收机完成林业上的定位、导航及面积测算等工作，必须要了解手持 GPS 接收机系统组成，知道手持 GPS 接收机常用名词及其含义，认识各按键功能掌握其操作方法，了解仪器的构造和主要页面、主页面菜单，进行坐标系统参数的输入等基本操作。

➡ 工作情景
工作地点：实训林场。

工作场景：采用学生现场操作，教师引导的学生主体、工学一体化教学方法。教师首先介绍 GPS 接收机实物为例说明其按键名称、功能、仪器设置内容及其设置方法。学生以组为单位看着仪器按照教师的指导一步步操作，让学生在实训林场根据所给经度纬度练习，直至熟练为止。教师对学生操作过程进行评价和总结。同时也使同学对手持 GPS 接收机的定位导航测面积打下良好的基础。

➡ 知识准备

5.1.1 GPS 系统与手持 GPS 接收机简介

5.1.1.1 GPS 系统的组成
GPS 是利用 GPS 定位卫星，在全球范围内实时进行定位、导航的系统，称为全球卫星定位系统，简称 GPS。GPS 系统由以下三个独立的部分组成。

(1) 空间站

由覆盖全球的 24 颗卫星组成的卫星系统，其中有 21 颗工作卫星和 3 个备用卫星。均匀的分布在 6 个卫星轨道上，备用卫星随时可替代发生故障的工作卫星。系统可以保证任意时刻、任意地点都能同时观测到 4 颗卫星，以保证卫星可以采集到该观测点的经纬度和高度，以便实现导航、定位、授时等功能。

(2) 地面站

由 1 个主控站、3 个注入站、5 个监控站组成。监测站均配装有精密的铯钟和能够连续测量到所有可见卫星的接收机。监测站将取得的卫星观测数据，传送到主控站。主控站从各监测站收集跟踪数据，计算出卫星的轨道和时钟参数送到 3 个地面控制站。地面控制站在每颗卫星运行至上空时，把这些导航数据及主控站指令注入到卫星。

(3) 用户接收机

接收 GPS 卫星发射信号，以获得导航和定位信息，经数据处理，完成导航和定位工作。接收机由主机、天线和电源组成。

5.1.1.2 GPS 系统的特点

(1) 全球、全天候、全天时工作

能为用户提供连续、实时的三维位置、三维速度和精密时间。不受天气的影响。

(2) 定位精度高

单机定位精度优于 10m，如果采用差分定位，精度可达厘米级和毫米级。

(3) 应用范围广

在测量、导航、测速、测时等方面广泛应用，其应用领域不断扩大。

5.1.1.3 手持 GPS 接收机简介

GPS 卫星接收机种类很多，根据型号分为测地型、全站型、定时型、手持型、集成型；根据用途分为车载式、船载式、机载式、星载式、弹载式。

其中手持 GPS 接收机与林业关系密切，主要用于坐标转换、面积测量和坐标准确定位等工作。手持 GPS 接收机的产品型号也很多，常见的有佳明 Garmin、麦哲伦 Magellan、集思宝等系列产品。现仅以 Garmin GPS72 手持接收机（以下简称为 GPS72）（图 5-1）为例进行介绍。

GPS 72 屏幕较大，可以更加清晰、方便地看到显示的内容。具有 12 通道的手持式 GPS 接收机。位于前面板上具有 9 个按键；可存储 3000 个中文命名的航点；自动记录航迹，并可以另外存储 9 条航迹；可编辑 50 条航线，每条航线可包含 50 个航点；可提供里程表、平均速度、最大速度等数据。

图 5-1　手持 GPS 72 接收机外形

5.1.2 手持 GPS 接收机常用名词及按键功能

5.1.2.1 手持 GPS 接收机常用名词

(1) 航点

GPS 接收机所有的点，都可以称为航点。

(2) 航路点

由使用者自行设定的航点。

(3) 航线

依次经过若干航点的由使用者自行编辑的行进路线。

(4) 航迹

使用者已经行进过路线的轨迹。航迹是以点的形式储存在接收机中，这些点称为航迹点。

5.1.2.2 手持 GPS 接收机按键及其功能

GPS72 按键如图 5-2 所示。

(1) 电源键

按住 2s 开机或关机。按下即放开将打开调节亮度和对比度的窗口。

(2) 退出键

按此键反向循环显示 5 个主页面，或者终止某一操作退出到前一界面。

(3) 输入键

确认光标所选择的选项功能。按住此键 2s 将会存储当前的位置。

图 5-2　GPS72 按键

(4) 菜单键

按此键打开当前页面的选项菜单。连续按下 2 次将打开主菜单。

(5) 翻页键

按此键可循环显示 5 个主页面。

(6) 缩放键

按此键上"＋"(或下"－")可在地图页面放大(或缩小)显示地图的范围。

(7) 导航键

按此键用于开始或停止导航。按住 2s，将会记录下当前位置，并立刻向这个位置导航。

(8) 方向键

键盘中央的圆形按键，用于上下左右移动黑色光标或者输入数据。

5.1.2.3 手持 GPS 接收机主要页面介绍

GPS72 有 5 个主页面，分别是 GPS 信息页面、地图页面、罗盘导航页面、公路导航页面和当前航线页面。按翻页键或者退出键就可以正向或者反向循环显示这些页面。

(1) GPS 信息页面及内容

在 GPS 信息页面的上方是数据区(图 5-3)，显示当前的高度和精度的数值。在数据区的下面是一个状态栏,用于显示当前 GPS 接收机的工作状态。页面中部的左边是 GPS 卫星分布图,该图描绘了所处位置仰望天空能看到的 GPS 卫星。在 GPS 卫星分布图的右边是卫星的信号强度图,信号强度以竖条的形式显示,信号越强竖条就会越长。竖条空心表示刚捕捉到这颗卫星。要确定当前位置,手持GPS72 接收机必须接收到 3 颗以上的 GPS 卫星信号才行。一旦完成定位,当前位置的坐标将显示在页面的底部。在位置坐标的上方还有一个区域用来显示日期和时间,接收机在定位后将自动从卫星数据中获取精确的时间信息。

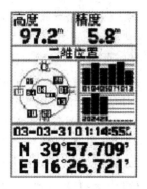

图 5-3 GPS 信息页面

(2)地图页面及内容

该区域与 GPS 信息页面的数据区是一样的(图 5-4)。向任意方向按动方向键,在地图页面上都将出现一个箭头。可以通过方向键来控制箭头的位置,从而可以向各个方向移动地图,进行浏览地图的操作。移动箭头时,地图的上方将会出现一个显示栏,其中说明了箭头的位置坐标,以及与当前位置的距离和方位。按下退出键则退出移动地图的状态。向任意方向按动方向键,将箭头移动到希望保存的位置处,再按一下输入键确认,就将出现标记航点的页面。将光标移动到屏幕上的"确定"按钮,再按一次输入键将该点位置保存到接收机,此方式保存为没有高度信息的航点。地图的左下角是当前的比例尺,可以按动缩放键"+"或"-"来改变比例尺的大小。

(3)罗盘导航页面及内容

该页面包括一个数据区、一个状态栏和一个罗盘(图 5-5)。数据区与前面介绍过的GSP 信息页面的数据区完全一样;在数据区的下面是状态栏,当处在导航状态时,此处显示当前目的地的名称;页面下部可以看到一个罗盘,罗盘的正上方表示当前运动方向(航向),若已经选择了目的地进行导航,在罗盘中还会出现一个方向指针,它始终指向目的地的方向(方位),操作者可按照指针方向调整前进的方向,直到箭头指向罗盘的顶部,当它指向右边,表明目标的位置在右边,当它指向左边,表明目标的位置在左边,如果它指向上方,说明正在去目的地的路上。

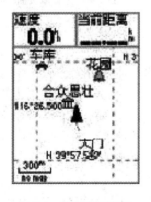 

图 5-4 GPS 地图页面　　　图 5-5 罗盘导航页面

(4) 公路导航页面及内容

该页面融合了地图页面和罗盘导航页面的许多特性。与罗盘导航页面一样，在页面的上部有一个数据区和一个状态栏；与地图页面一样，页面下部的公路图形上也可以显示表示当前位置的三角、表示航迹的虚线、以及表示航点的路牌等(图 5-6)。

(5) 当前航线页面及内容

该页面显示了正在用于导航的航线信息。当从航线表中建立一条新航线，并使用它导航，则在当前航线的页面中可看到相关信息，按下菜单键后，将打开本页的选项菜单(图 5-7)。主要包括使用地图、添加航点/插入航点、移出航点、航线反向、设计航线、停止导航和面积计算等选项，这些选项主要可以达到相应

图 5-6 公路导航页面

的目的。如果光标停留在某个航点中，该处将显示"插入航点"，否则将显示"添加航点"，选择该选项后，将打开航点窗口，可以到航点表中寻找要添加的航点；从航线中去掉光标所选中的航点，但该航点将仍然保存在航点表中；自动计算出航线当前所围成的多边形的面积，可以计算出多达 50 边形的面积，但多边形的各边之间都不能有相交的现象，否则需要调整航线中航点的顺序。

图 5-7 当前航线页面

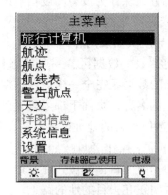

图 5-8 主菜单页面

(6) 主菜单页面及内容

除了上述 5 个主页面之外，连续 2 次按下菜单键将打开主菜单页面，其中又分为旅行计算机、航迹、航点、航线、警告航点、天文、系统信息和设置等 8 个页面(图 5-8)。在系统设置的页面中还包括了 6 个子页面(详见本任务的任务实施相关内容)。

GPS72 默认将航点按照名称进行排列的，可以输入要查找的航点的名称，找到该航点。如果不输入任何名称就按下翻页键，光标将直接进入到航点列表中，可以上下移动方向键来查找航点，也可以按照与当前位置的距离远近来排列航点。

如果在这些子页面中迷了路，按下翻页键就可以直接返回到主页面了。也可以连续按下退出键一步一步退回到主页面。此外，这两个键还可以结束当前的选项操作。

→ 任务实施

实训目的与要求

1. 了解手持 GPS 接收机主要构造及用途。
2. 掌握手持 GPS 接收机参数设置及基本操作。

要求学生遵守仪器使用中的注意事项，保证人与仪器的安全；反复操作，达到熟练掌握手持 GPS 接收机的操作技巧。

实训条件配备要求

1. 实训场所

实训林场。

2. 仪器数量

手持 GPS 接收机每实训组 1 台。

实训的组织与工作流程

1. 实训组织

（1）教师组织

成立实训指导小组，教师负责指导、组织实施实训工作。每班 25 名学生设 1 名指导教师，学生超过 25 名时，增加 1 名指导教师。指导教师巡回到各小组亲临指导。

（2）学生组织

成立实训小组，学生 2～3 人为一组，每组设组长 1 名，负责本组的工作。

2. 实训工作流程（图 5-9）

图 5-9 工作流程

实训方法与步骤

指导教师每一操作步骤演示后，要等待所有学生操作正确后，再进行下一步骤的演示，直至每位学生学会全部操作过程为止，然后各学生以小组为单位，反复练习此项操作过程。

1. 手持 GPS 接收机基本操作

（1）认识手持 GPS 接收机按键

学生拿着手持 GPS 接收机实物，认识各个按键名称，体会各自功能。

（2）手持 GPS 接收机基本操作

指导教师首先对手持 GPS 接收机按如下步骤进行基本操作的演示。

①开机　按住红色的电源键并保持至开机，屏幕首先显示开机欢迎画面和警告页面。开机后，按下翻页键后将进入 GPS 信息页面。

②工作状态　在进入 GPS 信息页面后，如果没有进行任何的按键操作，机器在定位后将自动切换到地图页面。

③关机　按住红色的电源键并保持至关机。

④接收信号　把接收机拿到室外开阔的地点，尽量将机器竖直放置，同时保证天线部分不受遮挡，并能够看到开阔的可视天空。开机后，当有足够的卫星（一般需要 3 颗以上的卫星）被锁定时，接收机将计算出当前的位置。第一次使用大约需要 2min 定位，以后只需要 15～45s 就可以定位。定位后，页面上部的状态栏中将显示"二维位置"或"三维位置"，页面下部将显示当前的坐标数值。

⑤调节屏幕亮度和对比度　在任意页面中按一下电源键，将出现调节显示的窗口。上下按动方向键将打开或者关闭背景光；左右按动方向键将调节显示的对比度。调节结束后，按一下输入键确认，关闭调节窗口，若不进行任何操作，5s 后该窗口将自动关闭。

⑥模拟状态　开机后，按下翻页键后将进入 GPS 信息页面；按菜单键打开选项菜单；上下移动方向键选择"进入模拟状态"，再按下输入键确认进入模拟状态。进入模拟工作模式后，在 GPS 信息页面上部的状态栏中将显示"模拟状态"。

2. 手持 GPS 接收机系统设置

指导教师首先对手持 GPS 接收机进行系统设置的演示操作。

（1）综合设置

①GPS 工作模式　可选择"正常模式"、"省电模式"或"模拟模式"。选择"省电模式"将减小更新速率从而减少耗电；选择"模拟模式"将终止接收 GPS 信号，同时进行模拟导航。

②背景光时间　可选择"常开"或开启 15s、30s、1min 和 2min。

③声响 可选择"按键和信息"、"只是信息"或"关闭"。选择"关闭"将没有任何声响；选择"只是信息"将无按键的声响；选择"按键和信息"，在机器有信息提示时和按键的时候都有声响。

(2)时间设置

①时间格式 以12h或24h来表示当前的时间。

②时区 默认为北京时间，如果在别的时区使用，可以选择"其他"，然后在出现的"UTC时差"选项中输入当地与格林威治时间的实际时差。

(3)单位设置

①高度 米或英尺。

②距离和速度 公制、英制或航海。

③方向显示 度数或文字。选择"文字"则所有的方向数据都将用文字来表示，例如"北"、"东北"等；选择"度数"则所有的方向数据都将用度数来表示。

(4)坐标设置

①坐标格式 28种坐标格式，默认为"度分"来显示经纬度。

②坐标系统 110种坐标系统，默认为"WGS84"坐标系。

③北基准 真北、磁北、网格北(坐标纵线北方向)和用户自定义。选择"真北"，则以真北为北的基准；选择"磁北"，则以地磁场的北极作为北的基准；选择"网格北"则以当地地图的网格北作为北的基准；选择"用户自定义"，就可以修改磁偏角的数值。

④磁偏角 显示当前磁偏角，如果将"北基准"定义为"用户自定义"，就可以在这里输入自定义的北基准的角度。

3. 手持GPS接收机的坐标系统转换

指导教师首先对手持GPS接收机进行坐标系统转换的演示操作。

(1)坐标格式设定

GPS导航系统所提供的坐标格式是以WGS84坐标系为根据而建立的，我国目前应用的许多地图却属于北京54坐标系或西安80坐标系。不同坐标系之间存在着平移和旋转关系，如果不使用WGS84的经纬度坐标，必须进行坐标转换，输入相应的转换参数。

①选择设置坐标 在主菜单页面中，选择"设置"，然后左右按动方向键选择"坐标"子页面。

②选择坐标格式 用方向键将光标移动到"坐标格式"下的输入框中。

③选择"User UTM Grid"(用户自定义格式) 按下输入键打开坐标格式列表，上下移动方向键选择"User UTM Grid"，并按下输入键确认。

④输入相关参数 在出现的"自定义坐标格式"页面中，输入相关的参数，包括中央经线(当地坐标带的中央经度值)，投影比例(该数值为1)，东西偏差(该数值为500 000)，南北偏差(该数值为0)。

⑤保存设定 用方向键将光标移动到"存储"按钮上，并按下输入键确认。

(2)坐标系统设定

指导教师每一操作步骤演示后，等待学生按此步骤操作正确后，再进行下一步骤的演示，直至每位学生正确操作全过程为止，然后各学生以小组为单位，反复练习此项操作过程。

①进入坐标系统设置子页面 用方向键将光标移动到"坐标系统"下的输入框中。

②选择"User"(用户) 按下输入键打开坐标系统列表，上下移动方向键选择"User"，并按下输入键确认。

③输入相关参数 在"自定义坐标系统"页面中，输入相关的参数，包括DX，DY，DZ，DA和DF。对于北京54坐标来说，DA = " - 108"，DF = "0.000 000 5"；对于西安80坐标来说，DA = " -3"，DF = "0"。DX，DY，DZ三个参数因地区而异。DX，DY，DZ是同一点在不同坐标系中空间直角坐标系的对应坐标值的差值；DA、DF是相应椭球对应的长半轴长度差值、扁率差值。北京54坐标系DA的数值为 -108，DF的数值为0.000 000 5；西安80坐标系DA的数值为 -3，DF的数值为0。

④保存设定 用方向键将光标移动到"存储"按钮上，并按下输入键确认，完成修改。

实训成果

熟悉手持GPS接收机的参数设置及基本操作，并完成表5-1。

表 5-1　手持 GPS 页面切换操作表

现有页面	操作	下一页面
信息页面		地图页面
地图页面		罗盘导航页面
罗盘导航页面		公路导航页面
公路导航页面		信息页面
信息页面		公路导航页面
罗盘导航页面		地图页面

注意事项

1. 手持 GPS 接收机后面板的电源接口具有方向性，接电缆线时注意拔插。
2. 不要摔打、敲击或者剧烈震动手持 GPS72 接收机，避免损坏其中的电子器件。
3. 质量差的电池会影响 GPS 的性能与数据准确，一定要使用正品电池。

考核评估

序号	技术要求	配分	评分标准	实测记录	得分
1	能熟悉手持 GPS 接收机的各操作按键	20	熟悉各操作键用法及功能满分，错 1 个扣 2 分		
2	能熟悉各页面的切换	20	熟悉仪器各个页面满分，错 1 处扣 5 分		
3	会参数设置	20	全对满分，错 1 个扣 5 分		
4	能进行综合设置、时间设置、单位设置、坐标设置	30	全对满分，每错 1 处扣 6 分		
5	操作规范 (1) 学习态度、职业道德、敬业精神 (2) 步骤和操作过程的规范性	6	根据学生表现，每小项 2 分		
6	方法能力 (1) 计划执行能力 (2) 过程的熟练程度	4	根据学生表现，每小项 2 分		
	合计	100			

巩固训练项目

认识其他型号的手持 GPS 接收机，了解共有哪些页面及页面的切换方法以及坐标设置操作方法。

任务 5.2

手持 GPS 在森林调查中的应用

→任务目标

使用手持 GPS 接收机在操场或实训基地确定某地物(或苗圃地四周)5 个以上点的位置(标明名称、记录高程和经纬度坐标),设定向某位置导航,测定某区域面积,测量某地物距离。

→任务提出

在森林资源调查中,常常要测定林地界线内面积;在固定标准地复查、临时标准地或样地定位时经常要用手持 GPS 接收机进行导航和定位。因此,掌握手持 GPS 接收机的定位、导航、面积和距离测定就显得尤为重要。

→任务分析

要用手持 GPS 接收机完成森林调查中的测量工作,就要熟悉手持 GPS 接收机的定位、导航、面积测量等方法。

→工作情景

工作地点:实训林场。

工作场景:采用学生现场操作,教师引导的学生主体、工学一体化教学方法,教师以实训林场为工作环境,在不同地形的林地内,熟悉手持 GPS 接收机的定位、导航面积测量等操作步骤。教师对学生操作过程进行评价和总结。

→知识准备

5.2.1 手持 GPS 接收机定位

(1)手持 GPS 接收机定位的含义

开机后,有足够卫星(一般需 3 颗以上)被锁定时,GPS72 将计算出当前位置,这就是定位。定位后,页面上部状态栏中将显示"二维位置"或"三维位置",页面下部显示当前坐标值。手持 GPS72 接收机(以下简称为 GPS72)完成定位后,可以记住任何一处的位置坐标。

（2）手持 GPS 接收机定位的方法

在任何页面中，只要按住输入键 2s，GPS72 都将立刻捕获当前位置，并显示"标记航点"页面（见图 5-10）。页面左上角的黑色方块是机器为航点所设定的默认图标，此外机器还会从数字 0001 开始为航点分配一个默认的名称。如果不想用这个名称，可通过修改航点名称来操作。当前光标就显示在屏幕右下角的"确定"按钮上，若按下输入键确认，则当前位置将被存储到机器当中。GPS72 必须在"三维位置"的状态下才能保存当前位置的正确坐标。

图 5-10 标记航点页面

（3）修改航点的名称

①选择输入位置 用方向键将光标移动到需要输入文字的输入框中（例如以数字表示的航点名称），按下输入键后，屏幕上将显示出一个输入键盘。

②输入航点名称 键盘默认的输入字符是拼音，按动方向键将光标移动到相应的拼音字符上。按下输入键确认，键盘下方的黑色拼音显示框中将显示出一个拼音的声母，同时键盘上方的文字显示框中会显示出对应声母的文字。用方向键将光标移动到所需的文字上，再按下输入键确认，这个字就会出现在相应的文字输入框中。

③修改或删除输入错误的字 如果选择键盘中的"后退"，将会从输入框中删除刚刚输入的字；如果选择"空白"，将会在输入框中输入一个空格；如果选择"◀"或"▶"，将可以调整输入框中要输入文字的位置；如果选择"确定"，将结束当前的输入操作。在选择以上几个功能之后，需要按下输入键确认方能生效。

④输入英文字符或数字 如果希望输入英文字符或者数字，可以按下缩放键"＋"或"－"就可以将拼音键盘换成英文数字键盘，输入方法与上面输入文字是一样的，"back"表示删除，"space"表示输入空格，"ok"表示结束输入的操作。

5.2.2 手持 GPS 接收机导航

所谓导航，是指手持 GPS 接收机能够显示当前所在的位置，通过选择机器中所存的航点或输入指定坐标作为目的地，然后按相应操作键可进行带领持机者到达目的地的过程。

（1）设置导航目标

①用航点导航 到达地图上某点的直接路径。

②用航迹导航 重复已记录或存储在机器中的曾经行进过的路线。

③用航线导航 编辑一条包括沿路各路标（以航点的形式存储在机器中）的到达目的地的路线。

本教材以选用航点导航为例进行介绍导航过程。

（2）查找

①打开导航窗口 按导航键打开。

②打开航点列表 上下移动方向键选择"航点"，再按下输入键确认，打开航点列表。

③输入航点名称 输入已存的航点的名称，也可以按下翻页键使光标进入航点列表，然后上下按动方向键来选择需要找的航点名称。

(3) 导航过程页面

①用航点开始导航 当光标停留在所要找的航点名称上时,按下输入键确认,机器将开始向我们刚刚选中的航点进行导航。设定导航目标后,选择导航则进入罗盘导航页面。在页面的下部可看到一个罗盘。罗盘的正上方就表示当前的运动方向(航向)。如果已经选择了目的地进行导航,在罗盘中还会出现一个方向指针,它始终指向目的地的方向(方位)。此时可以按照指针的方向调整前进的方向,直到箭头指向罗盘的顶部。如果它指向右边,表明目标的位置在右边;如果它指向左边,表明目标的位置在左边;如果它指向上方,说明正在去目的地的路上。

②导航过程中的显示信息 当再次按下导航键后,菜单中将在最上方显示当前正在导航的航点名称"样地6"。也可以在这里将当前的导航终止。

➡ 任务实施

实训目的与要求

1. 了解手持 GPS 接收机定位与导航的方法;
2. 掌握手持 GPS 接收机测定林地面积的方法。

要求学生按照仪器使用规定进行操作,保证人与仪器的安全;每位同学都要熟练掌握手持 GPS 接收机求面积的操作方法与技巧。

实训条件配备要求

1. 实训场所

实训林场。

2. 仪器数量

手持 GPS 接收机每实训组 1 台。

实训的组织与工作流程

1. 实训组织

(1) 教师组织

成立实训指导小组,教师负责指导、组织实施实训工作。每班 25 名学生设 1 名指导教师,学生超过 25 名时,增加 1 名指导教师。指导教师巡回到各小组亲临指导。

(2) 学生组织

成立实训小组,学生 2~3 人为一组,每组设组长 1 名,负责本组的工作。

2. 实训工作流程(图 5-11)

图 5-11 工作流程

实训方法与步骤

1. 用手持 GPS 接收机进行样点定位与导航

(1) 开机启动

按住电源键并保持至开机,然后会看到欢迎画面,进入 GPS 信息页面。

(2) 新样点定位

走到需要定位的样点,按住"输入"键 2s,手持 GPS72 接收机都将立刻捕获当前的位置,并显示"标记航点"页面,按下"确定"按钮即可记录并保存一个航点。

(3) 已知样点定位与导航

①查找 在手持 GPS 接收机内存中,通过查找功能找到已存的航点(输入航点名或从列表中找,已在前面叙述过)。

②导航 按提示行进,到过目的地时,提示"目的地已到达"信息。在航点选项菜单中,还有"删除航点"和"加入航线"2 个选项。选择"删除航点"将会把当前的航点从机器中删除;选择"加入航线",机器将会询问要加入航线的名称,选择某条航线后再按下输入键,航点就将加入到该航线的末端,如果选择"创建新航线",在航线表中将会增加一条仅包含当前航点的航线。

2. 用手持 GPS 接收机进行林地面积测量

(1) 开机启动

按住电源键并保持至开机,然后会看到欢迎

画面，进入 GPS 信息页面。

（2）利用航迹求面积

通过按翻页键或退出键，进入到地图页面按航迹进行面积计算。

① 确定起点　抵达待测地块边界起点。

② 进入面积计算页面　在 GPS72 主菜单中，选择"天文"选项，再选择"面积计算"选项，进入"面积计算"页面。

③ 开始测量　通过方向键选择屏幕中间显示的"开始"，按输入键开始测量，此时屏幕中间的"开始"将自动变为"停止"。可以沿着待测区域的边界行进至起点处。

④ 停止测量　返回起点时，无其他操作光标已经选择在屏幕中间的"停止"上，再次按下输入键停止测量，屏幕显示该地块边界（航迹）的图形及面积数字，同时屏幕中间出现的"存储"。

⑤ 面积计算　按下输入键将进入航迹信息页面，如果再次按下输入键确认，将会把刚刚所测量区域的边界航迹保存在机器中。如果不希望存储此航迹，可以在选择"存储"前按下菜单键，再按下输入键就可以重新开始新的测量。如果没有走完待测区域的边界，就选择"停止"，机器将会自动将首尾的位置连接起来再计算面积。此处计算的面积就是航迹所围区域的面积。

（3）利用航线求面积

此方法是在地块边界的转折点处记录并保存航点，并将各个航点加入航线，形成闭合的地块边界并计算面积。主要操作步骤是：

① 保存航点　沿地块边界行进，在起点、中间转折点及终点处保存航点，并记录构成该地块的所有航点包括起点和终点的编号。

② 进入航线表页面　从 GPS72 主菜单进入"航线表"页面，页面上方是"新的"按钮，右边显示可用的航线个数，下方是已存航线列表。

③ 新建航线　在航线表的页面中，用方向键将光标移动到"新的"按钮上；按下输入键确认将进入航线页面；为航线命名，如果不输入名称，默认把航线首尾航点名称作为航线的名称。

④ 输入参与航线的航点　用方向键将光标移动到"航点"下面的空格中，按下输入键将打开航点列表窗口，选择希望加入航线的航点；在输入完所有要使用的航点后，按退出键退出航线页面，会看到刚刚新建的航线已经出现在航线表中了。

⑤ 面积计算　在航线页面中按下菜单键，将出现航线页面的选项菜单。在航线表页面中按下菜单键，将出现航线表的选项菜单。选择"面积计算"，在屏幕上显示面积数值。

⑥ 删除航线　选择"删除航线"，将会把当前光标所在的航线从机器中删除；选择"删除所有航线"，将会把航线表中的所有航线都删除。

实训成果

利用手持 GPS 接收机进行定位、导航及面积测算，完成表 5-2 填写。

表 5-2　手持 GPS 基本应用操作表

应用	操作要点	显示结果
保存名为"林 5A"的点		
保存名为"林 5B"的点		
查找名为"林 5A"的点		
实测"林 5A"与"林 5B"的距离		
航迹法测某块林地面积		
航线法测某块林地面积		

注意事项

1. 要有足够的电量，当电量不足时要及时并同时更换两节同型号电池。

2. 当仪器提示 GPS 信号不好时，要等待信号满足条件时再继续工作。

3. 当按航迹测量时，要严格按需要测量的地块边界走，尽量减小人为误差。

4. 当按航点测量时，要选择合适的点（边界拐弯处）作为航点，小弯适当取舍。

考核评估

序号	技术要求	配分	评分标准	实测记录	得分
1	会利用手持 GPS 接收机定位导航	20	仪器操作正确熟练满分,不会定位扣 10 分,不会导航扣 10 分		
2	会用航迹法求面积	20	全部正确满分,边界走得不合理扣 8 分,不会进行面积计算扣 12 分		
3	会用航线法求面积	25	存点不合理扣 5 分,不会新建航线扣 5 分,不会添加航点扣 5 分,不会面积计算扣 10 分		
4	会设计航点	25	找不到设计新航点选项扣 5 分,找不到基准位置选项扣 10 分,不会设计距离扣 5 分,不会设计方向扣 5 分		
5	团队协作 (1)小组成员间团结协作 (2)学习态度、职业道德、敬业精神 (3)步骤和操作过程规范性	6	根据学生表现,每小项 2 分		
6	方法能力 (1)计划执行能力 (2)过程的熟练程度	4	根据学生表现,每小项 2 分		
	合计	100			

巩固训练项目

每个小组在实训的林场范围内根据已掌握的设计航点方法,完成 1~2 块 $0.1hm^2$ 矩形森林调查标准地的设计与导航工作。

自测题

一、名词解释

GPS　航点　航路点　航线　航迹

二、填空题

1. 手持 GPS72 接收机的页面由_____、_____、_____、_____等组成。
2. 手持 GPS72 接收机求面积的方法，有_____和_____。

三、单项选择题

1. 接收机在模拟状态，可以实现(　　)。
   A. 二维差分　　B. 测面积　　C. 三维差分　　D. 没有真正接收 GPS 卫星信号
2. 接收机至少捕捉到(　　)颗 GPS 卫星，可以确定当前的位置和高度。
   A. 1　　　　　B. 2　　　　　C. 3　　　　　D. 4

四、判断题

1. 手持 GPS 接收机只能通过已存的航点来求面积。(　　)
2. 手持 GPS 接收机接收到 2 颗卫星就能定位。(　　)
3. 手持 GPS 接收机必须在"三维位置"的状态下才能保存当前位置的正确坐标。(　　)

自主学习资源库

如果同学们想了解更多的知识，可以通过下面渠道进行学习：

1. 阅读书刊

(1) 董金壮. 2004. 介绍一种手持式 GPS 的坐标系设置使用方法[J]. 新疆有色金属(1)：9-10，12.
(2) 周忠谟. 1997. GPS 卫星测量原理与应用[M]. 北京：测绘出版社.
(3) 曹幼斌. 2002. 手持式 GPS 在地质勘察中的应用[J]. 地质与勘探(5)：73-75.
(4) 代敏. 2003. 油气田工程测量[M]. 北京：中国石化出版社.

2. 浏览网站

(1) 51GPS 世界 http://51gps.com/
(2) 豆丁网 http://www.docin.com/p-541080533.html
(3) 北斗网 http://www.beidou.gov.cn/

3. 通过本校图书馆借阅有关森林调查方面的书籍。

拓展知识

北斗卫星导航系统简介

Compass 系统是北斗卫星导航系统的英文名称，是中国卫星导航系统的总称。

从目前来说，可以将 Compass 建设过程分为两个阶段，第一阶段是试验系统，即北斗卫星导航试验系统，又称为双星定位系统，或者有源定位系统，因为它是通过双向通信方式来实现中心定位；第二阶段是无源定位系统，从 2005 年开始，我国实施新一代卫星导航系统的建设，这是与国际上 GPS/GLONASS/Galileo 系统类似的系统，称为无源定位系统，接收机接收到的是卫星广播的导航信号，由接收终端来实现位置结算。该系统有望在2011—2012年间形成12个卫星组成的、能够覆盖我国和周边地区的区域服务能力的星座,并且在2020年前,视情况和需要拓展为全球服务的星座。其全球星座由35个卫星构成,其中5个是地球静止轨道(GEO)卫星、3个是地球同步倾斜轨道(IGSO)卫星,还有27个地球中轨道(MEO)卫星。

2000年以来,中国已成功发射了3颗"北斗1号导航试验卫星",建成北斗导航试验系统。这个系统具备在中国及其周边地区范围内的定位、授时、报文和GPS广域差分功能,目前正在建设的北斗卫星导航系统的空间段由5颗地球静止轨道卫星和30颗非地球静止轨道卫星组成,提供两种服务方式,即开放服务和授权服务。

1. 概述

北斗卫星导航系统〔BeiDou(COMPASS) Navigation Satellite System〕是中国正在实施的自主发展、独立运行的全球卫星导航系统。系统建设目标是:建成独立自主、开放兼容、技术先进、稳定可靠的覆盖全球的北斗卫星导航系统,促进卫星导航产业链形成,形成完善的国家卫星导航应用产业支撑、推广和保障体系,推动卫星导航在国民经济社会各行业的广泛应用。北斗卫星导航系统由空间段、地面段和用户段三部分组成。空间段包括5颗静止轨道卫星和30颗非静止轨道卫星;地面段包括主控站、注入站和监测站等若干个地面站;用户段包括北斗用户终端以及与其他卫星导航系统兼容的终端。

2. 发展历程

卫星导航系统是重要的空间信息基础设施。中国高度重视卫星导航系统的建设,一直在努力探索和发展拥有自主知识产权的卫星导航系统。2000年,首先建成北斗导航试验系统,使我国成为继美、俄之后的世界上第三个拥有自主卫星导航系统的国家。该系统已成功应用于测绘、电信、水利、渔业、交通运输、森林防火、减灾救灾和公共安全等诸多领域,产生显著的经济效益和社会效益。特别是在2008年北京奥运会、汶川抗震救灾中发挥了重要作用。为更好地服务于国家建设与发展,满足全球应用需求,我国启动实施了北斗卫星导航系统建设。

3. 建设原则

北斗卫星导航系统的建设与发展,以应用推广和产业发展为根本目标,不仅要建成系统,更要用好系统,强调质量、安全、应用、效益,遵循以下建设原则:

(1) 开放性

北斗卫星导航系统的建设、发展和应用将对全世界开放,为全球用户提供高质量的免费服务,积极与世界各国开展广泛而深入的交流与合作,促进各卫星导航系统间的兼容与互操作,推动卫星导航技术与产业的发展。

(2) 自主性

中国将自主建设和运行北斗卫星导航系统,北斗卫星导航系统可独立为全球用户提供服务。

(3) 兼容性

在全球卫星导航系统国际委员会(ICG)和国际电联(ITU)框架下,使北斗卫星导航系统与世界各卫星导航系统实现兼容与互操作,使所有用户都能享受到卫星导航发展的成果。

(4) 渐进性

中国将积极稳妥地推进北斗卫星导航系统的建设与发展,不断完善服务质量,并实现各阶段的无缝衔接。

4. 发展计划

目前,我国正在实施北斗卫星导航系统建设。根据系统建设总体规划,2012年左右,系统将首先具备覆盖亚太地区的定位、导航和授时以及短报文通信服务能力;2020年左右,建成覆盖全球的北斗卫星导航系统。

5. 服务

北斗卫星导航系统致力于向全球用户提供高质量的定位、导航和授时服务,包括开放服务和授权服务两种方式。开放服务是向全球免费提供定位、测速和授时服务，定位精度 10m，测速精度 0.2m/s，授时精度 10ns。授权服务是为有高精度、高可靠卫星导航需求的用户，提供定位、测速、授时和通信服务以及系统完好性信息。

为使北斗卫星导航系统更好地为全球服务，加强北斗卫星导航系统与其他卫星导航系统之间的兼容与互操作，促进卫星定位、导航、授时服务的全面应用，中国愿意与其他国家合作，共同发展卫星导航事业。

本项目参考文献

1. 魏占才. 2006. 森林调查技术[M]. 北京：中国林业出版社.
2. 冯仲科，余新晓. 2000. "3S"技术及应用[M]. 北京：中国林业出版社.
3. 王文斗. 2003. 园林测量[M]. 北京：中国科学技术出版社.
4. 姜明，张义军. 2008. 手持式 GPS 接收机应用中坐标系统的转换[J]. 林业调查规划(1)：11－14.
5. 徐绍铨，张华海，杨志强，等. 2000. GPS 测量原理及应用[M]. 武汉：武汉测绘科技大学出版社.

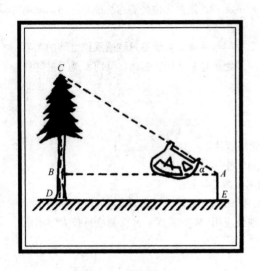

项目 6

单株树木测定

任务 6.1　直径的测定
任务 6.2　树高的测定
任务 6.3　伐倒木材积的测定
任务 6.4　立木材积测算
任务 6.5　材种材积测算
任务 6.6　树木生长量测定

树木是森林调查的基本对象，单株树木直径、树高、材积和生长量的测算是森林调查技术课程中最基本的技能。本项目主要内容包括：直径的测定、树高的测定、伐倒木材积的测定、立木材积测算及树木生长量测定等。

知识目标

1. 熟悉测定直径、树高的工具。
2. 掌握直径、树高的测定方法。
3. 熟悉直径整化的方法。
4. 了解材积测算的原理。
5. 掌握伐倒木材积的测定方法。
6. 掌握立木材积的测定方法。
7. 掌握不同材种的材积测定方法。
8. 掌握树木生长量的测定方法。

技能目标

1. 能熟练操作测定直径、树高的工具，并能正确读数。
2. 能熟练使用直径测定工具进行胸径的测定。
3. 能熟练使用树高测定工具进行树高的测定。
4. 能正确测算伐倒木的材积。
5. 能正确测算立木的材积。
6. 能正确测算不同材种的材积。
7. 能正确测定树木的生长量。

任务 6.1
直径的测定

➜任务目标
准备围尺、轮尺，熟悉其构造、刻度及使用方法。选本地区常见树种 10 株，分别用围尺、轮尺实测其胸径，记录胸径的实际值和径阶整化值，每人提交胸径测量记录表。

➜任务提出
直径测定是单株木调查及林分调查最基本的工作，在单株木材积测定、树种组成计算、林分蓄积量调查等方面都能用到。因此，需要熟悉直径测定工具，掌握直径测定的方法和测量数值的记录方法。

➜任务分析
在胸径测量时，要按照确定胸径位置、量测、读数等步骤进行，注意不同测量工具的测量要点，数值记录方法有实测值和径阶整化值，要熟悉各记录方法应用条件，以满足调查精度需要。

➜工作情景
工作地点：校园、植物园、实训林场。

工作场景：采用学生现场操作，教师引导的教学方法，教师以校园内的单株立木为例，分别用围尺、轮尺实测其胸径，并按照直径数值记录方法进行记录，学生根据教师演示操作和教材设计步骤逐步进行操作。胸径测算完成后，教师对学生工作过程和成果进行评价和总结。

➜知识准备

6.1.1 树干直径简介

树木直径：是指树干横断面外缘两条相互平行切线间的距离。树干直径在测算时分为带皮直径和去皮直径两种。

胸径：距根颈向上 1.3m 处（即距离地面 1.3m）的直径，称为胸高直径，简称胸径。

其他部位的直径：根径——根颈处的直径；1/4 处直径——距离根颈 1/4 树高处的直径；1/2 处直径——距离根颈 1/2 树高处的直径；3/4 处直径——距离根颈 3/4 树高处的直径；小头直径——木材小头的直径。

6.1.2 树干直径测定的工具

6.1.2.1 轮尺

(1) 轮尺的构造

轮尺又称卡尺，是测定树木直径的主要工具，应用广泛。由木质或铝合金制成。其构造如图 6-1 所示，由固定脚、滑动脚和测尺三部分组成。固定脚固定在测尺的零端，滑动脚套在测尺上，可以自由滑动。测尺的刻度采用米制，最小刻划单位为厘米，估读到毫米。根据滑动脚在测尺上的位置读出树干的直径。

一把符合要求的轮尺，除具有以上的构造外，还必须满足以下的条件：

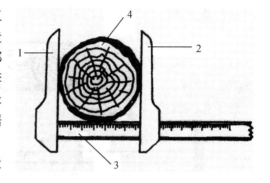

图 6-1 轮 尺
1. 固定脚 2. 滑动脚 3. 尺身 4. 树干横断面

①固定脚、滑动脚必须垂直于测尺；

②固定脚、滑动脚的长度应大于测尺最大长度的一半；

③测尺刻度要准确、清晰；

④轮尺要轻便、坚固耐用，易于携带。

使用轮尺测径时，必须做到轮尺平面与树干垂直，固定脚和滑动脚与测尺要紧贴树干，然后读靠近滑动脚内缘的刻划值。若测定部位断面形状不规则时，测定相互垂直的两个直径取平均值。测定部位长有节、瘤时，应在其上下等距位置测定直径取平均值。

(2) 测尺刻度

轮尺不仅是测定单株树木直径的工具，也是进行森林调查时测定大量树木直径的工具。因此在测尺上都有两种刻划，一种是普通刻划，即从固定脚内侧为零开始，米制按厘米刻划，可以精确到 0.1cm，用以量测实际直径；另一种是径阶刻划，即当轮尺用于森林调查中测量大量树木直径时，为了读数和统计、计算的方便，不记载每株树木的实际直径，而是按一定的间隔距离(组距)将所测直径划分为不同的组，这个组称为直径组或径阶，用各径阶的中值(径阶值)来表示直径。这种将实际直径按径阶划分的方法称为直径整化。

6.1.2.2 围尺

图 6-2 围 尺

围尺又称直径卷尺，是根据直径与圆周长的关系制作，是用于测定树木直径的工具。根据制作材料的不同，又有布围尺、钢围尺与篾围尺之分。通过围尺量测树干的圆周长，换算成直径。一般长 1～3m。围尺采用双面(或在一面的上、下)刻划，一面刻普通米尺；另一面刻上与圆周长相对应的直径读数,也就是根据 $C = \pi D$ 的关系(C 为周长,D 为直径)进行刻划。见图6-2。围尺携带方便,使用简单,在测径位置树干横断面形状不规则时不必测2次。

6.1.2.3 钩尺

钩尺又称检验尺,是直接在树干横断面上量测直径的工具,多用来测定堆积原木的小头直径。其构造如图6-3所示,是一个长80cm,宽3cm,厚1cm的木尺,尺面上有米制刻度。在刻度零点位置处装有一金属钩,使用尺钩钩住所测断面的边缘,尺身通过断面中心,然后读出断面另一面所对应的刻度值,即为所测断面直径。在钩尺上有按照2cm整化的径阶刻度。

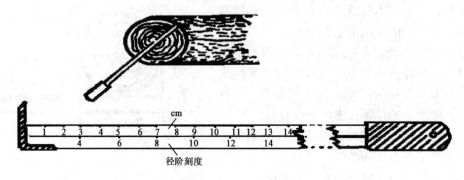

图6-3 钩 尺

➔任务实施

实训目的与要求

1. 实训目的

通过本实训的学习,学生能够正确熟练地使用围尺、轮尺等测径工具,掌握胸径测定方法和记录方法。任务完成的过程中,锻炼口语表达与答辩的能力,培养吃苦耐劳的精神和树立团队合作意识。

2. 实训要求

要求学生遵守学校各项规章制度和实训纪律,力保安全;任务负责人真正起到组织作用,组员要有通力协作、尽职尽责、顾全大局精神;胸径测量过程要严谨认真,及时检查,提高测量精度;实训结束后认真撰写报告。

实训条件配备要求

按4~6人为一组,每组配备:围尺2个,轮尺2个,皮尺2个,计算器2个,记录板1块(含记录表格),铅笔等。

实训的组织与工作流程

1. 实训组织

(1)根据班级人数成立若干实训小组,教师负责指导、组织实施实训工作。

(2)各实训小组选出小组长,负责本组实习安排、考勤和仪器管理。

2. 实训工作流程(图6-4)

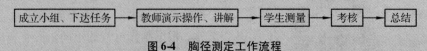

图6-4 胸径测定工作流程

实训方法与步骤

1. 胸高位置确定

胸高是指树干距离地面1.3m处的高度,该高度处树木直径叫作胸高直径,简称胸径。测定立木树干直径时常常测量该位置直径,它是指成人的胸高位置。各国对此位置的规定略有差异。我国和欧洲大陆取 1.3m,英国取 1.31m,美国和加拿大取 1.37m,日本取 1.1m。

2. 直径量测

(1) 围尺量测

① 量测　量测时,围尺要拉紧并与树干保持垂直。用围尺量树干直径换算的断面积,一般稍偏大。这是因为树干横断面不是正圆。而在周长相等的平面中,以圆的面积为最大。

② 记录

直径的实值记录:将胸径测量的实际值记录于表 6-2 中。

径阶整化记录:径阶整化的方法为组距通常采用 2cm 或 4cm,用上限排外法划分径阶。各径阶代表的范围见表 6-1。

如测得一断面实际直径为 6.9cm,按 2cm 整化时应记作 6cm 径阶;按 4cm 径阶整化时记作 8cm 径阶。径阶整化后,将径阶值记录于表 6-2 中。

表 6-1　径阶范围表

径阶/cm	2cm 径阶范围/cm	径阶/cm	4cm 径阶范围/cm
2	1.0～2.9	4	2.0～5.9
4	3.0～4.9	8	6.0～9.9
6	5.0～6.9	12	10.0～13.9
8	7.0～8.9	16	14.0～17.9
10	9.0～10.9	20	18.0～21.9
12	11.0～12.9	24	22.0～25.9
⋮	⋮	⋮	⋮

(2) 轮尺量测

① 量测　测定直径时注意两脚和测尺所构成的平面必须和树干轴垂直;测定直径时应先读数,再从树干上取下轮尺。

② 记录

直径的实值记录:将胸径测量的实际值记录于表 6-2 中。

径阶整化记录:将轮尺测尺上的刻度直接按径阶的要求进行刻度整化,即在测尺上将各径阶值移刻在径阶范围的下限位置,如图 6-5 所示。例如,若按 1cm 整化,则 8cm 径阶的位置在 7.5cm 处刻划;若按 2cm 整化,则 8cm 径阶的刻度位置是在 7.0cm 处;若按 4cm 径阶整化,则 8cm 径阶的位置在 6.0cm 处刻划。测径时只需读最靠近滑动脚内缘的径阶值即可。将径阶值记录于表 6-2 中。

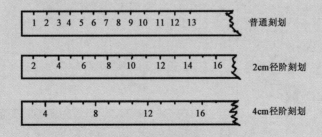

图 6-5　测尺与直径整化的关系

项目6 单株树木测定

表6-2 胸径测定记录表　　　　　　　　　　　　　　cm

树号	胸径(围尺测)		胸径(轮尺测)						不同工具所测胸径的差值	
			左右测直径		前后测直径		平均			
	实际值	径阶值	实际值	径阶值	实际值	径阶值	实际值	径阶值	实际值	径阶值
1										
2										
3										
4										
5										
6										
7										
8										
9										
10										

观测者_____　　　记录者_____　　　计算者_____

注："不同工具所测胸径的差值"的计算：用围尺测胸径 – 轮尺测胸径。

实训成果

1. 实训报告1份；
2. 胸径测定记录表1份。

注意事项

1. 在坡地测定胸径位置，以树干坡上方胸高(1.3m)处为准。
2. 当胸高处出现节疤、突出或凹陷以及其他不规则的形状时，应在胸高上下距离相等而横断面形状较正常处，测取2个直径，取其平均数作为胸径。
3. 当胸高断面呈扁圆形状采用轮尺测时，则应测长径和短径的平均数作为胸径。
4. 若遇到双杈树，分杈位置在1.3m以下时，应按2株树木测定胸径；分杈位置在1.3m以上时，应按1株树木测定胸径；刚好在1.3m处分杈，则上移至能测量分杈树为准。

考核评估

序号	技术要求	配分	评分标准	实测记录	得分
1	胸高位置确定：要求位置正确	30	位置差2cm扣20分，超过2cm全扣		
2	围尺测定：要求达标	30	误差1mm扣10分，超过3mm全扣		
3	轮尺测定：要求达标	30	误差1mm扣10分，超过3mm全扣		
4	团队协作 (1)小组成员间团结协作 (2)学习态度、职业道德、敬业精神 (3)步骤和操作过程的规范性	6	根据学生表现，每小项2分		
5	方法能力 (1)计划执行能力 (2)过程的熟练程度	4	根据学生表现，每小项2分		
	合计	100			

任务 6.2
树高的测定

➡ 任务目标

准备布鲁莱斯测高器和克里斯登测高器，了解其测高原理、熟悉其构造及使用方法。选本地区常见树种5株，分别用布鲁莱斯测高器和克里斯登测高器实测其树高，每人提交胸径测量记录表。

➡ 任务提出

树高测定是单株木调查及林分调查基本的工作，在单株立木材积、林分高度、林分蓄积、材积表的编制等方面都能用到。因此需要熟悉树高测定工具、掌握树高的测定的方法。

➡ 任务分析

在树高测量时，要按照确定测点位置、量测、读数等步骤进行。使用克里斯登测高器时要注意其测高范围，以满足调查精度需要。

➡ 工作情景

工作地点：校园、植物园、实训林场。

工作场景：采用学生现场操作，教师引导的教学方法，教师以校园内的单株立木为例，分别用布鲁莱斯测高器和克里斯登测高器实测其树高，并用罗盘仪检测其测量结果，学生根据教师演示操作和教材设计步骤逐步进行操作。树高测算完成后，教师对学生工作过程和成果进行评价和总结。

➡ 知识准备

6.2.1 树木高度概念

树高指树木从地面上根颈到树干梢顶之间的距离或高度，是表示树木高矮的调查因子，是主要的伐倒木和立木测定因子。其常见的种类有：全高、任意干高、全长等。

伐倒木的任意长度均可以用皮尺测定，而立木的高度在2.0 m以下，可以随便测定。

超过 2.0 m 以上的高度，必须借助一定的测高仪器来测定。

6.2.2 树高测定仪器

6.2.2.1 布鲁莱斯测高器

布鲁莱斯(Blume-Liess)测高器，是德国帕迪(Parde J.)1966 年按照三角原理设计制作一种实用的测高器。其主要部件在密封的壳内，指针摆动不受风力的影响，测定精度较高，同时还可以测定较高大的树木高度(图 6-6)。

(1)构造

①瞄准器 位于测高器上沿的中空圆筒部分(现有些仪器经过改造后，这一部分已经变成了望远镜)，目的是用于瞄准。它的目镜端有觇孔，另一端有 2 个相对的准星。

②制动钮(又称板机) 是在仪器前端的一弯曲金属片，按下制动钮可以固定指针。

③启动钮 在仪器背面的一金属圆形凸起，按下启动钮可以放松指针。

④度盘和指针 度盘和指针都安装在仪器下方的玻璃框内，度盘由 6 条弧形刻度带组成。上面 4 条为不同水平距离(如 15m、20m、30m、40m)时不同仰、俯角对应的树高刻度，最小刻度为 0.5m。最下一条为圆周角，可仰视 60°、俯视 30°，用于测定倾斜角(或坡度)。指针的作用是指示树高或倾角数值。

⑤视距器 它是利用方解石晶体的双折射光学特性，与特制标尺配合进行视距观测。

图 6-6 布鲁莱斯测高器
1. 瞄准器 2. 制动钮 3. 启动钮 4. 度盘和指针 5. 视距器

(2)测高原理

在平地测高，测高原理如图 6-7 所示，根据三角学中的正切函数关系，可得

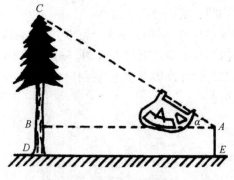

图 6-7 布鲁莱斯测高原理

$$H = AB\tan\alpha + AE \tag{6-1}$$

式中 AB——水平距离；

AE ——眼高(仪器高);

a ——仰角。

在坡地上测高,先观测树梢,求得 h_1;再观察树基,求得 h_2。若2次观测符号相反(仰视为正,俯视为负),则树木全高 $H = h_1 + h_2$[图6-8(a)];若2次观测符号相同,则 $H = h_1 - h_2$[图6-8(b)、(c)]。

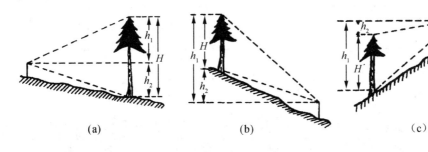

图6-8　在坡地上测高

6.2.2.2 克里斯登测高器

(1)仪器构造

克里斯登测高器为一个长度约35~60cm,宽2~3cm的金属片,其两端有直角拐角,上面刻有树高刻划,如图6-9所示。

(2)仪器构造

克里斯登测高器的原理是几何原理,如图6-10所示。是根据数学中"通过一点的许多直线把两平行线截成线段时,其相应的直线成比例"。在图6-10中,ac 为克里斯登测高器,AC 为树木,BC 为立在树干上2m长的标尺,O 为眼睛的视点。

当 $ab /\!/ AB$ 时,过 O 点的3条直线(即视线

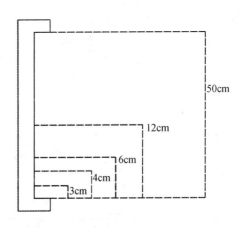

图6-9　克里斯登测高器及其刻度

OA、OB、OC 将2条平行线(ac、AC)截成相应的线段,所截的线段成比例。

因为 $ac /\!/ AC$

所以 $AC:ac = BC:bc$

则　　$AC = \dfrac{ac \cdot BC}{bc}$　　(6-2)

式中　bc ——下拐角到某一树高刻划的距离;

ac ——两拐角间的距离;

BC ——测杆的长度;

AC ——树高。

从式(6-2)中可以看出,由于 ac、BC 是常量,因此 bc 和 AB 互为反比关

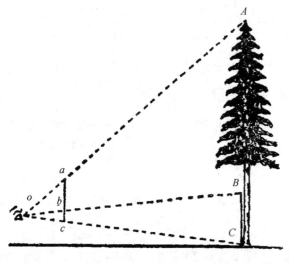

图6-10　几何测高示意图

系，其中 AB 越大，bc 越小，即树高越高，树高刻划距离下拐角越近，刻划越密。

若仪器长 $ac = 30\text{cm}$，固定标尺 $BC = 2\text{m}$，将不同树高代入式(6-2)中，即可求得树高尺的刻度。例如树高 $H = 5\text{m}$ 时，刻度 $bc = 2 \times \dfrac{0.3}{5} = 12\text{cm}$，其树高刻度类推见表6-3。

表6-3 克里斯登测高器刻度

树高/m	5	10	15	20
刻度位置/cm	12	6	4	3

→任务实施

实训目的与要求

1. 实训目的

通过本实训的学习，学生能够正确熟练地使用布鲁莱斯测高器、克里斯登测高器，掌握其树高的测定方法。能够使用罗盘仪准确获取树高值，并比较布鲁莱斯测高器和克里斯登测高器的测高精度。

2. 实训要求

要求学生遵守学校各项规章制度和实训纪律，力保安全；任务负责人真正起到组织作用，组员要有通力协作、尽职尽责、顾全大局精神；测量过程要严谨认真，及时检查，提高测量精度；实训结束后认真撰写报告。

实训条件配备要求

按4~6人为一组，每组配备：布鲁莱斯测高器1个，皮尺1个，克里斯登测高器1个，2m长测杆1根，罗盘仪1套，计算器1个，记录板1块（含记录表格），铅笔等。

实训的组织与工作流程

1. 实训组织

(1)成立教师实训小组，负责指导、组织实施实训工作。

(2)建立学生实训小组，4~6人为一组，并选出小组长，负责本组实习安排、考勤和仪器管理。

2. 实训工作流程(图6-11)

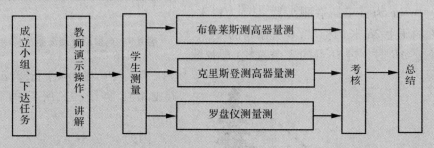

图6-11 树高测定工作流程

实训方法与步骤

1. 布鲁莱斯测高器测高

(1)选择测点

测点即测者所站位置，应能同时通视树顶和树基。测点到被测树木的距离约与所测树木的高度相近。

(2)测定水平距离

用皮尺或视距器实测测点到被测树木水平距离。为了便于读树高，所测水平距离应为度盘上所标水平距离(如15m、20m、30m、40m)。

(3)测定树高

按动仪器背面启动按钮，让指针自由摆动，用瞄准器分别对准树梢和树基后，稍停2~3s，待指针停止摆动呈铅锤状态后，按下制动钮，固定指针，在刻度盘上读出对应于所选水平距离的树高值，得出水平视线到树顶的高度 h_1 及水平视线到树基的高度 h_2 (如图6-8所示)。若2次观测符号相反(仰视为正,俯视为负),则树木全高 $H = h_1 + h_2$[图6-8(a)];若2次观测符号相同,则 $H = h_1 - h_2$[图6-8(b)、(c)]。

(4)记录

将测量值记录在表6-4中。

(5)注意事项

使用布鲁莱斯测高器,其测高误差为±5%。为获得比较正确的树高值,应注意以下几点:

①选择的水平距离应尽量接近树高,在这种条件下测高误差较小;

②当树高太小(小于5m)时,不宜用布鲁莱斯测高器,可采用长杆直接测高;

③对于阔叶树应注意确定主干梢头位置,以免测高值偏高或偏低。

2. 克里斯登测高器测高

(1)立标尺

先把2m长的标尺垂直立于被测树干基部(或在被测树干2m高处标以记号)。

(2)选测点

然后选定能同时看到树顶和树基的位置,测者伸出左手,持测尺上端使其自然下垂,再借人的进退或手臂的伸屈调节,使视线恰能通过上拐角瞄准树顶,同时通过下拐角瞄准树基,使两拐角之间刚好卡住被测树干全高。

(3)测定树高

测者头部不动,迅速移动视线看标尺顶端(或树干上2m标记),读出该点树高值。

(4)记录

将测量值记录在表6-4中。

克里斯登测高器的优点是不需要测量测者到被测木的水平距离,一次性就可以测得树高,使用熟练后可以提高工作效率。缺点是观测时要求视线同时卡住三点,掌握比较困难。另外,由于树高越高,在测尺上刻划越密,分划越粗放。因此,在测定20m以上树高时,误差较大,故此仪器适合于测定树高在20m以下较低矮的树木,超过20m以后,读数准确性会降低。

3. 罗盘仪测树高

(1)量测水平距离

用皮尺测定测者到被测木之间的水平距离 l。

(2)测定树高

用罗盘仪分别瞄准树梢、树基,读取倾斜角分别为 a、b,用公式: $h_1 = l\tan a$ 和 $h_2 = l\tan b$。当树梢、树基倾斜角方向相同时, $H = h_1 - h_2$;当树梢、树基倾斜角方向不相同时, $H = h_1 + h_2$。

表6-4 不同工具测定树高记录表

树号	布鲁莱斯测高器				克里斯登测高器	罗盘仪			树高
	水平距	仪器读数		树高		水平距	测定高度		
		树顶	干基				树顶	干基	

观测者_____ 记录者_____ 计算者_____

表6-5 不同工具测定树高精度比较表

树号	布鲁莱斯测高器/m	克里斯登测高器/m	罗盘仪测高/m	误差率/%

观测者_____ 记录者_____ 计算者_____

（3）记录

将测量值记录在表6-4中。

4. 测量误差比较

（1）计算

以罗盘仪测定的树高为实测值，计算其他测高方法的误差率。

$$误差率(\%) = \frac{测定值 - 实际值}{实际值}$$

（2）记录

将计算结果记录在表6-5中。

实训成果

1. 实训报告1份；
2. 不同工具测定树高记录表1份；
3. 不同工具测定树高精度比较表1份。

注意事项

1. 测高时测点必须同时看见树顶和树基，同时要注意正确选择和看清树顶（树顶应该指树木最高处的顶芽，而非直立的树叶顶端）。对于平顶树木不要把树冠边缘当作树顶。

2. 测者与被测树木距离不宜过大或过小，一般是水平距离与树高大约相等或稍远些。否则会产生较大的误差。

3. 可从两三个不同方向观测测定树高，取其平均值作为树高，可以减少误差。

4. 在坡地上测高，测者最好与被测树木在等高位置或稍高些地方，并宜采用仰俯各测一次计算树高的方法。

➡考核评估

序号	项目与技术要求	配分	评分标准	实测记录	得分
1	选择测点：要求正确	30	基本正确扣10分，明显错误全扣		
2	测定水平距离：要求正确	30	基本正确扣10分，明显错误全扣		
3	测定树高：要求达标	30	基本正确扣10分，明显错误全扣		
4	团队协作 (1)小组成员间团结协作 (2)学习态度、职业道德、敬业精神 (3)步骤和操作过程的规范性	6	根据学生表现，每小项2分		
5	方法能力 (1)计划执行能力 (2)过程的熟练程度	4	根据学生表现，每小项2分		
	合计	100			

任务 6.3
伐倒木材积的测定

➡ 任务目标

准备长度大于 11m 的伐倒木，分别采用平均断面近似求积法和中央断面近似求积法测算材积；对伐倒木进行区分分段，分别采用平均断面区分求积法和中央断面区分求积法测算材积；分析不同测算方法的优缺点及适用条件。

➡ 任务提出

伐倒木材积测定是确定伐区出材量、林业科学研究等工作的重要方法。伐倒木易于测量其各部分的长度和横断面直径，能使树干材积测算的结果更加接近树干真实的材积，因此需要掌握伐倒木材积的测定方法。

➡ 任务分析

在伐倒木材积测量时，要按照量测大头直径、小头直径、中央直径，各区分段的底端直径和顶端直径和中央直径等（视计算方法而定），采用不同公式计算等步骤进行。注意区分段数一般不能小于 5 段，以保证测定精度，长度和直径测量时要尽量减少误差，满足量测精度需要。

➡ 工作情景

工作地点：实训林场、实训基地。

工作场景：采用学生现场操作、教师引导的教学方法，教师以某一伐倒木为例，分别采用不同的求积法演示树干材积的测量方法，学生根据教师演示操作和教材设计步骤逐步进行操作。完成伐倒木材积测量后，教师对学生工作过程和成果进行评价和总结，按教师的总结和要求，学生提交伐倒木材积求算表一份。

➡ 知识准备

6.3.1 树干形状

树木是林分调查、测定的基本对象，按照其存在的状态，树木分为伐倒木和立木两类。其中生长的树木称为立木,立木伐倒后打去枝丫所剩余的主干称为伐倒木。树木由树根、树干与树冠(枝条)三部分构成。其中,树干的材积一般占全树干的60%以上,是树木经济价值最大的部分,也是树木经济利用的主要部分。根、枝条、叶、花、果实等部分除了有特殊的经济用途以外,一般很少利用。因此,测定树干的材积是森林调查的主要任务之一。

要想求得树干的材积,就必须首先知道树干的形状。树干形状的变化,主要反映在粗度(直径)自下而上的逐渐减少,形成近似某种特定的几何体。初等数学提供了几种规则几何体的计算公式:

如圆柱体:$V = g_0 h$;抛物线体:$V = \frac{1}{2} g_0 h$;圆锥体:$V = \frac{1}{3} g_0 h$;凹曲线体:$V = \frac{1}{4} g_0 h$。研究树干形状的目的是寻找精确与合理的计算树干材积的方法和途径。树干形状尽管变化多样,但可归纳为由树干横断面形状和纵断面形状综合而成。

树干的形状通称干形。树木的干形,一般有通直、饱满、弯曲、尖削和主干是否明显之分。造成树木间干形差异的原因,除受遗传性、年龄和枝条着生情况等内因的影响外,还受生长环境,如立地条件、气候因素、林分密度和经营措施等外因的影响。一般来说,针叶树和生长在密林中的树木,其净树干较高,干形比较规整饱满;阔叶树和散生孤立木,一般树枝着生多,形成树冠较大,使净树干低短,干形比较尖削且不规整。

6.3.1.1 树干横断面

(1)树干横断面的形状

①定义 假设过树干中心有一条纵轴线,称为干轴;与干轴垂直的切面称为树干横断面,其面积称为断面积,记为 g。所谓树干横断面的形状是指树干横断面的闭合曲线的形状。

②横断面形状特征 在树干不同的位置,由于树根张力的影响大小不同,使得树干横断面的形状变化不同,主要表现为:圆形[图6-12(a)]、椭圆形[图6-12(b)]、不规则形[图6-12(c)]几种情况。通常在树干基部由于受根张力的影响较大,多表现为不规则,其他部位的横断面形状一般都近似于圆形和椭圆形。有些树干在横断面上虽然不是正椭圆形,但也具有长短二轴,此现象称为偏髓生长,其主要形成原因是:树木处于主风方向、山坡上光照不均匀、树干枝条着生状态等。奥歇特洛夫(Осетров,1905)研究过27株云

图6-12 树干横断面形状
(a)圆形 (b)椭圆形 (c)不规则形

杉、13 株松树和 10 株落叶松胸高处横断面的形状。结果表明,按照圆和椭圆的公式求得的面积都大于树干的实际横断面积,其计算误差与树皮厚薄有关。薄皮树(云杉)计算的断面积比实际断面积平均偏大 1% 左右,树皮粗而厚的树(落叶松)偏大 4%~5%,树皮厚度居中等的树(松树)偏大 2% 左右。

(2) 树干横断面面积计算

在实际工作中不论用圆或椭圆公式求算树干横断面积都只能得到近似的结果。为便于树干横断面积和树干材积计算,通常把树干横断面看作圆形。树干的平均粗度作为圆的直径。用圆面积公式计算树干横断面面积,其平均误差不超过 ±3%。这样的误差在测树工作中是允许的。因此,树干横断面的计算公式为:

$$g = \frac{\pi}{4}d^2 \tag{6-3}$$

式中　g——树干横断面面积;
　　　d——树干平均直径。

当树干横断面形状不规则时,为了提高测定精度,可以同时测定相互垂直的 2 个直径的大小,或测定其最大、最小 2 个直径代入公式(6-4)计算断面积:

$$g = \frac{\pi}{4} \times \left(\frac{d_1 + d_2}{2}\right)^2 \tag{6-4}$$

式中　d_1,d_2——相互垂直(或最大、最小)直径。

6.3.1.2 树干纵断面

(1) 树干纵断面的形状

①定义　沿树干中心假想的干轴将其纵向剖开(或沿树干量测许多横断面的直径),即可得树干的纵断面。以干轴作为直角坐标系的 x 轴,以横断面的半径作为 y 轴,并取树梢为原点,按适当的比例作图即可得出表示树干纵断面轮廓的对称曲线,这条曲线通常称为干曲线。

②纵断面形状特征　干曲线自基部向梢端的变化大致可分为:凹曲线、平行于 x 轴的直线、抛物线、相交于 y 轴的直线,共 4 种曲线类型(如图 6-13 中的 Ⅰ、Ⅱ、Ⅲ、Ⅳ 各段曲线)。如果把树干当作干曲线以 x 轴为轴的旋转体,则树干就由凹曲线体、圆柱体、抛物曲线体、圆锥体(如图 6-14 中)4 种几何体组成。这 4 种几何体在同一棵树木上的相对位置是一致的,它们之间

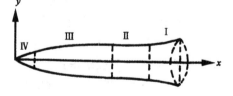

图 6-13　树干纵断面与干曲线

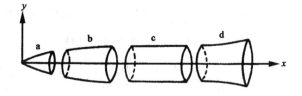

图 6-14　树干不同部位的干曲线及其旋转体
a. 相交于干轴的直线,圆锥体　b. 抛物线,抛物线体
c. 平行于干轴的直线,圆柱体　d. 内凹曲线,凹曲线体

的变化是渐变，各自所占比例的多少因树种、年龄、立地条件不同而有些差异。通常圆柱体和抛物线体在树干中所占比例最大，因此，在计算树木材积时大多数情况下按照抛物线体和圆柱体体积求积公式计算。

（2）孔兹（Kunze M.，1873）干曲线方程

干曲线线形是一组曲线，总体比较复杂，而且变化不定。百年来许多林学家在这方面研究，旨在寻找一个能够适合干曲线变化的方程式。现在常用孔兹干曲线方程表示：

$$y^2 = Px^r \tag{6-5}$$

式中　y——树干横断面半径；

　　　x——树干梢头至横断面的长度；

　　　P——系数；

　　　r——形状指数。

这是一个带参变量 r 的干曲线方程，形状指数（r）的变化一般在 0~3，当 r 分别取 0、1、2、3 时，则可分别表达上述 4 种体型，见表 6-6。

表 6-6　形状指数不同的曲线方程及其旋转体

形状指数	方程式	曲线类型	旋转体
0	$y^2 = p$	平行于 x 轴的直线	圆柱体
1	$y^2 = px$	抛物线	截顶抛物线体
2	$y^2 = px^2$	相交于 x 的直线	圆锥体
3	$y^2 = px^3$	凹曲线	凹曲线体

形状指数值可按下式计算：

$$r = 2\frac{\ln y_1 - \ln y_2}{\ln x_1 - \ln x_2} \tag{6-6}$$

式中　x_1、y_1、x_2、y_2——分别为树干某两点处距梢端的长度及半径。

研究表明，树干各部分的形状指数一般都不是整数，说明树干各部分也只是近似于某种几何体。因此，孔泽干曲线只能分别近似地表达树干某一段的干形，而不能充分完整地表达整株树干形状。由于实际树干形状千变万化，故至今仍无一个统一、普遍适用于全树干的干曲线方程。

6.3.1.3　伐倒木一般求积式

所谓完顶体是指有完整树梢的树干。设树干的干长为 h，干基的底直径为 d_0，干基的底断面积为 g_0，则由旋转体的积分公式可求得树干材积为：

$$V = \int_0^L \pi y^2 d_x = \int_0^L \pi Px^r d_x = \frac{1}{r+1}\pi Ph^{r+1} = \frac{1}{r+1}\pi Ph^r \cdot h = \frac{1}{r+1}g_0 h \tag{6-7}$$

将 $r = 0, 1, 2, 3$ 代入式（6-7）可得 4 种体型的材积公式：

圆柱体：$V = g_0 h$（$r = 0$）；抛物线体：$V = \frac{1}{2}g_0 h$（$r = 1$）；圆锥体：$V = \frac{1}{3}g_0 h$（$r = 2$）；凹曲线体：$V = \frac{1}{4}g_0 h$（$r = 3$）。

由于式（6-7）的一般性，所以树干完顶体求积式又称为树干的一般求积式。它对于实际树干材积公式的导出有重要理论意义。树木由凹曲线体、圆柱体、抛物线体和圆锥体 4

种几何体组成,其中圆柱体、抛物线体占绝大多数,抛物线体更多些。因此,在计算树干材积时,将树干近似看作是抛物线体,许多近似求积式是以抛物线体求积式推算出的。

→任务实施

实训目的与要求

1. 实训目的

通过本实训的学习,学生能熟练使用各类量测工具,掌握各求积法的测量步骤和计算方法。

2. 实训要求

要求学生遵守学校各项规章制度和实训纪律,力保安全;任务负责人真正起到组织作用,组员要有通力协作、尽职尽责、顾全大局精神;测算过程要严谨认真,及时检查,提高测量精度;实训结束后认真撰写报告。

实训条件配备要求

每组配备:轮尺、皮尺、钢卷尺各1个,伐倒木1根,计算器1个,记录板1块(含记录表格),铅笔,粉笔等。

实训的组织与工作流程

1. 实训组织

(1)根据班级人数成立若干实训小组,每个小组4~6人,教师负责指导、组织实施实训工作。

(2)各实训小组选出小组长,负责本组实习安排、考勤和仪器管理。

2. 实训工作流程(图6-15)

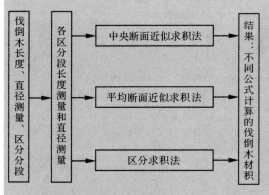

图6-15 伐倒木材积测算工作流程

实训方法与步骤

1. 伐倒木近似材积测定

(1)平均断面近似求积法

①长度和直径量测 量测伐倒木长度、大头直径和小头直径。

②计算伐倒木材积 西马林(Simalian H. L.)于1806年提出,故此又称西马林公式,它是把树干看作截顶抛物线体来求积(图6-16)。求积公式如下:

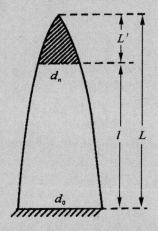

图6-16 平均断面积近似求积式示意

$$V = \frac{1}{2}(g_0 + g_n)l = \frac{\pi}{4}\left(\frac{d_0^2 + d_n^2}{2}\right)l \quad (6-8)$$

式中 V——树干材积;

g_0——大头断面积;

g_n——小头断面积;

l——伐倒木长度;

d_0——大头直径;

d_n——小头直径。

[**例6.1**] 某一落叶松树干大头断面直径为41.0cm,小头断面直径36.0cm,树干长6.0m,用平均断面近似求积式计算其材积。

根据题意,

$$g_0 = \frac{\pi}{4}d_0^2 = \frac{\pi}{4} \times 0.41^2 = 0.1320 m^2$$

$$g_n = \frac{\pi}{4}d_n^2 = \frac{\pi}{4} \times 0.35^2 = 0.0962 m^2$$

则 $V = \frac{1}{2}(g_0 + g_n)l = \frac{1}{2}(0.1320 + 0.0962)$

$\times 6 = 0.6947(m^3)$

用平均断面公式计算伐倒木树干材积,由于采用了形状不规整的干基横断面,因此常会产生偏大误差,最大平均误差可达+10%以上,精度稍差。若底部断面离干基愈远,其误差会逐渐减小。平均断面公式一般用于非基部木段和堆积材材积的计算。

③记录　将量测数值、计算结果(保留4位小数)填入表6-8中。

(2)中央断面近似求积法

①量测长度和直径　量测伐倒长度和中央直径。

②计算伐倒木材积　采用中央断面近似求积式,该式由胡伯尔(Huber B.)于1825年提出,故又称胡伯尔公式。求积公式如下:

$$V = g_{1/2}L = \frac{\pi}{4}d_{1/2}^2 L \quad (6-9)$$

式中　V——伐倒木材积;
　　　$g_{1/2}$——中央断面积;
　　　L——伐倒木长度;
　　　$d_{1/2}$——中央断面直径。

[例6.2] 某一落叶松树干长6.0m,中央直径为37.2cm,用中央断面近似求积式计算其材积。

根据题意,$g_{1/2} = \frac{\pi}{4}d_{1/2}^2 = \frac{\pi}{4} \times 0.372^2$

$$= 0.10869 m^2$$

则　$V = g_{1/2}L = 0.1087 \times 6 = 0.6522 (m^3)$

中央断面求积式是将树干看作截顶抛物线体用中央断面(即树干长度1/2处断面积)求积的公式,式中采用中央断面计算树干材积,是为了避免形状不规整的干基断面的影响减小求积误差。

③记录　将量测数值、计算结果(保留4位小数)填入表6-8中。

2.伐倒木区分材积测定

(1)区分分段

根据树干形状变化的特点,可将树干区分成若干等长或不等长的区分段,使各区分段干形更接近于正几何体,分别用近似求积式(如中央断面区分求积式、平均断面区分求积式)测算各分段材积,再把各段材积合计可得全树干材积,该法称

为区分求积法。在我国林业生产和科研工作中多采用中央断面区分求积式。

在树干的区分求积中,梢端不足一个区分段的部分视为梢头,按圆锥体公式计算其材积。

$$V' = \frac{1}{3}g'L' \quad (6-10)$$

式中　V'——梢头材积;
　　　g'——梢底断面积;
　　　L'——梢头长度。

在同一树干上,某个区分求积式的精度主要取决于分段个数的多少,段数越多,则精度越高。

(2)区分段长度、直径量测

量测各区分段长度,区分段中央直径、底端直径、顶端直径和梢头底端直径。

(3)计算材积

①中央断面区分求积法　将树干按一定长度(通常1m或2m)把树干区分成n个分段,如图6-17中所示。利用中央断面近似求积式(6-9)求算各分段的材积,按圆锥体公式(6-11)计算梢头材积,则其总材积为:

$$\begin{aligned} V &= V_1 + V_2 + V_3 \cdots + V_n + V' = g_1 L + g_2 L + g_3 L \\ &\quad + \cdots + g_n l + \frac{1}{3}g'L' \\ &= l\sum_{i}^{n} g_i + \frac{1}{3}g'L' \quad (6-11) \end{aligned}$$

式中　g_i——第i区分段中央断面积;
　　　L——区分段长度;
　　　g'——梢头底端断面积;
　　　L'——梢头长度;
　　　n——区分段个数。

[例6.3] 设一树干长11.1m,按2.0m区分段求材积,则每段中央位置分别离干基1、3、5、7、9m处。梢头长度1.1m,梢头底断面位置为距干基10m处。各部位直径的量测值见表6-7。

依据中央断面区分求积式可得此树干材积为:

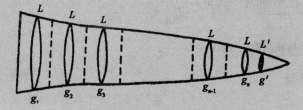

图6-17　中央断面区分求积法示意

任务 6.3 伐倒木材积的测定

表 6-7 树干区分量测值

距干基长度/m	直径/cm	断面积/m²	备 注
1	18.0	0.0254	
3	16.0	0.0201	
5	13.2	0.0137	
7	8.8	0.0061	
9	3.6	0.0010	
10(梢底)	2.0	0.0003	梢长1.1m

$V = (0.0254 + 0.0201 + 0.0137 + 0.0061 + 0.0010) \times 2 + 1/3 \times 0.0003 \times 1.1 = 0.1327 (m^3)$

在实际工作中,也可将树干区分成不等长度 l_i 的区分段,量测出各区分段的中央直径和梢头底直径,然后,利用式(6-12)计算该树干总材积:

$$V = \sum_{i=1}^{n} g_i L_i + \frac{1}{3} g' L' \quad (6-12)$$

式中符号含义同前。

② 平均断面区分求积法 根据平均断面近似求积式(6-8),推导出平均断面区分求积式,将各区分段大头直径、小头直径直接带入公式进行计算,其公式为:

$$V = \left[\frac{1}{2}(g_0 + g_n) + \sum_{i=1}^{n-1} g_i\right] l + \frac{1}{3} g_n l' \quad (6-13)$$

式中 g_0——树干底断面积;
g_n——梢头木底断面积;
g_i——各区分段之间的断面积;
l, l'——分别为区分段长度及梢头木长度。

③ 记录
将量测数值、计算结果(保留4位小数)填入表6-8中。

表 6-8 伐倒木材积测定表

伐倒木和区分段	长度/m	直径/cm		中央断面近似求积式/m³	平均断面近似求积式/m³
伐倒木		大头直径			
		中央直径			
		小头直径			
伐倒木和区分段	长度/m	直径/cm		中央断面区分求积式/m³	平均断面区分求积式/m³
1		底端直径			
		中央直径			
		顶端直径			
2		底端直径			
		中央直径			
		顶端直径			
3		底端直径			
		中央直径			
		顶端直径			
4		底端直径			
		中央直径			
		顶端直径			
5		底端直径			
		中央直径			
		顶端直径			
6		底端直径			
		中央直径			
		顶端直径			

（续）

伐倒木和区分段	长度/m	直径/cm		中央断面近似求积式/m³	平均断面近似求积式/m³
7		底端直径			
		中央直径			
		顶端直径			
8		底端直径			
		中央直径			
		顶端直径			
9		底端直径			
		中央直径			
		顶端直径			
11		底端直径			
		中央直径			
		顶端直径			
13		底端直径			
		中央直径			
		顶端直径			
梢头		梢底直径			

观测者_____ 记录者_____ 计算者_____

实训成果

1. 实训报告1份；
2. 伐倒木材积测定表1份。

注意事项

1. 区分段要正确，并且在各区分段处作标记。
2. 量测的直径要准确，读到mm。
3. 不同公式在计算材积时，输入的数据不能出错，计算要认真仔细，保留4位小数。
4. 中央直径处出现节疤、突出或凹陷以及其他不规则的形状时，应在中央直径上下距离相等而横断面形状较正常处，测取2个直径，取其平均数作为胸径。
5. 当伐倒木断面、区分段断面呈扁圆形状采用轮尺测时，则应测长径和短径的平均数作为胸径。

→考核评估

类别	项目与技术要求	配分	评分标准	实测记录	得分
1	伐倒木区分段：要求区分正确	30	有1个错误扣10分，超过3个错误全扣		
2	直径测定：要求正确	30	误差1mm扣10分，误差超过3mm全扣		
3	材积计算：要求正确	30	误差达5%扣15分，超过8%全扣		
4	团队协作 (1)小组成员间团结协作 (2)学习态度、职业道德、敬业精神 (3)步骤和操作过程的规范性	6	根据学生表现，每小项2分		
5	方法能力 (1)计划执行能力 (2)过程的熟练程度	4	根据学生表现，每小项2分		
	合计	100			

任务 6.4 立木材积测算

➡任务目标

选本地区常见树种5株、实验形数表1份,用围尺量测胸径、布鲁莱斯测高器量测树高,再分别采用平均实验形数法、形数法和丹琴略算法计算5株树的立木材积,每人提交立木材积测量计算表。

➡任务提出

立木材积是森林资源调查中重要的单木调查因子,立木材积测定是一项基本的调查技能,因此要熟悉立木材积测算所需工具,掌握测定方法和材积计算方法。

➡任务分析

立木材积主要是通过胸径、树高和上部直径等因子来间接求算,要掌握3种材积测算公式,注意测量过程准确规范,减少误差,提高测量精度。

➡工作情景

工作地点:实训林场、实训基地。

工作场景:采用学生现场操作,教师引导的教学方法,教师以某一株立木为例,分别采用不同的测算方法加以演示,学生根据教师的操作和教材设计步骤逐步进行。完成立木材积测量后,教师对学生工作过程和成果进行评价和总结,学生提交立木材积测算表1份。

➡知识准备

6.4.1 单株立木测定特点

立木和伐倒木存在状态不同,对于树干高(长)度和任意部位的直径测量,立木远不如伐倒木方便,这就产生了适应立木特点的另一些测算方法。立木与伐倒木比较,其测定特点主要有:

①立木高度除幼树外,一般用测高器测定。

②立木直径一般仅限于人们站在地面向上伸手就能方便测量到的部位，普遍取为成人的胸高位置，这个部位的立木直径称作胸高直径（diameter at breast height），简称胸径（DBH）。对于立木，主要的直径测定因子是胸高直径，可用轮尺或直径卷尺直接测定。

③立木材积在立木状态下，是通过立木材积三要素（胸高形数、胸高断面积、树高）计算材积。一般是测定胸径和树高，采用经验公式法计算材积，只有在特殊情况下才增加测定一个或几个上部直径精确求算材积。

6.4.2 形数和形率

形数和形率是研究树干形状的指标，同时也是测算立木材积的测算因子。

6.4.2.1 形数

树干材积与比较圆柱体体积之比称为形数，该圆柱体的断面为树干上某一固定位置的断面，高度为全树高（图6-18）。其形数的数学表达式为：

$$f_x = \frac{V}{V'} = \frac{V}{g_x h} \quad (6\text{-}14)$$

式中　V——树干材积；

　　　V'——比较圆柱体体积；

　　　g_x——干高 x 处的横断面积；

　　　f_x——以干高 x 处断面为基础的形数；

　　　h——全树高。

由式（6-14）可以得到相应的计算树干材积的公式，即

$$V = f_x g_x h \quad (6\text{-}15)$$

由式（6-15）可以看出，只要已知 f_x、g_x 及 h 的数值，即可计算出该树干的材积值。

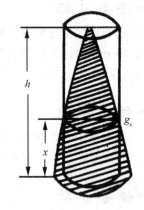

图6-18　树干与比较圆柱体

形数主要有以下几种：

（1）胸高形数

①概念　胸高形数是指树干材积与以胸高断面积为底面积，以树高为高的比较圆柱体体积之比，以 $f_{1.3}$ 符号表示。其表达式为：

$$f_{1.3} = \frac{V}{g_{1.3} h} \quad (6\text{-}16)$$

式中　$f_{1.3}$——胸高形数；

　　　V——树干材积；

　　　$g_{1.3}$——胸高断面积；

　　　h——树高。

从式（6-16）可知，当胸高或树高一定时，饱满树干的材积与比较圆柱体的体积相差较小，其形数值较大；反之，尖削树干的材积较小，形数值亦小。形数仅说明相当于比较圆柱体体积的成数，不能具体反映树干的形状。其意义可由式（6-16）转换成相应的立木材积式：

$$V = f_{1.3} g_{1.3} h \quad (6\text{-}17)$$

根据材积三要素的概念，式（6-17）中的 $f_{1.3}$、$g_{1.3}$ 及 h 也可称作以胸高断面积 $g_{1.3}$ 为基

础的材积三要素。由于我国在林分调查中习惯上测定树木的胸径,因此,在通常的情况下,常以胸高形数 $f_{1.3}$、胸高断面积 $g_{1.3}$ 及全树高 h 称作材积三要素。同时,由式(6-16)也可以看出,在计算树干材积中,胸高形数实质上是一个换算系数。

②胸高形数的性质 根据孔兹干曲线方程 $y^2 = px^r$,可以导出胸高形数与树干形状 r 和树高 h 的关系式:

$$f_{1.3} = \frac{1}{r+1}\left(\frac{1}{1-\frac{1.3}{h}}\right)^r \tag{6-18}$$

推导过程如下:

当 $y = \frac{d_0}{2}$ 时,$x = h$,代入干曲线式 $\left(\frac{d_0}{2}\right)^2 = ph^r$ 或 $d_0^2 = 4ph^r$

当 $y = \frac{d_{1.3}}{2}$ 时,$x = h-1.3$,代入干曲线式 $\left(\frac{d_{1.3}}{2}\right)^2 = p(h-1.3)^r$ 或 $d_{1.3}^2 = 4p(h-1.3)^r$

则 $\dfrac{d_0^2}{d_{1.3}^2} = \dfrac{4ph^r}{4p(h-1.3)^r}$ $d_0^2 = \dfrac{d_{1.3}^2 \cdot 4ph^r}{4p(h-1.3)^r} = \left(\dfrac{h}{h-1.3}\right)^r d_{1.3}^2$

所以 $f_{1.3} = \dfrac{V}{g_{1.3}h} = \dfrac{\frac{1}{r+1}\frac{\pi}{4}d_0^2 h}{\frac{\pi}{4}d_{1.3}^2 h} = \dfrac{\frac{1}{r+1}\frac{\pi}{4}\left(\frac{h}{h-1.3}\right)^r d_{1.3}^2 h}{\frac{\pi}{4}d_{1.3}^2 h} = \dfrac{1}{r+1}\left(\dfrac{1}{1-\frac{1.3}{h}}\right)^r$

从上式可以知道胸高形数有以下特性:

①当 $h > 1.3$ 与 $r \neq 0$,则 $\left(\dfrac{1}{1-\frac{1.3}{h}}\right)^r > 1$,所以抛物线体,$r = 1$,$f_{1.3} > \dfrac{1}{2}$;圆锥体,$r = 2$,$f_{1.3} > \dfrac{1}{3}$;凹曲线体,$r = 3$,$f_{1.3} > \dfrac{1}{4}$。对于不同几何体,其胸高形数没有一个确定值,所以胸高形数的大小不能确切地反映树干的形状。

②当树干干型(形状指数 r)相同时,胸高形数与树高成反比。

③当树木高度较大,胸径和树高一定时,胸高形数与体型的关系是,饱满树干的材积与比较圆柱体的体积相差较小,其形数值较大;反之,尖削树干的材积与比较圆柱体的体积相差较大,形数值亦较小。

胸高形数与胸径的关系是形数随着胸径的增加而减小,是一种微弱的反比关系。胸高形数的变动范围在 0.32~0.58 之间,只有极低矮的树木会大于 1。当树高为 2.6m 时,胸高形数的理论值等于 1。

(2) 实验形数

①概念 为了克服胸高形数随树高变化的缺点和正形数量测立木相对高处直径的不便,林昌庚(1961)提出实验形数作为一种干形指标。实验形数的比较圆柱体的横断面为胸高断面,其高度为树高(h)加 3m(图 6-19),以 $f_实$ 符号表示,其表达式为:

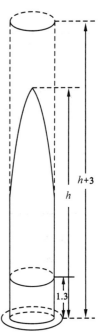

图 6-19 实验形数

$$f_实 = \frac{V}{g_{1.3}(h+3)} \quad (6\text{-}19)$$

公式推导原理如下：

设 g_n 为树干某一高度 nh 处的横断面积。根据 g_n 与 $g_{1.3}$ 之比与 h 呈双曲线关系：$\frac{g_n}{g_{1.3}} = a + \frac{b}{h}$，即在 $g_{1.3}$ 一定的条件下，g_n 随着 h 的增加而减少，即 $g_n = g_{1.3}\left(a + \frac{b}{n}\right)$。

由正形数定义可得：$V = g_n h f_n = g_{1.3}\left(h + \frac{b}{a}\right)af_n$，令 $\frac{b}{a} = K$，$af_n = f_实$，则

$$V \approx g_{1.3}(h+K)f_实$$

上式中的 a、b 是说明 $\frac{g_n}{g_{1.3}}$ 与 h 相关关系的参数。设想如把 g_n 取在十分接近 $g_{1.3}$ 位置，在 h 和 $g_{1.3}$ 相同时，g_n 值在不同乔木树种之间不至于差别很大。对于不同树种，可取同一参数 K。在设计 $f_实$ 时，取 g_n 在 $\frac{1.3}{20}h$ 位置处，选定许多有代表性的树种，测量出一定数量样木的 h、$g_{1.3}$ 和 $\frac{1.3}{20}h$ 的数值，采用回归方程：$\frac{g_n}{g_{1.3}} = a + \frac{b}{h}$，就可算出 a、b 值。由云杉、松树、白桦、杨树 4 个树种求得 $K \approx 3$。

②实验形数的性质　由于实验形数是由胸高形数和正形数转变来的。因此具有胸高形数的性质，即测定方便（测定胸高断面），还具有正形数的性质，即其值大小与树高无关，只是随树种变化，因此，对每一树种都可以求出一个实验形数。

经研究，实验形数变化范围在 0.38～0.46 之间，而绝大多数树种集中在 0.40～0.44 之间，变化比较稳定。在实际工作中可按表 6-9 查实验形数。

表 6-9　我国主要乔木树种平均实验形数

	平均实验形数	适用树种
针叶树	0.45	云南松、冷杉及其一般强耐阴树种
	0.43	实生杉木、云杉及其一般耐阴针叶树
	0.42	杉木（不分起源）、红松、华山松、黄山松及其一般中性针叶树种
	0.41	插条杉木、天山云杉、柳杉、兴安落叶松、西伯利亚落叶松、樟子松、赤松、黑松、油松及其一般喜光针叶树种
	0.39	马尾松、一般性强喜光针叶树种
阔叶树	0.40	杨、柳、桦、椴、水曲柳、栎、青冈、刺槐、榆、樟、桉及其一般阔叶树种，海南、云南等地的阔叶混交林

③胸高形数与实验形数的转换关系　从胸高形数和实验形数的定义，可得到二者的相互转换关系式：

$$f_{1.3} = \frac{h+3}{h} f_实 \quad (6\text{-}20a)$$

或

$$f_实 = \frac{h}{h+3} f_{1.3} \quad (6\text{-}20b)$$

形数是计算立木材积的换算系数。要确知形数必须先求算树干材积，因此形数这一干

形指标不能直接测定,需要寻找一个可以直接测定、又能反映干形变化的干形指标——形率。

6.4.2.2 形率

形率是指树干某一位置的直径与比较直径之比值称为形率,用 q 表示。其表达式为:

$$q = \frac{d_x}{d_z} \tag{6-21}$$

式中 q——形率;

d_x——树干某一位置直径;

d_z——树干某一固定位置直径,即比较直径。

由于所取比较直径位置不同,而有不同的形率,如胸高形率、绝对形率和正形率。

(1) 概念

胸高形率是指树干中央直径($d_{1/2}$)与胸径的比值,用 q_2 表示。其表达式为:

$$q_2 = \frac{d_{1/2}}{d_{1.3}} \tag{6-22}$$

胸高形率又叫标准形率,是由舒博格(Schuberg,1893)最早提出的概念,随后奥地利希费尔(Schiffe A.,1899)正式定名。一般认为胸高形率是描述干形的良好尺度,是研究立木干形的指标,至今胸高形率仍被广泛应用。

(2) 胸高形率的性质

胸高形率的变化规律和形数相似,也是随树高和胸径的增大而逐渐变小。胸高形率的变化范围一般在 0.46~0.85 之间,绝大多数树木的平均胸高形率在 0.65~0.70。但是,形率仍然不能反映树干的实际形状(因胸径和树高相同,形率也相同,其干形也可能不一样)。要比较全面地描绘干形,只有在树干上一定间隔距离处量取直径,分别与胸径求出比值,得出一系列的形率即形率系列。

希费尔还提出如下形率系列:

$$q_0 = \frac{d_0}{d_{1.3}}, \quad q_1 = \frac{d_{1/4}}{d_{1.3}}, \quad q_2 = \frac{d_{1/2}}{d_{1.3}}, \quad q_3 = \frac{d_{3/4}}{d_{1.3}} \tag{6-23}$$

式中 d_0,$d_{1/4}$,$d_{1/2}$,$d_{3/4}$——分别是树干基部、1/4 高处、1/2 高处、3/4 高处直径。

形率系列可以更加全面地描述一株树木的干形。它的性质与胸高形数相同,即在干形相同时,与树高成反比,随树高而变,不够稳定。

6.4.2.3 形数与形率之间的关系

形数是计算树干材积的一个重要系数,但形数无法直接测出。研究形数与形率的关系,主要是为了通过形率推求形数,这对树木求积有重要的实践意义。形数与形率的关系主要有下列几种:

(1) 幂函数关系

$$f_{1.3} = q_2^2$$

此式是把树干当作抛物线体时导出:

$$f_{1.3} = \frac{V}{g_{1.3} h} = \frac{\frac{\pi}{4} d_{1/2}^2 h}{\frac{\pi}{4} d_{1.3}^2 h} = \left(\frac{d_{1/2}}{d_{1.3}}\right)^2 = q_2^2$$

从公式中可以看出，凡干形与抛物线体相差越大，其计算结果偏差越大，因为它是求算形数的近似公式。

(2) 常差关系

$$f_{1.3} = q_2^2 - C$$

此公式是孔泽于1881年提出，式中的常数值 C 是回归常数。

C 的理论计算公式为：$C = q_2 - f_{1.3}$，它由干曲线方程式 $y^2 = px^r$ 可以导出

$$C = \left[\frac{h}{2(h-1.3)}\right]^{r/2} - \frac{1}{r+1}\left(\frac{h}{h-1.3}\right)^r$$

令 $r=1$，用不同的树高值代入上式可以求得 C 值。

根据大量材料分析，当树木在一定高度以上(18m)的树干形数与形率之间的平均差数，基本上接近一个常数(C)。差数(C)值因树种不同而异，如松类树为0.20，云杉及椴树为0.21。总的来说，C 值接近于0.2。以上 C 值都是各个树种大量材料得出的平均值，用于计算单个树种时可能产生较大的误差，但在计算多株树木的平均形数时，其误差不超过 ±5%。但是树干若低矮时，C 值减小幅度大，不宜采用该公式。

(3) 希费尔(Schiffel A.)公式

$$f_{1.3} = a + bq_2^2 + \frac{C}{q_2 h}$$

从形数、形率与树高关系的分析，在形率相同时，树干的形数随树高的增加而减小；在树高相同时，则形数随形率的增加而增加。这样，希费尔(1899)据此提出用双曲线方程式表示胸高形数与形率和树高之间的依存关系，见式(6-24)和图6-20。他先后用云杉、落叶松、松树和冷杉的资料求得双曲线方程式中的 a、b、c 各参数值，即得

$$f_{1.3} = 0.140 + 0.66q_2^2 + \frac{0.32}{q_2 h} \tag{6-24}$$

后来发现并证明云杉的经验方程式(6-24)适用于所有树种，且计算的形数平均误差不超过 ±3%。被推荐为一般式(并称为希费尔公式)，应用较广。

(4) 一般形数表

苏联林学家特卡钦柯(Ткаченко)1911年根据大量的资料数据对形数作了全面的分析后发现："如果树高相等，形率 q_2 也相等，则各乔木树种的胸高形数都近似"。据此他编制了一般形数表。只要知道了树高与形率就可以从表中查出任何树种的形数，其与希费尔形数式计算结果接近。

根据形数与形率上述关系式，只要测定出树高和形率，就可以比较精确地计算出树干材积。

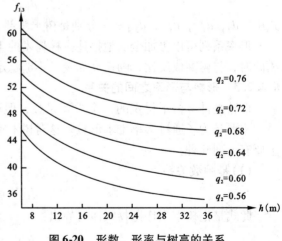

图6-20 形数、形率与树高的关系

→任务实施

实训目的与要求

1. 实训目的

通过本实训的学习,学生掌握立木材积的3种近似求积方法(分别是平均实验形数法、形数法和丹琴略算法)。

2. 实训要求

要求学生遵守学校各项规章制度和实训纪律,力保安全;任务负责人真正起到组织作用,组员要有通力协作、尽职尽责、顾全大局精神;测算过程要严谨认真,及时检查,降低误差;实训结束后认真撰写报告。

实训条件配备要求

每组配备:测高器、轮尺、围尺、皮尺各1个,布鲁莱斯测高器1台,立木5根,记录板1块(含记录表格),铅笔等。

实训的组织与工作流程

1. 实训组织

(1)根据班级人数成立若干实训小组,每个小组4~6人,教师负责指导、组织实施实训工作。

(2)各实训小组选出小组长,负责本组实习安排、考勤和仪器管理。

2. 实训工作流程(图6-21)

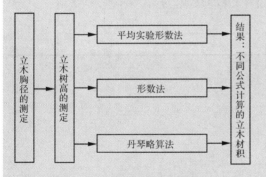

图6-21 立木材积测算工作流程

实训方法与步骤

1. 胸径测量

用围尺实测立木胸径,具体方法见任务6.1,并将实测值记录于表6-10。

2. 树高测量

用布鲁莱斯测高器实测立木树高,具体方法见任务6.2,并将实测数值记录于表6-10。

3. 材积计算

(1)平均实验形数法求算材积

①查实验形数表,确定调查立木的实验形数。

②根据式(6-3)计算立木胸高断面积。

③根据实验形数公式。

$$f_实 = \frac{V}{g_{1.3}(h+3)}$$

可知由实验形数求立木材积的公式为:

$$V = f_实 g_{1.3}(h+3) \qquad (6-25)$$

将树高、胸高断面积、实验形数代入式(6-25),计算材积,并将计算结果记录于表6-10。

4. 形数法求算材积

利用胸高形数($f_{1.3}$)估测立木材积时,除测定立木胸径和树高外,一般还要测定树干中央直径($d_{1/2}$),计算出胸高形率(q_2),并利用胸高形数($f_{1.3}$)与胸高形率(q_2)的关系,计算出相应的胸高形数($f_{1.3}$),然后利用$V = f_{1.3} g_{1.3} h$计算出立木树干材积值,将实测数值记录于表6-10。

5. 丹琴略算法求算材积

取$f_{1.3} = 0.51$,$h = 25\text{m}$,且直径以厘米(cm)、材积以立方米(m^3)为单位,则

$$V = \frac{\pi}{4} d_{1.3}^2 h f_{1.3} = 0.001 d_{1.3}^2 \qquad (6-26)$$

当树高为25~30m时,所计算材积较为可靠。将立木胸径代入式(6-26),计算材积,将计算结果记录于表6-10。

实训成果

1. 实训报告1份。
2. 立木材积测定表1份。

注意事项

1. 5株树木要统一编号。
2. 仪器按规定操作,记录和计算要认真仔细。
3. 量测的直径要准确,读到mm。
4. 不同公式在计算材积时,输入的数据不能出错,计算要认真仔细,保留4位小数。

项目6 单株树木测定

表6-10 立木材积测定表

树号	胸径/cm	树高/m	材积/m³		
			平均实验形数法	形数法	丹琴略算法
1					
2					
3					
4					
5					

观测者_____ 记录者_____ 计算者_____

➡ 考核评估

序号	项目与技术要求	配分	评分标准	实测记录	得分
1	胸径测定：要求准确	15	错1棵扣3分，错5棵全扣		
2	树高测定：要求正确	15	错1棵扣3分，错5棵全扣		
3	平均实验形数法计算：要求正确	20	错1棵扣4分，错5棵全扣		
4	形数法计算：要求正确	20	错1棵扣4分，错5棵全扣		
5	丹琴公式计算：要求正确	20	错1棵扣4分，错5棵全扣		
6	团队协作 (1)小组成员间团结协作 (2)学习态度、职业道德、敬业精神 (3)步骤和操作过程的规范性	6	根据学生表现，每小项2分		
7	方法能力 (1)计划执行能力 (2)过程的熟练程度	4	根据学生表现，每小项2分		
	合计	100			

任务 6.5 材种材积测算

➡ 任务目标

准备 5~10 根原条和 5~10 根原木，用围尺或轮尺量测原条、原木的直径，用皮尺量测原条、原木长度，对测量值准确进级获取检尺径值和检尺长值，再使用公式计算原条、原木材积，每人提交测量记录值表和材积结果表。

➡ 任务提出

材种材积测算是制定木材采伐限额、生产计划及营林技术措施的重要依据，在合理使用和正确计量木材等方面发挥重要作用。因此需要熟悉原条、原木等材种，掌握原条、原木等材种材积的测算方法。

➡ 任务分析

在原条、原木的量测过程中，要熟练掌握量测进位规则，注意劈裂材、双丫材等特殊木材的测量要求，注意直径量测和长度量测时的单位及有效数字，保证测算结果的准确性。

➡ 工作情景

工作地点：实训林场、实训基地。

工作场景：采用学生现场操作，教师引导的教学方法，教师以某一原木和原条为例，实测其长度和直径加以演示，学生根据教师的操作和教材设计步骤逐步进行。完成原木、原条材积测量后，教师对学生测量过程和成果进行评价和总结，学生提交原木、原条材积计算表 1 份。

➡ 知识准备

6.5.1 木材标准

6.5.1.1 木材标准的概念

伐倒木剥去树皮且截去去皮直径不足 6cm 的梢头后剩下的树干称原条。原条按照用材需要截成的符合标准尺寸的圆形木段称作原木。原木按照各种用途要求、规定所划分的品种名称称材种。根据原条的性质、大小和形状按照国家或地方木材标准的规定锯成不同材种的工作叫作造材。国家为了合理使用和正确计量木材对不同材种的尺寸大小、适用树种、材质标准(材质等级)以及木材检验规则和用于计算材积的数表等所作的统一规定称为木材标准。

6.5.1.2 木材标准的种类

木材标准有中华人民共和国国家标准、各省(自治区、直辖市)木材标准、各行业木材标准等,详细可见相应的资料。

我国在1958年11月首次正式颁布了木材标准,又于1984年12月经国家科学技术委员会再次进行修改,并于1985年12月实施。此外,各省(自治区、直辖市)根据地方用材需要,制定了地区性的木材标准(即地方木材标准)作为国家木材标准的补充规定。进入20世纪90年代以来,国际标准化组织(ISO)颁布了一批新的国际标准。其中ISO8402《质量管理与质量保证——术语》规定了质量管理方面的术语及新定义,对统一国际上及我国标准化和质量方面的新概念提供了依据。

6.5.1.3 木材标准的代号及编号

(1)我国国家标准号的组成

①国家标准代号的类型　工农业方面的国家标准代号为"GB"("国标"二字汉语拼音的第一个字母的组合)。其读音不是英文而是汉语拼音,含义是"中华人民共和国强制性国家标准";工程建设方面的国家标准代号为"GBJ"(即"国标建"三字的汉语拼音第一个字母的组合)。国家标准代号为"GB/T"含义是"中华人民共和国推荐性国家标准";国家标准代号为"GB/Z"含义是"中华人民共和国国家标准化指导性技术文件"。

②国家标准的顺序编号　我国的国家标准,其标准号由标准代号、顺序编号及年代组成。标准号=标准代号"+"顺序编号"+"连接号"+"年份。如GB/T 153—2009《针叶树锯材》,含义是国标编号为153,发布于2009年。有时会出现有些同一家族的国标不能同时制定,审批发布时,按这种方法就会被其他标准占据其中一些标准号,不能保持同家族标准号的连续。为克服这些缺点,对这类标准采用总号和分号相结合的方法。即同家族的标准用同一总号,不同的标准采用不同的分号。在同一总号和不同分号之间用一圆点隔开。如GB/T 17659.2—1999《锯材批量检查抽样、判定方法》。

③国家标准年代表示法　标准的年代用2位阿拉伯数字表示,与标准顺序号用一横线连接。如GB144.2—1984《原木检验、尺寸检量》,1984年批准发布的。从1995年起,国家标准年代号用4位数字表示。

(2)行业标准号

行业标准的编号由代号,标准顺序号及年号组成。各行业标准代号各不相同,如教育行业标准代号为JY,行业标准主管部门是教育部……林业行业标准代号为LY,行业标准主管部门是国家林业局(原林业部)。

(3)地方标准的代号

地方标准代号是汉语拼音字母"DB"加上省(自治区、直辖市)行政区划代码前2位数再加斜线,组成强制性地方标准代号。"DB/T",为推荐性地方标准代号。省(自治区、直辖市)代码见相应的表格。地方标准的编号,是由地方标准代号、地方标准顺序号和年

号如 $\frac{陕}{B}Q$25—64《建筑用原木(梁材、檩材、柱材、椽材)》，含义是陕西省地方标准编号25，于1964年发布。

6.5.2 材种的划分和造材

6.5.2.1 材种的划分

材种指木材按照各种用途要求、规定所划分的品种名称，不同的分类材种各不相同。

(1)按照树种分

①针叶树　针叶树树叶细长如针，多为常绿树，材质一般较软，有的含树脂，故又称软材。如红松、落叶松、云杉、冷杉、杉木、柏木等，都属此类。但有些针叶材如落叶松等，材质坚硬。通常针叶树木材纹理直、易加工、变形小。主要用于建筑工程、木制包装、桥梁、家具、造船、电杆、坑木、枕木、桩木、机械模型等。

②阔叶树　阔叶树树叶宽大，叶脉成网状，大部分为落叶树，材质较坚硬，故称硬材。如樟树、水曲柳、青冈、柚、山毛榉、色木等，都属此类。也有少数质地稍软的，如桦树、椴树、山杨、青杨等，都属此类。生产上由于阔叶的种类繁多，统称杂木。其中材质轻软的称软杂，如杨木、泡桐、轻木等；材质硬重的称硬杂，如麻栎、青冈栎、木荷、枫香等。阔叶树通常木材质地密、材质硬、加工较难、易翘裂、纹理美观，适用于室内装修。主要用于建筑工程、木材包装、机械制造、造船、车辆、桥梁、枕木、家具、坑木及胶合板等。

(2)按用途分类

①原条　指树木伐倒后去除树皮、树根、树梢，尚未按一定尺寸加工成规定的木料材类。主要用途：建筑工程的脚手架、建筑用材、家具装潢等。主要指南方的杉木形成的杉原条，少量的是其他树种。

②原木　指树木伐倒后去除树皮、树根、树梢，并已按一定尺寸加工成规定直径和长度的木料材类。主要用途：直接使用的原木，用于建筑工程(如屋梁、檩、椽等)、桩木、电杆、坑木等；加工原木一般用于胶合板、造船、车辆、机械模型及一般加工用材等。

③锯材(板方材)　指已经加工锯解成材的木料，凡宽度为厚度的2倍或2倍以上的，称为板材，不足2倍的称为方材。主要用途：建筑工程、桥梁、木制包装、家具、装饰等。

④枕木　指按枕木断面和长度加工而成的成材。主要用于：铁道工程。

(3)按照树干或木段的材质、规格尺码及有用性分

①经济材　指树干或木段用材长度和小头直径(去皮)、材质符合用材标准的各种原木、板方材等材种的通称。

②薪材　指不符合经济材标准但仍可以作为燃料或木炭原料的木段。

③商品材或商用材　在木材生产和销售中，又把经济材和薪材统称为商品材或商用材。

④废材　指那些因病腐、有虫眼等缺陷，已失去利用价值的木段、树皮及梢头木。

(4)其他分类

按材质分，锯切用原木分为一、二、三等；整边锯材分为特等、一等、二等、三等；

按容重分，可分为轻材——容重小于 400kg/m³，中等材——容重在 600~800 kg/m³，重材——容重大于 800 kg/m³。

6.5.2.2 伐倒木造材

(1) 伐倒木造材原则

在生产中，树木伐倒后应根据木材标准所规定的尺寸和材质要求，对树干进行造材。在造材过程中，必须贯彻合理使用木材和节约木材的原则。针对树种和木材性质，正确处理树干外部及内部的缺陷，做到合理造材。为此，造材时应该做到：

①先造大材，后造小材，充分利用木材。

②长材不短造，优材优用，充分利用原条长度，尽量造出大尺码材种。

③逢弯下锯，缺点集中。对于木材缺陷(节子、虫眼、腐朽等)应尽量集中在一个或少数材种上，而弯曲部分则应适当分散，尽量不降低材种等级。

④按规定留足后备长度(一般为 6cm)，下锯时应与树干垂直，不要截成斜面。

⑤对于粗大的枝丫可造材时也应造材，充分利用木材资源。

(2) 根据造材工作种类

①木材生产(采伐)过程的造材 造材是木材生产过程中的一个工序，即树木伐倒后砍去枝条，根据生产任务所要求的材种和有关木材标准的规定，将树干截成各种规格的原木，经过集材、归楞，并进行检尺长，标记木材尺寸和等级。调运木材时，分别树种进行登记，并计算原木材积。

②调查测算林分材种出材量 造材是在森林调查过程中为了测算林分材种出材量，而将林分中部分样木伐倒，根据木材有关材种和木材标准的规定，截成各种规格的原木形成不同的材种，然后分别计算各材种的材积、各材种材积在总蓄积量中所占比例(出材率)，进而根据各材种出材率和林分蓄积量计算各材种出材量的过程。

原木材积在计算过程中通常有两种方法，一种是中央断面区分求积法；另一种是根据原木检尺的小头直径、检尺长查原木材积表。

例如某一伐倒木总长 25.9m，按照木材标准，可以造材的材种如图 6-22 所示，各段木材的小头直径、材长和材积见表 6-11。

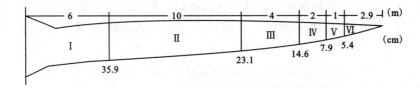

图 6-22 材种划分

Ⅰ. 造船材　Ⅱ. 特殊桩木　Ⅲ. 大径坑木　Ⅳ. 小径坑木　Ⅴ. 薪材　Ⅵ. 梢头

表 6-11 某一伐倒木造材结果

材种名称	规格			材积/m³			计算法计算各材种带皮材积的百分比/%
	长度/m	小头直径/cm		计算法	查表法		
		带皮	去皮	检尺			
Ⅰ. 造船材	6	36.9	35.9	36	0.742 82	0.678 54	0.7450	41.1

(续)

材种名称	规格				材积/m³			计算法计算各材种带皮材积的百分比/%
	长度/m	小头直径/cm			计算法	查表法		
		带皮	去皮	检尺				
Ⅱ. 特殊桩木	10	23.6	23.1	24	0.760 46	0.731 07	0.6130	44.2
Ⅲ. 大径坑木	4	15.0	14.6	14	0.121 70	0.116 17	0.0760	7.0
Ⅳ. 小径坑木	2	8.2	7.9	8	0.022 24	0.021 14	0.0117	1.3
Ⅴ. 薪材	1	5.7	5.4	6				
用材合计	23.0				1.647 22	1.546 92	1.4457	93.6
用材部分树皮						0.100 30		6.1
薪材(带皮)								0.2
Ⅵ. 梢头	2.8				0.001 79			0.1
合计	25.8				1.652 80			100.0

→任务实施

实训目的与要求

1. 实训目的

通过本实训的学习，熟练使用轮尺和皮尺等测量工具，掌握原条、原木的长度及直径检量方法，掌握检量进位规则，熟练原条、原木材积的计算方法。

2. 实训要求

要求学生遵守学校各项规章制度和实训纪律，力保安全；任务负责人真正起到组织作用，组员要有通力协作、尽职尽责、顾全大局精神；测量过程要严谨认真，进位准确，计算结果真实可靠；实训结束后认真撰写报告。

实训条件配备要求

每组配备：轮尺1个，皮尺1个，计算器1个，木材标准1套，材积表1套，记录板1块(含记录表格)，铅笔等。

实训的组织与工作流程

1. 实训组织

(1)根据班级人数成立若干实训小组，每个小组4~6人，教师负责指导、组织实施实训工作。

(2)各实训小组选出小组长，负责本组实习安排、考勤和仪器管理。

2. 实训工作流程(图6-23)

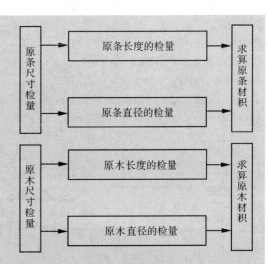

图6-23 原条、原木材积测算工作流程图

实训方法与步骤

1. 原木材积测算

原木的长度较短，形状变化也较小，并且不同树种的原木形状差别不大，有可能合并在一起检量。

原木以堆集成垛的形式贮存，每个原木垛的长度是一致的，所以不必拆垛测量原木材长。但是，对于堆集成垛的原木而不便于测定各原木的中央直径。

原木的材积是去皮材积。

原木测定一般不是一根或几根,而是大量的。因此,不宜采用一般伐倒木求积公式计算原木材积。

检量原木的尺寸、计算材积的工作称为原木检尺。为了统一原木检尺标准,我国在1958年曾颁布了GB 144—58《原木检验规程》,在此基础上,根据木材需要的变化,又于2003年颁布了GB/T144—2003《原木检验》,作为原木检尺的依据。

(1) 原木长度的检量与进位

用皮尺检量原木长度,将量测结果填入表6-16。具体检量、进位的内容规则如下:

原木的材长,是在大小头两端断面之间相距最短处取直检量,见图6-24。计量单位为米(m),短材(原木长度小于8m)按0.2m进级;长材(原木长度大于8m)按0.5m进级。如果检量的材长小于原木标准规定的检尺长,但负偏差不超过2cm,仍按标准规定的检尺长计算;如负偏差超过2cm,则按下一级检尺长计算。原木实际长度大于原木标准的规定而又不能进级的多余部分不计,如原木实际长度为6.7m,而原木标准规定为6.6m,按0.2m进级,则该原木长度按6.6m计算。

若原木靠近端头打有水眼(指扎排水眼),检量材长时,应让去水眼内侧至端头的长度,再确定检尺长。

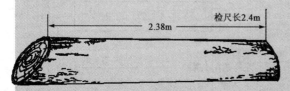

图6-24 原木的检尺

(2) 原木直径的检量与进位

用轮尺、卷尺或围尺检量原木小头去皮直径,将量测结果填入表6-16。具体检量、进位的内容规则如下:

检尺径的检量(包括各种不正形的断面),是通过小头断面中心先量短径,再通过短径中心垂直检量长径。其长短径之差自2cm以上,以其长短径的平均数经进舍后为检尺径;长短径之差小于上述规定者,以短径经进舍后为检尺径。

检尺径自14cm以上(实际直径13.5cm可进位为14cm),按2cm进级,实际尺寸不足2cm时,足1cm增进,不足1cm舍去。

检尺径不足14cm(实际直径13.4cm应退舍为13cm),按1cm进级,实际尺寸不足1cm时,足0.5cm增进,不足0.5cm舍去。

检量原木的直径时,实际直径14cm以上量至毫米算至厘米,不足厘米的舍去。实际直径不足14cm时,量至毫米,不足毫米的舍去。

若原木小头下锯偏斜,检量检尺径时,应将尺杆保持与材长成垂直的方向检量;小头因打水眼而让去长度的原木,或者原木的实际长度超过检尺长,其检尺径仍在小头断面检量;小头断面有外夹皮的,如检尺径须通过夹皮处时,可用尺杆横贴原木表面检量;双心材、三心材以及中间细两头粗的原木,其检尺径均在原木正常部位(最细处)检量;双丫材的检尺径检量,以材积较大的一个干岔断面检量检尺径和检尺长,另一个分岔按节子处理;两根原木干身连在一起的,应分别检量尺寸和评定材质。

(3) 劈裂材(含撞裂)检量

未脱落的劈裂材,顺材方向检量劈裂长度,按纵裂计算,检量检尺径如须通过裂缝,直径与裂缝形成的夹角自45°以上者,减去通过裂缝长1/2处的裂缝垂直宽度;不足45°者,减去通过裂缝长1/2处垂直宽度的一半;小头已脱落的劈裂材,劈裂的厚度不超过小头同方向原有直径的10%的不计;超过10%的,应予让尺让检尺径或检尺长;让检尺径:先量短径,再通过短径垂直检量最长径以其长短径的平均数,经进舍后为检尺径;让检尺长:检尺径在让去部分劈裂长度后的检尺长部位检量;大头已脱落的劈裂材,如该断面的长短径平均数(先量短径再通过短径垂直检量最长径,但须扣除树腿和肥大部分)经进舍后不小于检尺径的不计;小于检尺径的,以大头检尺或让去小于检尺径部分的劈裂长度;小头断面有2块以上脱落的劈裂材,劈裂厚度不超过同方向原有直径的10%的不计;超过10%的,按应予让尺让检尺径或检尺长;劈裂材让尺时,让检尺径或检尺长,应以损耗材积较小的因子为准。

伐木时,大头斧口砍痕所余断面或油锯锯的断面(扣除树腿和肥大部分),如该断面的短径,经进舍后不小于检尺径的,材长自大头端部量起;小于检尺径的,材长应让去小于检尺径部分的长度以短径为检尺径。大头呈圆兜或尖削的(根端无横断面者)材长应自斧口上缘量起。

(4)原木材积测算

用式(6-27)、式(6-28)或式(6-29)计算原木材积,将量测结果填入表6-16,具体方法如下:

在生产中,原木的材积是根据原木检尺径及长度由原木材积表中查得的。为了统一原木材积计算标准,国家颁布了原木材积表(GB 4814—1984),这个原木材积表适用于所有树种的原木材积计算。原木材积的计算公式分别为:

检尺径自 4~12cm 的小径原木:

$$V = \frac{0.7854L(D+0.45L+0.2)^2}{10\ 000} \quad (6\text{-}27)$$

检尺径自 14cm 以上的原木:

$$V = \frac{0.7854L[D+0.5L+0.005L^2+0.000\ 125L(14-L)^2 \cdot (D-10)]^2}{10\ 000}$$

$$(6\text{-}28)$$

式中 V——原木材积,m^3;
L——原木检尺长,m;
D——原木检尺径,cm。

原木材积表的形式和内容见表6-12。

利用原木材积表计算同一规格的原木材积时,先根据原木检尺长及检尺径由原木材积表中查出单根原木材积,再乘以原木根数即可得到该规格原木总材积。

对于原木检尺长、检尺径超出原木材积表所列范围,但又不符合原条标准的特殊用途的圆材,根据国家木材标准中的规定(圆材材积计算公式)时,其材积可按式(6-29)计算:

$$V = 0.8L(D+0.5L)^2/10\ 000 \quad (6\text{-}29)$$

式中 V,L,D 符号意义同前。

对于地方煤矿用的坑木,其材积可按表6-13计算。

表6-12 原木材积表 GB 4814—1984(节录)

检尺径/cm	检尺长/m					
	2.0	2.2	2.4	2.5	2.6	2.8
	材积/m³					
4	0.0041	0.0047	0.0053	0.0056	0.0059	0.0066
6	0.0079	0.0089	0.0100	0.0105	0.0111	0.0122
8	0.013	0.015	0.016	0.017	0.018	0.020
10	0.019	0.022	0.024	0.025	0.026	0.029
12	0.027	0.030	0.033	0.035	0.037	0.040
14	0.036	0.040	0.045	0.047	0.049	0.054
16	0.047	0.052	0.058	0.060	0.063	0.069
18	0.059	0.065	0.072	0.076	0.080	0.086
20	0.072	0.080	0.088	0.092	0.097	0.105

注:原木检尺长有2.6m长级。

表6-13 坑木材积表

检尺径/cm	检尺长/m		
	1.4	1.6	1.8
	材积/m³		
8	0.08	0.010	0.011
10	0.013	0.015	0.017

2. 原条材积测算

原条指伐倒木剥去树皮,砍去枝梢后,未经加工造材的树干。原条除了做脚手架外,很少直接使用,国外几乎没有以原条形式的商品材。我国主要是南方的杉木形成的杉原条,此外全国各地还有少量的松木、阔叶树、云杉原条。

(1)原条直径检量

用围尺或轮尺检量原条直径,将量测结果填入表6-17,具体检量、进位的内容规则如下:

原条直径应在离大头斧口(或锯口)2.5m处检

量,以2cm进位,不足2cm时,凡足1cm进位,不足1cm舍去,经进舍后的直径为检尺径。检量直径遇有树节、树瘤等不正常现象时,应向梢端方向移至正常部位检量。如直径检量遇有夹皮、偏枯、外伤和树节脱落等而形成的凹陷部分,应恢复其原形检量。劈裂材的检量,可参照GB/T 5039—1999《杉原条检验》执行。直径检量工具有:轮尺(卡尺)、箧尺、围尺(直径卷尺)、钩尺等,尺子的刻划一律用米制标准刻度。梢径6~12cm(6cm系实足尺寸)时:检尺长,自5m以上;检尺径,自8cm以上;尺寸进级,检尺长以1m进级,检尺径以2cm进级;尺寸分级,小径8~12cm,中径14~18cm,大径20cm以上。原条分等见表6-14。

表6-14 杉原条分等

缺陷名称	检量方法	
	一等	二等
漏节	在全材长范围内不许有	在全材长范围内允许2个
边材腐朽	在检尺长范围内不许有	在检尺长范围内腐朽厚度不得超过检尺径的15%
心材腐朽	在全材长范围内不许有	在全材长范围心腐面积不得超过检尺径断面面积的16%
虫眼	在检尺长范围内不许有	在检尺长范围内不限
弯曲	最大拱高不得超过该弯曲水平长的3%	最大拱高不得超过该弯曲水平长的6%
外夹皮、外伤、偏枯	深度不得超过检尺径的15%	深度不得超过检尺径的40%

注:缺陷不计。

(2)原条长度检量

用皮尺检量原条长度,将量测结果填入表6-17。具体检量、进位的内容规则如下:

原条长度指从大头锯口(或斧口)量起至梢端去皮直径6cm(实足短径)处为止。所测长度以1m进位,不足1m者由梢端舍去不计。取整以后的长度称检尺长,如一原条按上述方法量得实际长度为10.89m,舍去不足1m部分取整为10m作检尺长,故检尺长不代表原条实际长。其他树种的原条检尺长自5m以上,按照1m进级。

弯曲木长度的检测按斧口到尾径足6cm拉直量度,去掉伐口,并同时去掉不足6cm的尾径。如果原条大头打水眼,材长应从大头水眼内侧量起;梢头打水眼,材长应量至梢头水眼内侧处为止。原条长度检量的工具有尺杆、皮尺。

(3)原条材积测算

用式(6-30)、式(6-31)计算原木材积,将量测结果填入表6-17。具体内容方法如下:

以杉木原条为例,杉木(含水杉、柳杉)的原条商品材材积,可根据杉原条检尺径、检尺长,直接由《杉原条材积表GB/T 4815—2009》中查得,该表的形式见表6-15。

该表中检尺径为8cm的杉原条材积计算公式为:

$$V = 0.4902L/100 \quad (6\text{-}30)$$

检尺径≥10cm且检尺长≤19m的杉原条材积计算公式:

$$V = 0.394(3.279 + D)^2(0.707 + L)/10\,000 \quad (6\text{-}31)$$

检尺径≥10cm且检尺长≥20m的杉原条材积计算公式:

$$V = 0.39(3.50 + D)^2(0.48 + L)/10\,000 \quad (6\text{-}32)$$

式中 V——材积,m^3;

L——检尺长,m;

D——检尺径,cm。

表6-15 杉原条材积表 GB/T 4815—2009（节录）

检尺径/cm	检尺长/m						
	5	6	7	8	9	10	11
	材积/m³						
8	0.025	0.029	0.034	0.039	0.044	0.049	
10	0.040	0.047	0.054	0.060	0.067	0.074	0.081
12	0.052	0.062	0.071	0.080	0.089	0.098	0.108
14	0.067	0.079	0.091	0.102	0.114	0.126	0.138
16	0.084	0.098	0.113	0.128	0.142	0.157	0.171
18	0.102	0.120	0.137	0.155	0.173	0.191	0.209
20		0.143	0.165	0.186	0.207	0.229	0.250

表6-16 原木检尺表

检尺径/cm	检尺长/m							
	材积/m³							

表6-17 原条检尺表

检尺径/cm	检尺长/m						
	材积/m³						

（续）

检尺径/cm	检尺长/m									
	材积/m³									

实训成果

1. 实训报告 1 份；
2. 原木检尺表 1 份；
3. 原条检尺表 1 份。

注意事项

1. 原条、原木长度和直径测量时要准确无误，在进行进位时要按照规定进行，不得擅自改变。
2. 材积查表要仔细认真。

考核评估

序号	项目与技术要求	配分	评分标准	实测记录	得分
1	检尺长：要求测量正确	30	位置错 1cm 扣 10 分，超过 3cm 全扣		
2	检尺径：要求测量正确	30	误差 1mm 扣 10 分，超过 3mm 全扣		
3	材积：要求计算正确	30	误差 3%~5% 扣 15 分，超过 5% 全扣		
4	团队协作 (1) 小组成员间团结协作 (2) 学习态度、职业道德、敬业精神 (3) 步骤和操作过程的规范性	6	根据学生表现，每小项 2 分		
5	方法能力 (1) 计划执行能力 (2) 过程的熟练程度	4	根据学生表现，每小项 2 分		
	合计	100			

任务 6.6 树木生长量测定

➡任务目标

准备树干解析的工具，完整的树干圆盘，学会测定单株木的年龄，测定各调查因子的总生长量、平均生长量、定期平均生长量、连年生长量、计算其生长率、预估若干年后各调查因子生长量。熟练掌握树干解析的外业步骤和内业计算工作，绘制树干纵剖面图和各调查因子的生长曲线。

➡任务提出

在森林调查工作中，测定林木生长量可以评定立地条件好坏以及经营措施的效果，找出树木生长规律，为进行合理的森林资源经营管理提供决策性的基础数据。

➡任务分析

熟练掌握有关树木生长量的概念和测定方法，重点掌握树干解析的方法，熟悉其方法步骤，使测量结果达到精度要求。

➡工作情景

工作地点：实训林场。

工作场景：采用学生现场操作，教师引导，以学生为主体的教学方法，教师把树干解析外业过程进行逐步演示，学生根据教师演示操作和教材设计步骤逐步进行操作。完成树干解析外业工作后，再把制作好的圆盘带入实验室进行内业测量计算，教师对学生工作过程和成果进行评价和总结，按教师的总结和要求，学生绘制树干纵剖面图和各调查因子的生长曲线。最终提交树木生长量的图表和计算结果。

➡知识准备

6.6.1 树木生长量的概念

树木生长量是通过对单株树木测定其树高、胸径、断面积和材积，以时间为标志，分析各种调查因子在一年间、某一段时间或树木生长的一生时间里变化的数量。

在森林调查工作中,将树木的种子发芽后,在一定条件下随着时间的变化,其各种调查因子所发生的变化叫作生长,变化的量叫作生长量。树木各调查因子的生长量都是时间的函数,要确定和比较生长量的大小,首先必须确定树木的年龄。常用的年龄符号为"A"或"t"。生长量的间隔期通常以年为单位。

时间的间隔是 1 年、5 年、10 年、20 年等,以年为单位。生长量是时间(t)的函数,以年为时间的单位。如:红松在 150 年和 160 年时测定树高(h)分别为:20.9m 和 22.0m,则 10 年间树高生长量为 1.1m。

在科研工作中,生长间隔期也有以月或以天为单位,特别是我国南方的一些速生树种,如泡桐、桉树等。影响树木生长的因子主要有树种的生物学特性、树木的生长时期、立地条件和人为经营措施。

6.6.2 树木年龄的测定

6.6.2.1 树木年龄的概念

树木年轮的形成(如图 6-25 所示)是由于树木形成层受外界季节变化产生周期性生长的结果。所以年轮是在树干横断面上由早(春)材和晚(秋)材形成的同心"环带",是确定树木生长时间的重要标志。

树木年龄是指树干基部接近地面的根颈处的横断面上所有树木年轮数总和。该年轮数是树木的实际年龄。

6.6.2.2 确定树木年龄的方法

确定树木年龄的方法很多,现介绍以下 7 种。

(1)查阅造林技术档案或访问的方法

到当地林业部门查阅造林资料。这种方法,对确定人工林的年龄,是简便可靠的。

(2)查数伐根年轮法

树木在正常生长下会由早材和晚材形成一个完整的闭合圈,如图 6-25 所示。

早材(春材):在温带和寒温带,大多数树木的形成层在生长季节(春、夏季)向内侧分化的次生木质部细胞,具有生长迅速、细胞大而壁薄、颜色浅等特点。

晚材(秋材):在秋季,形成层的增生现象逐渐缓慢或趋于停止,使在生长层外侧部分的细胞小、壁厚而分布密集,木质颜色比内侧显著加深。

图 6-25 树木年轮

由于气象原因天气突变或受到严重的病虫害,树木的正常生长受到影响,这时会在一年内形成两个或更多的年轮,这种年轮为伪年轮。伪年轮可以根据以下特征识别出来:

①伪年轮的宽度比相邻真年轮小;
②伪年轮不会形成完整的闭合环,有断轮现象,且有部分重叠;
③伪年轮外侧轮廓不太清晰;
④伪年轮不能贯穿整株树木。

在测定树木年龄时一定要剔除伪年轮。

除伪年轮外，有时也有年轮消失的现象。这是因为树木被压或受其他灾害而使树木生长迟缓以致于暂时停止所致。

年轮识别有困难时，可将圆盘浸湿后用放大镜观察，必要时也可用化学染色剂（如茜红或靛蓝），利用春材、秋材着色的浓度差异辨认年轮；当髓心有心腐现象时，应将心腐部分量其直径并剔除它的年轮，则树木年龄等于总年轮数加上心腐髓心生长所需年数。树木伐根处年轮数即是树木年龄。

（3）查数轮生枝法

有些树种，如松树、云杉、冷杉、杉木等裸子植物，一般每年自梢端生长出轮生顶芽，逐渐发育成轮生侧枝，可查数轮生枝的环数及轮生枝脱落（或修枝）后留下的痕迹来确定年龄。此法确定幼小树木的年龄精确。但在我国南方的马尾松、杉木，有一年长出两个或两个以上轮生枝的，因此要注意把次生轮生枝区别出来，次生轮生枝的节间一般比其上、下的要短。

（4）查数树皮层数法

如图 6-26 所示，在树皮的横切面和纵剖面上，都可以看出有颜色深浅相间的层次。树皮层次和树干年轮一样，都是随年龄的增加而增多。只要树皮不脱落，树皮的层次数和年轮数是一样的。所以，可以查数树皮层次来确定树木的年龄。

用来观察的树皮，要取自根颈部位。树皮取出后，用利刀削平即可观察，也可沿横切面斜削，可使层次显示宽些，便于观看和查数。

对于树皮层次明显的树种，如马尾松、黑松、湿地松和油松等松科植物可直接用肉眼观看查数；对于树皮层次结构紧密的树种，如银杏、榆树、枫杨和刺槐等，可用放大镜观察。

图 6-26 树皮层年轮

（5）生长锥测定法

当伐倒树木不能或不便应用上述方法时，可以用生长锥查定树木的年龄。

如图 6-27 所示，生长锥由锥柄、锥管和探舌三部分组成。使用时先将锥管取出，垂直安装在锥柄上，并把固定片扣好，然后垂直于树干将锥管压入树皮，再用力按顺时针方向锥入树干，边旋转生长锥，边按压探舌，至应有的深度为止。然后倒转退出锥管取出探舌，在探舌中的木条上查数年轮。

若要求立木的年龄，应在根颈处钻过髓心，如果在胸径处钻取木条，需加上由根颈至锥点所需的年数。用此法确定树木年龄一定要保证锥芯木条质量，防止锥条断裂和挤压，否则推算不准确。

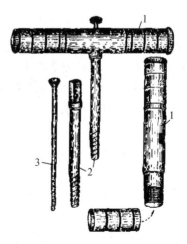

图 6-27 生长锥示意图
1. 锥柄 2. 锥管 3. 探舌

钻取完毕，需立即将钻孔用无毒泥土或石灰糊堵，以免病虫危害。

对于人工纯林中的立木，可以在附近林中查找最新的伐根年龄，作为参考。

(6) WinDENDRO 年轮分析系统和 LINTAB 年轮分析仪

目前，许多国家采用加拿大生产的 WinDENDRO 年轮分析系统和德国生产的 LINTAB 年轮分析仪。

①WinDENDRO 年轮分析系统　如图 6-28 所示，WinDENDRO 年轮分析系统是利用高质量的图形扫描系统取代传统的摄像机系统。利用计算机自动查数树木各方向的年轮及其宽度。扫描系统将刨平的圆盘扫描成高分辨率的彩色图像和黑白图像（可以存盘），如图 6-29 所示，通过 WinDENDRO 年轮分析软件由计算机自动测定树木的年轮。采用专门的照明系统去除了阴影和不均匀现象的影响，有效的保证了图像的质量。增大了扫描区域，以供分析。还可以读取 TIFF 标准格式的图像。该系统同时可以准确判断伪年轮、丢失的年轮和断轮，并精确测量各年轮的宽度。

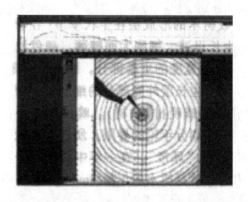

图 6-28　WinDENDRO 年轮分析系统　　图 6-29　用 WinDENDRO 年轮分析软件测定年轮

②LINTAB 树木年轮分析仪　如图 6-30 所示，LINTAB 年轮分析仪可以对树木盘片、生长锥钻取的样品、木制样品等进行非常精确、稳定的年轮分析，广泛应用于树木年代学、生态学和城市树木存活质量研究。该系统防水设计、操作简单、全数字化电脑图形分析，是一套经济实用的年轮分析工具。配备的 TSAP-Win 分析软件是一款功能强大的年轮研究平台，所有步骤从测量到统计分析均有 TSAP 软件完成。各种图形特征以及大量的数据库管理功能帮助你管理年轮数据。

LINTAB 树木年轮分析仪的原理是通过精确的转轮控制配合高分辨率显微镜定位技术，使得年轮分析精确、简单、稳定，操作分析结果交由专业软件统计、分析，结果稳定，全球统一标准。

(7) 目测法

根据树木大小、树皮颜色和粗糙程度以及树冠形状等特征目测树木年龄。在森林调查工作中，林龄基本上都是以目测为主确定的。用此法确定树木年龄，要求必须有丰富的经验。

此外通过树木年轮稳定同位素法也可测树木年龄，即用通过研究树木纤维素中碳、氢、氧同位素的变化，分析变化的数量，确定其年龄。在碳、氢、氧三元素中，碳同位素最稳定，且分析方法相对氢、氧同位素来说要简单可靠、成本低，因此碳同位素研究最

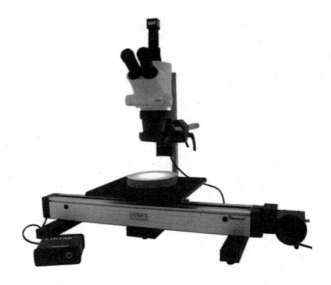

图 6-30　LINTAB 树木年轮分析仪

多，取得的成绩比氢、氧显著得多，在树木年龄研究中多采用碳同位素。

6.6.3　生长量的种类

生长量在计算分析上一般分为两类，即实际生长量和平均生长量。实际生长量是两个时期生长量之差。按时期长短又可分为连年生长量、定期生长量和总生长量三种。平均生长量是指平均每年生长的数量，按时间长短又可分为总平均生长量和定期平均生长量两种。依据调查因子可以把生长量分为：直径生长量、树高生长量、断面积生长量、材积生长量和形数生长量等。

6.6.3.1　总生长量

总生长量是指树木第一年种植开始到调查时整个期间累积生长的总量为总生长量。它是树木的最基本生长量，其他种类的生长量均可由此派生而来。以材积为例，a 年时的材积为 V_a，则 a 年时的材积总生长量 Z_{av} 为：

$$Z_{av} = V_a \tag{6-33}$$

6.6.3.2　定期生长量

定期生长量是指一定间隔期内树木的生长量。定期的年数为 5 年、10 年或 20 年等，通常以 1 个龄级作为定期时间。以材积为例，例如，现有材积为 V_a，n 年前的材积为 V_{a-n}，则 n 年间的材积生长量 Z_{nv} 为：

$$Z_{nv} = V_a - V_{a-n} \tag{6-34}$$

6.6.3.3　连年生长量

连年生长量指一年间的生长量，又叫作年生长量。以材积为例，连年生长量是用现在的材积减去一年前的材积，即

$$Z = V_a - V_{a-1} \tag{6-35}$$

6.6.3.4　总平均生长量

总平均生长量简称为平均生长量，是指树木的总生长量被年龄除所得的商。例如，a 年时的材积为 V_a，则材积总平均生长量 Δ_{av} 为：

$$\Delta_{av} = \frac{V_a}{a} \tag{6-36}$$

6.6.3.5 定期平均生长量

定期平均生长量 Δ_{nv} 是指树木在某一间隔期的生长量除以间隔的年限所得的商。

$$\Delta_{nv} = \frac{V_a - V_{a-n}}{n} \tag{6-37}$$

对于生长较慢的树种，由于连年生长量变化很小，测定困难，精度不高，因此，常用定期平均生长量代替连年生长量。速生树种可以直接利用连年生长量公式求得。

[例6.4] 一株云杉，20年生时材积为 $0.0539m^3$，30年生时为 $0.1874m^3$。计算各种生长量的结果如下：

解：30 年材积总生长量 $Z_{av} = V_a = 0.1874m^3$

30 年平均生长量 $\Delta_{av} = \frac{V_a}{a} = \frac{0.1874}{30} = 0.0062m^3$

20~30 年间的定期生长量 $Z_{nv} = V_a - V_{a-n} = 0.1874 - 0.0539 = 0.1335m^3$

20~30 年间的定期平均生长量 $\Delta_{nv} = \frac{V_a - V_{a-n}}{n} = \frac{0.1335}{10} = 0.0134m^3$

20~30 年间的连年生长量 $Z = Z_a - Z_{a-1} \approx 0.0134m^3$

6.6.4 连年生长量与平均生长量的关系

连年生长量与平均生长量均从零开始，以后随年龄的递增而上升，达到生长的最大值以后又逐渐下降。以材积为例，如图 6-31 所示，实线表示连年生长量，虚线表示平均生长量，横坐标表示树木的年龄，纵坐标表示树木的材积。从图上可以发现它们有如下的关系：

① 当树木在幼年时，连年生长量和平均生长量都随着年龄的增加而增加，但连年生长量增加的速度较快。

② 连年生长量到达最高峰的时间比平均生长量来得早。

③ 平均生长量到达最高峰时，连年生长量等于平均生长量，两条曲线相交。在林业生产上将材积平均生长量达到最大值时的年龄称作数量成熟龄。

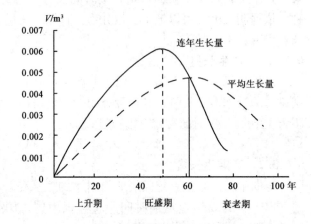

图6-31 连年生长量和平均生长量的关系曲线

④ 当平均生长量达到最大值以后，由于连年生长量的衰减较快，此后连年生长量一直小于平均生长量。

用数学方法可以证明该关系。

以 Δ_a 和 Δ_{a+1} 分别表示 a 年和 $(a+1)$ 年时的平均生长量，Z_{a+1} 表示 $(a+1)$ 年的连年生长量。

$$Z_{a+1} = (a+1)\Delta_{a+1} - a\Delta_a$$

所以 $Z_{a+1} - \Delta_{a+1} = a(\Delta_a + 1 - a\Delta_a)$

由此可得： $Z_{a+1} = (a+1)\Delta_{a+1}$

①当 $\Delta_{a+1} > \Delta_a$ 时，则 $\Delta_{a+1} < Z_{a+1}$，平均生长量处于上升期时，连年生长量大于平均生长量，此时为上升期。

②当 $\Delta_{a+1} = \Delta_a$ 时，则 $\Delta_{a+1} = Z_{a+1}$，平均生长量达到最高峰时，连年生长量等于平均生长量，从上升期末，到最高峰期的这段时间称为旺盛期。

③当 $\Delta_{a+1} < \Delta_a$ 时，则 $\Delta_{a+1} > Z_{a+1}$，平均生长量处于下降期时，连年生长量小于平均生长量，此时为衰老期。

树高、胸径、断面积和材积都存在这种规律，各调查因子平均生长量到达最高峰的年龄是不同的。到达最高峰的年龄由早到晚的排列次序依次是树高、胸径、断面积和材积。

上述是正常情况下的生长规律，如果气候出现异常，如干旱病虫害等灾害或者人为经营活动的影响，可能导致两条曲线相交数次或者不相交，因此，可以用连年生长量的变化情况鉴定经营效果、判断灾害的危害程度。

6.6.5 生长率

6.6.5.1 生长率的概念

树木生长量表达的是树木的实际生长速度，不能反映其生长力的强弱和快慢，预估树木未来的生长潜力常用生长率表示。

生长率是指某项调查因子的连年生长量与该因子原有总量之百分比，亦叫作连年生长率。生长率是描述树木的相对生长速度。

6.6.5.2 生长率公式

(1) 基本公式(以材积为例)

$$P_V = \frac{Z_V}{V_a} \times 100\% \qquad (6-38)$$

式中 P_V——材积的生长率；

Z_V——材积连年生长量；

V_a——材积原有总量。

材积表达式若换为树高、胸径、断面积、形数即得对应因子的生长率。一般情况下，材积连年生长量用定期平均生长量代替。

(2) 普雷斯勒公式(以材积为例)

普雷斯勒公式又称为平均生长率公式，比较符合树木生长实际，而且计算比较简便，所以该式得到广泛应用。在实际工作中，由于慢生树种连年生长量很小，不便量取，故连年生长量常用定期平均生长量代替，则计算连年生长率的原有总生长量就有两个，一个是 n 年前的总生长量，另一个是现在的总生长量，因此，常把相邻两个龄阶的总生长量的平均值作为该调查因子的原有总量较为合理。

根据生长率公式的定义，可以得出普雷斯勒生长率的一般公式。

$$P_V = \frac{V_a - V_{a-n}}{V_a + V_{a-n}} \times \frac{200}{n}\% \qquad (6-39)$$

[例6.5] 有一株松树树龄为120年，现在材积为 0.6347m^3，10年前材积为 0.4796m^3，

计算材积生长率。

解：$P_V = \dfrac{V_a - V_{a-n}}{V_a + V_{a-n}} \times \dfrac{200}{n}\% = \dfrac{0.6347 - 0.4796}{0.6347 + 0.4796} \times \dfrac{200}{10}\% = 2.8\%$

普雷斯勒公式适应性较好，是计算生长率的常用公式。将普雷斯勒公式中的材积换为树高、胸径、断面积、形数即得对应因子的生长率。

6.6.5.3 生长率的意义

(1) 能够预估未来某一间隔期的生长量

用当前的生长率乘以材积得到生长量，可以用该生长量预估未来某段时期的生长量。

(2) 可以比较树木生长力的强弱

不同大小的树木，不能用连年生长量比较树木生长的快慢，判断它们生长力的强弱用生长率比较，生长率大的表明生长势强。

[例6.6] 有2株树木，第一株材积为2.37m³，经测定连年生长量为0.0292m³；第二株材积为2.84m³，经测定连年生长量为0.0325m³。比较它们生长率的强弱。

若用连年生长量绝对值比较，则直接可以看出第二株树的连年生长量较大，但由于原有总量不同，须用生长率公式计算比较。

解：
$$P_{v1} = \dfrac{Z_{v1}}{V_1} \cdot 100\% = \dfrac{0.0292}{2.37} \times 100\% = 1.23\%$$

$$P_{v2} = \dfrac{Z_{v2}}{V_2} \cdot 100\% = \dfrac{0.0325}{2.84} \times 100\% = 1.14\%$$

经计算比较，$P_{v1} > P_{v2}$，第一株生长能力强，相对生长速度大于第二株。

6.6.5.4 各调查因子生长率之间的关系

(1) 断面积生长率(P_g)与胸径生长率(P_d)的关系

已知 $g = \dfrac{\pi}{4}d^2$，其中断面积(g)与胸径(d)均为年龄(t)的函数，等式两边求导

$$\dfrac{\mathrm{d}g}{\mathrm{d}t} = \dfrac{\pi}{4} 2d \dfrac{\mathrm{d}d}{\mathrm{d}t} \tag{6-40}$$

用 $g = \dfrac{\pi}{4}d^2$ 同除上面等式的两边，得

$$P_g = 2P_d \tag{6-41}$$

即断面积生长率等于胸径生长率的2倍。

(2) 树高生长率(P_h)与胸径生长率(P_d)的关系

假设树高与胸径的生长率之间关系满足相对生长式：

$$\dfrac{1}{h(t)} \dfrac{\mathrm{d}h(t)}{\mathrm{d}t} = k \dfrac{1}{d(t)} \dfrac{\mathrm{d}d(t)}{\mathrm{d}t} \tag{6-42}$$

即林木的树高与胸径之间可用如下幂函数表示：

$$h = ad^k \tag{6-43}$$

式中　h——t 年时的树高；

　　　d——t 年前的胸径；

　　　a——方程系数；

　　　k——反映树高生长能力的指数，$k = 0 \sim 2$。

因此，由上式可得

$$P_h = kP_d \tag{6-44}$$

即树高生长率近似地等于胸径生长率的 k 倍。k 值是反映树高生长能力的指数。

① 当 $k \approx 0$ 时，树高趋于停止生长，这一现象多出现在树龄较大的时期，说明树高生长率为零，即 $P_h = 0$。

② 当 $k = 1$ 时，树高生长与胸径生长成正比。

③ 当 $k > 1$ 时，即树高生长旺盛。树木的平均 k 值，大致变化在 0～2。根据大量材料分析结果表明，林分中的平均 k 值与林木生长发育阶段和树冠长度占树干高度的百分数均有关。

(3) 材积生长率与胸径生长率、树高生长率及形数生长率之间的关系

依据立木材积公式 $V = g \cdot h \cdot f$，若把材积的微分作为材积生长量的近似值，则

$$\ln(V) = \ln(g) + \ln(h) + \ln(f)$$

取偏微分，则有

$$\partial \ln(V) = \partial \ln(g) + \partial \ln(h) + \partial \ln(f)$$

由此可得

$$\frac{\partial V}{V} = \frac{\partial g}{g} + \frac{\partial h}{h} + \frac{\partial f}{f}$$

即

$$P_V = P_g + P_h + P_f$$

或

$$P_V = 2P_d + P_h + P_f \tag{6-45}$$

现将树高生长率与胸径生长率的关系式(6-43)代入式(6-44)中，且假设在短内形数变化较小(即 $P_f \approx 0$)，则材积生长率近似等于

$$P_V = (k+2)P_d \tag{6-46}$$

以上推证的结果可为通过胸径生长率测定立木材积生长量提供了理论依据。

在分析材积生长率时，通常假定形数在短期内不变，但实际上形数也在变化，其变化规律大致是：

① 幼、中龄或树高生长较快时，形数的变化大；成、过熟林或树高生长较慢时，形数变化较小。

② 一般情况下，形数生长率是负值，但特殊情况下可能出现正值。

③ 调查的间隔期较短时，形数的变化较小。

所以，式(6-45)只适用于年龄较大和调查间隔期较短时确定材积生长率。

6.6.6 树干解析

不同树种或者同一树种生长在不同的立地条件下，其生长过程各有特点。研究树木的生长规律，一般从树木的生长开始到采伐时为止这一过程的生活史，通过对树木各个生长时期的直径、树高、形数和材积的生长过程的测定、研究和分析，对林业生产以及以往如气候变化、经营效果和病虫害的发生均有重要意义。

树干解析是研究树木生长过程的基本方法，在生产和科研中经常应用。将树干截成若干段，在每个横断面上可以根据年轮的宽度确定各年龄(或龄阶)的直径生长量。在纵断面上，根据断面高度以及相邻两个断面上的年轮数之差可以确定各年龄的树高生

长量，从而可进一步算出各龄阶的材积和形数等。这种分析树木生长过程的方法称为树干解析。作为分析对象的树木称为解析木。树干解析的具体方法步骤将在以下任务实施中详细介绍。

→任务实施

实训的目的与要求

要求学生遵守学校各项规章制度和实训纪律，安全第一，在树干解析的外业实施时，特别是伐木时一定要注意安全；服从安排，小组内分工协作，互相帮助；严格按照树干解析的工作步骤要求执行，做到实事求是，切忌弄虚作假；工作过程中要做到细致认真，小组成员互相提醒、加强检查、减少错漏，力求测定结果准确。

实训条件配备要求

每组配备：皮尺、轮尺、透明直尺、伐木打枝工具各1把，计算器1个，方格纸1张，铅笔、粉笔、木工蜡笔，记号笔，大头针若干，森林调查手册1本，树干解析表及全套完整圆盘(不能伐树时，可给成套圆盘)。

实训的组织与工作流程

1. 实训组织

(1)成立教师实训小组，负责指导、组织实施实训工作。

(2)建立学生实训小组，4~6人为一组，并选出小组长和副组长，负责本组实习安排、考勤和仪器管护。

2. 实训工作流程(图6-32)

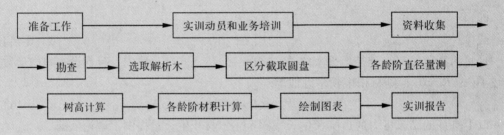

图6-32 树干解析主要工作流程图

实训方法与步骤

树干解析是当前研究树木生长过程的基本方法。树干解析的工作可分为外业和内业两大部分。

1. 树干解析的外业工作

(1)解析木的选定

解析木的选定应根据研究目的和要求而定。一般选取解析木的原则，应具有广泛的代表性。如了解林木的生长情况时，一般应在林内选取生长健壮、无病虫害、不断顶、无双梢的平均木或优势木作为解析木；如果了解病虫害对林木生长的影响时，就要在林内选取中等水平的被害木或被压木；如了解气象和水文的变化时，就要在当地选取年龄最大的古树，配合气象资料的记载来分析。

为了使树干解析能够取得比较正确的结果，最好在现地多选几株解析木，解析后取其平均值作为结果。选取解析木的胸径、树高的误差允许范围与选取标准木相同，都是±5%。

(2)解析木生长环境的记载

①解析木所在地情况的记载 解析木所在林分的特征，如位置(即省、县、林场、林班、标准地号)、林分组成、林龄、疏密度、地位级、地被物、土壤、地形地势等的记载，如表6-18所示。

②解析木与邻接木的调查鉴定 首先测定相邻每株树木的树种、树高、胸径、冠幅及位于解析木的方位，并量取距解析木的距离，将其测定结果填入表6-18和表6-19中，并绘制树冠投影图(表6-20和图6-33、图6-34)。

表 6-18　树干解析表

解析木所在的林分调查	解析木鉴定	树冠特征
所在地_____	树种_____	树冠投影
_____	年龄_____	从南到北_____ m
标准地号_____	树高_____	从东到西_____ m
林分起源_____	生长级_____	冠幅面积_____ m²
树种组成_____	带皮胸径_____	冠幅高度(长度)_____ m
林龄_____	根颈直径_____	第一活枝以下长度_____ m
平均树高_____	$d_{1/2}$_____	枝条材积_____ m³
平均胸径_____	$d_{1/4}$_____	占树干材积_____ %
地位级_____	$d_{3/4}$_____	
疏密度_____	带皮材积_____	
每公顷蓄积_____ m³	去皮材积_____	
林分特征_____	经济材长度_____	
_____	形率: q_0_____ q_1_____	
地被物与下木_____	q_2_____ q_3_____	
_____	形数: 带皮_____	调查时间_____
地形地势_____	去皮_____	调查人员_____
土壤_____		

表 6-19　解析木与邻接木的记载

编号	树种	位于解析木的方向	与解析木距离/m	树高/m	胸径/cm	生长级
1						
2						
3						
4						

表 6-20　示范解析木与邻接木的记载

编号	树种	位于解析木的方向	与解析木距离/m	树高/m	胸径/cm	生长级
1	杉木	NW25°	2.80	22.7	21.0	良好
2	杉木	SW80°	3.45	23.0	24.0	良好
3	杉木	SE15°	2.75	20.0	30.0	旺盛
4	杉木	NE75°	4.17	22.0	30.0	旺盛

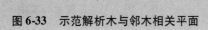

图 6-33　示范解析木与邻木相关平面　　　图 6-34　示范解析木树冠投影

(3) 解析木的伐倒与测定

解析木在伐倒前,应清除解析木周围杂草灌木,准确标定该树的根颈和胸径位置;并标记树干的北向,用粉笔和木材蜡笔将其标记在树干上,量测胸径(精确到0.1cm)和树高。

解析木伐倒时要注意安全,防止人员伤亡;伐木时注意树木的倒向,锯口要平,做到不能断梢,不损伤树皮,防止树干劈裂。

伐倒后,按伐前北向记号,在树干上一直标到树梢。量取根颈至第一个死节和第一个活节的长度,以及树冠长度。在全树干标定的北向,量测树高和它的1/4、1/2、3/4处的带皮和去皮直径。

然后标定各区分段(以1m或2m)的中央断面和梢底断面的位置。将上述测定项目记载到解析木卡片上。

(4) 截取圆盘

圆盘是树干解析的重要材料,特别要注意圆盘取好后须分别用纸、布或苔藓包好放入袋中,存放阴凉处。须在2~3d内开始内业工作,防止树皮碰掉、干燥、变形和开裂。

截取圆盘并由此获得各断面高处的圆盘的年轮测定值是树干解析的关键工作之一。一般将树干按照中央断面区分求积方法进行区分,在每个区分段的中央作为截取树干横断面的圆盘位置,并截取根颈、胸径和梢头底径圆盘,按由根颈至上的顺序分别记为0号盘,1号盘,2号盘,……。

要求:

①区分段长一般取2m或1m(干长<8m)。以2m为段长时,则在根颈0、1.3、3.6、5.6、7.6、……以及梢底处作标记;为了满足科学研究或某种特殊需要,可采用1m区分段进行解析。以1m为段长时,则在根颈0.5、1.3、2.5、3.5、4.5、……以及梢底处作标记。

②圆盘应尽量与树干垂直,圆盘厚度以2~5cm为宜。锯解时,尽量使断面平滑。

③区分段位置的圆盘面为工作面,其背面为非工作面。每个圆盘锯下后,应立即在非工作面编号,在非工作面上用符号↑标出北向,并用分式的形式书写:分子写标准地号和解析木号,分母写圆盘号及断面高。根颈处的圆盘为"0"号,然后用罗马字母Ⅰ、Ⅱ……依次向上顺序编号,如 $\frac{No.3-1}{1-1.3m}$ 。此外,在0号圆盘上应加注树种、采伐地点和时间等,如图6-35圆盘编号。

[例6.7] 如图6-37所示。现以2m区分段为例区分如下:除第一段为2.6m外,各段都是2m。如一株15.2m高的树木,其各中央断面的位置是1.3、3.6、5.6、……13.6m,梢底断面为14.6m,其余0.6m为梢头长度。梢头可以等于或小于2m。

2. 树干解析的内业工作

(1) 查数各圆盘的年轮数

将圆盘工作面刨光,通过髓心划出东西、南北两条直线(图6-35和图6-36),然后查数各圆盘的年轮数并确定该树的龄阶位置。方法如下:

①在0号盘的两条直线上,用大头针由髓心向外按龄阶(5年或10年)查数,标出该树各龄阶位置,并记录它的总年轮数和断面高(最外侧可能不足一个完整的龄阶)。

②用大头针在其余圆盘的两条直径线上自外向内标出各龄阶的位置,首先根据0号盘最外侧剩余的年轮数标定该树最外侧的龄阶位置;再由外向髓心按龄阶(5年或10年)查数,标出该树其余各龄阶位置,并记录它的总年轮数和断面高。

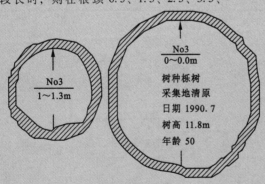

图6-35 圆盘编号

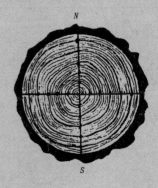

图6-36 各龄阶的确定

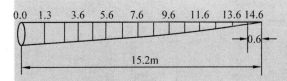

图 6-37 树干解析 2m 区分段和截取圆盘位置

从而确定该树各龄阶的树干在各圆盘中位置，用大头针作记号。该项工作须认真仔细，特别对当年轮界限不清楚时更应细心识别。

(2) 各龄阶直径的量测

确定龄阶后，由圆盘外侧向里逐一确定龄阶值，用直尺分别在各圆盘东西和南北两个方向量测各龄阶直径及最后期间的去皮和带皮直径，取平均数作为该龄阶直径(精确到 0.1cm)。将各龄阶直径填入用表 6-21 中。

表 6-22 是示范解析木调查的数据表，供参考。

如 32 年生的树，以 5 年为一龄阶，其龄阶划分为 32、30、25、20、15、10、5。

图 6-38 所示为某解析木"0"号圆盘和"1"号圆盘的龄阶标定示意图。

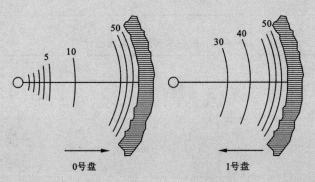

图 6-38 圆盘年轮查数

表 6-21 直径树高生长进程表

圆盘号	圆盘高/m 年轮数	达该断面高所需年数	直径方向	各龄阶圆盘的检尺径/cm						
				年		年	年	年	年	年	年
				带皮	去皮						
0	0.0		北—南 西—东 平均								
1	1.3		北—南 西—东 平均								
2	3.6		北—南 西—东 平均								
3	5.6		北—南 西—东 平均								
4	7.6		北—南 西—东 平均								
			北—南 西—东 平均								

(续)

圆盘号	圆盘高/m 年轮数	达该断面高所需年数	直径方向	各龄阶圆盘的检尺径/cm						
				年		年	年	年	年	年
				带皮	去皮					
			北—南 西—东 平 均							
各龄阶	梢底直径/cm									
	梢头长度/m									
	树高/m									

表6-22 解析木各圆盘直径检尺表

圆盘号数	圆盘高 年轮数	达该断面高所需年数	直径方向	各龄阶圆盘的检尺径					
				50年		40年	30年	20年	10年
				带皮	去皮				
0	$\frac{0}{50}$	0.5	南北 东西 平均	14.2 11.6 12.8	13.4 10.7 12.1	11.0 9.9 10.5	6.7 7.4 6.6	2.9 2.8 2.9	0.9 1.3 1.1
1	$\frac{1.3}{35}$	15.5	南北 东西 平均	10.0 9.9 10.0	9.6 9.4 9.5	8.6 8.1 8.4	6.1 5.7 5.9	1.7 1.3 (1.5)	
2	$\frac{3.6}{25}$	25.5	南北 东西 平均	9.2 9.3 9.3	8.7 8.8 8.8	7.4 7.4 7.4	3.0 3.0 3.0		
3	$\frac{5.6}{20}$	30.5	南北 东西 平均	7.9 8.1 8.0	7.4 7.7 7.6	5.9 5.8 5.9			
4	$\frac{7.6}{17}$	33.5	南北 东西 平均	6.2 6.6 6.4	5.9 6.1 6.0	3.3 3.3 3.3			
5	$\frac{9.6}{10}$	40.5	南北 东西 平均	4.0 4.0 4.0	3.6 3.6 3.6				
6	$\frac{10.6}{5}$	45.5	南北 东西 平均	2.1 2.1 (2.1)	1.9 1.9 (1.9)				
各龄阶的	梢头底直径			2.1	1.9	2.0	1.5	2.9	1.1
	梢长			1.2	1.2	0.86	0.8	2.34	0.82
	树高			11.8	11.8	9.46	5.4	2.34	0.82

(3)各龄阶树高的计算

由于树木年龄与各圆盘的年轮数之差就是树木长至该圆盘断面高所需年数,一般情况下,这种方法推算各龄阶高可能产生半年的误差,通常将所需的生长时间加半年,用内插的方法即可求出各龄阶的树高。

下面是按照内插法的原理来计算某个龄阶的树高。

[例 6.8] 表 6-22 中,树木生长至 1.3m 高时需 15 年,生长至 3.6m 高时需要 25 年。求 20 年时树高是多少?

解:生长至 1.3m 需 15.5 年,至 3.6m 需 25.5 年,20 年时树高必在 1.3~3.6m,则按照内插法计算 20 龄阶的树高为:

$1.3 + \dfrac{3.6 - 1.3}{25.5 - 15.5} \times (20 - 15.5) = 1.3 + 0.23 \times 4.5 = 2.34\text{m}$

另外,用以下方法也可算出 n 年前的树高,1981 年郭永台提出用高径比法来确定 n 年前的树高。虽然树高和胸径的比值随年龄的增加而增加(成正比例),但在间隔期较短时(1~2 个龄阶),可视为常数,由此

令 $\dfrac{h_{a-n} - 1.3}{d_{a-n}} = \dfrac{h_a - 1.3}{d_a}$

$h_{a-n} = d_{a-n} \left(\dfrac{h_a - 1.3}{d_a} \right) + 1.3$

设 $c = \dfrac{h_a - 1.3}{d_a}$

则 $h_{a-n} = d_{a-n} \cdot c + 1.3$ (6-47)

式中 h_a, h_{a-n} —— 现在树高和 n 年前的树高;

d_a, d_{a-n} —— 现在去皮直径和 n 年前的去皮直径。

(4)绘制树干纵剖面图

以直径为横坐标,以树高为纵坐标,在各断面高的位置上,按各龄阶直径大小、绘纵剖面图。纵剖面图的直径与高度的比例要恰当,纵剖面图有利于直观认识树干的生长情况。

树高按照 1:100,直径按照 1:5 的比例绘图(图 6-39)。

(5)各龄阶树干材积的计算

各龄阶的树干材积仍然按中央断面区分求积式计算。为此要确定各龄阶的树干有关参数。

①各龄阶树干完整的区分段数 它可由树干纵剖面图数,亦可由该龄阶树高根据区分段长

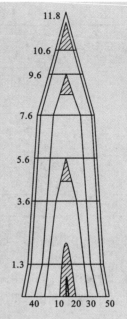

图 6-39 树干纵剖面

计算。

②各龄阶树干各区分段材积计算 根据该龄阶树干的区分段数,由该龄阶各中央断面圆盘的直径检尺记录,按中央断面区分求积式求各龄阶树干各区分段材积。

③各龄阶树干梢头材积计算

a. 梢头底径由树干纵剖面图查得后用内插法计算。

b. 梢头长度等于该龄阶树高减去取分段的累计长度。

c. 梢头材积按圆锥体公式计算。

④各龄阶树干材积计算 将各龄阶树干区分段材积与其梢头材积累即可求得该龄阶树干的材积。以上计算结果填于表 6-23 中。

(6)计算各种生长量及材积生长率

将"表 6-22"和"表 6-23"中的胸径、树高和材积按龄阶分别抄录于"表 6-26"上,作为调查因子的总生长量,然后,分别各调查因子计算各龄阶的平均生长量、连年生长量、材积生长率及形数。

①树高生长量测定 伐倒木的全长就是树高总生长量,被根颈断面上查定的年轮数除所得的商,即为树高平均生长量。

在伐倒木离梢头的一定长度处,用手锯试探的方法截断梢头,使得截面的年轮数恰好等于定期的年数,该长度就是定期生长量,若除以定期

表 6-23　示范解析木材积计算表

区分段号	区分长度/m	各龄阶区分段去皮材积				
		50 年	40 年	30 年	20 年	10 年
1	2.6	0.0184	0.0144	0.0071		
2	2	0.0122	0.0086	0.0014		
3	2	0.0091	0.0055			
4	2	0.0057	0.0017			
5	2	0.0020	—			
梢头		0.0002	0.0001	0.0001	0.0005	
合计		0.0476	0.0303	0.0086	0.0005	

年数，所得的商就是定期平均生长量（可以作为连年生长量）。

对于某些针叶树种，如果从梢头向下查数脱落的枝痕，也可以测定定期生长量，但年龄越大效果越差。

②直径生长量测定　树木的去皮直径就是直径的总生长量，被该断面年轮总数除，得到直径的平均生长量。量取 $a-n$ 个年轮的直径，被断面直径减，所得的差就是直径的定期生长量，由公式可求得定期平均生长量和连年生长量。

③材积生长量测定

伐倒木材积生长量测定：树干解析一般是按照伐倒木区分求积法将伐倒木按 2m 或 1m 的长度区分，然后对各区分段的中央断面和该伐倒木的梢底进行标记，根据中央断面区分求积公式求出树木带皮 V、去皮 V_a 和 n 年前的材积 V_{a-n}，去皮材积为总生长量，其他生长量由公式得到。计算结果见表 6-26，伐倒木材积生长量测定表。

立木材积生长量测定：对于立木，它的材积生长量常通过测定材积生长率来计算。

施耐德（Schneider，1853）发表的材积生长率公式为

$$P_V = \frac{k}{nd} \quad (6\text{-}48)$$

式中　n——胸高处外侧 1cm 半径上的年轮数；
　　　d——现在的去皮胸径；
　　　k——生长系数，生长缓慢时为 400，中庸时为 600，旺盛时为 800。

式（6-48）外业操作简单，测定精度又与其他方法大致相近，直到今天仍是确定立木生长量的最常用方法。

施耐德以现在的胸径及胸径生长量为依据，在林木生长迟缓、中庸和旺盛 3 种情况下，分别取表示树高生长能力的指数 k 等于 0、1 和 2 时，得到式（6-49）

$$P_V = (k+2)P_d \quad (6\text{-}49)$$

据此，对施耐德公式作如下推导：
按生长率的定义，胸径生长率为

$$P_d = \frac{Z_d}{d} \times 100 \quad (6\text{-}50)$$

而在式（6-51）中的 n 是胸高外侧 1cm 半径上的年轮数，据此，一个年轮的宽度为 $\frac{1}{n}$ cm，它等于胸高半径的年生长量。因此，胸径最近一年间的生长量为

$$Z_d = \frac{2}{n} \quad (6\text{-}51)$$

由此可知，$d - \frac{2}{n}$ 为一年前的胸径值；$d + \frac{2}{n}$ 为一年后的胸径值。

若取一年前和一年后两个胸径的平均数作为求算胸径生长率的基础时，则

$$P_d = \frac{\frac{2}{n}}{\frac{1}{2}\left[\left(d - \frac{2}{n}\right) + \left(d + \frac{2}{n}\right)\right]} \times 100 = \frac{200}{nd}$$

$$(6\text{-}52)$$

将上式代入 $P_V = (k+2)P_d$ 式中，在不同生长情况下的材积生长率公式分别为：

生长迟缓时是 $k=0$，$P_V = \dfrac{400}{nd}$

生长中庸时是 $k=1$，$P_V = \dfrac{600}{nd}$

生长旺盛时是 $k=2$，$P_V = \dfrac{800}{nd}$

[例6.9] 一株生长旺盛的落叶松,经测定冠高比为67%,带皮胸径为32.2cm,胸高处皮厚为1.3cm,胸高外侧1cm的年轮数为9个,树木测定材积为1.094m³,用施耐德公式计算材积生长率和生长量。

解：经查表得 $k = 730$（表6-24）

材积生长率 $P_V = k/nd = \dfrac{730}{9 \times (32.2 - 2 \times 1.3)}$
$= 2.74\%$

材积生长量 $Z_V = 2.74\% \times 1.094 = 0.02998\text{m}^3$

将解析木各龄阶的树高、直径、材积的各种生长量填在表6-25中，进行汇总，以备绘制树木生长曲线。

表6-24　k 值查定表

树冠长度占树高的%	树　高　生　长					
	停止	迟缓	中等	良好	优良	旺盛
>50	400	470	530	600	670	730
25～50	400	500	570	630	700	770
<25	400	530	600	670	730	800

表6-25　各调查因子生长过程计算表

龄阶	胸径/cm			树高/m			材积/m³			材积生长率/%	形数
	总生长量	总平均生长量	连年生长量	总生长量	总平均生长量	连年生长量	总生长量	总平均生长量	连年生长量		

以上所叙述的是经典树干解析，即严格按照等区分段长、等龄阶的树干解析。近来树干解析有向不等区分段长、不等龄阶的树干解析方向发展，称为广义的树干解析。

(7) 绘制各种生长曲线图

利用生长过程总表计算出的数据，绘制各种生长过程曲线，由于连年生长量是用定期平均生长量代替的，故应以定期中点的年龄为横坐标定点制图。

用横坐标表示年龄，纵坐标表示直径、树高、材积、形数等因子的生长量，确定合适的比例尺，根据表6-26各调查因子生长过程计算汇总表的数据分别点绘连年生长量和平均生长量曲线图，点绘好用折线连接，不必修匀。树干总生长量、平均生长量、连年生长量曲线，分别如图6-40 (a)、(b)、(c)。图6-40 (a)、(b)、(c)是根据示范解析木表6-26的数据绘制而成。

表6-26　示范解析木各调查因子生长过程的计算汇总表

龄阶	胸径/cm			树高/m			材积/m³			材积生长率/%
	总生长量	总平均生长量	连年生长量	总生长量	总平均生长量	连年生长量	总生长量	总平均生长量	连年生长量	
10				0.8	0.08	0.16			0.00005	20.0
20	1.5	0.08	0.15	2.4	0.12	0.32	0.0005	0.00003	0.00081	17.8
30	5.9	0.20	0.44	5.6	0.19	0.40	0.0086	0.00029	0.00217	11.2
40	8.4	0.21	0.25	9.6	0.24	0.22	0.0303	0.00076	0.00173	4.4
50	9.5	0.19	0.11	11.8	0.24		0.0476	0.00095		

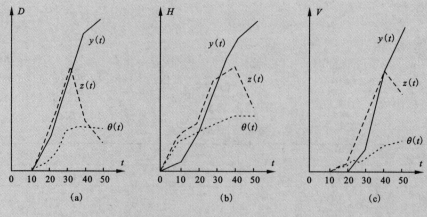

图 6-40 树干生长曲线图
(a) 直径生长量曲线　(b) 树高生长量曲线　(c) 材积生长量曲线

3. 树干解析的应用

将树干解析的全部图表系统整理、汇集成册，依据各项调查因子的生长过程，结合环境因子和森林经营措施，经分析研究，作出调查与鉴定。

（1）根据材积连年生长量与平均生长量两条曲线相交的时间判定树木的数量成熟；根据生长率的大小可以与其他树种比较树木的生长势的强弱。

（2）根据大量的树干解析材料，通过综合分析，了解林木的生长过程对立地条件的要求，为达到适地适树，以及确定抚育采伐时间、采伐强度和丰产措施提供科学依据。

（3）树干解析资料为编制生长过程表、立地指数表提供可靠的依据。

（4）利用树干解析资料可以建立树木生长模型，为预估林木未来生长提供基础性资料。

（5）根据年轮宽窄的变化，推测以往的气候情况，验证和补充气象记录之不足；推测林木病虫害、火灾、干旱、洪水的危害年份和危害程度，分析并找出林木生长不正常的原因，以便采取合适的防治措施，恢复和促进林木的正常生长。

实训成果

1. 完成解析木调查表。
2. 完成解析木与邻接木的记载表。
3. 完成直径、树高及材积生长过程分析表。
4. 完成树干生长过程总表。
5. 绘制各种生长曲线图及树干纵剖面图。

注意事项

1. 选择解析木时，充分考虑其用途，常选生长正常的平均木，且干形中等，无病虫害、无双梢断梢、无机械损伤的树木。
2. 采伐解析木前，先标定北向和胸高位置，准确地绘出树冠投影图。
3. 采伐解析木时，保障安全操作；树木不能出现破皮、断梢、劈裂、抽芯等现象。
4. 截取圆盘时下锯要垂直干轴，锯截时防止圆盘脱皮，并及时进行圆盘注记。
5. 查数圆盘的年轮时要认清伪年轮，并做到剔除。

考核评估

序号	项目与技术要求	配分	评分标准	实测记录	得分
1	解析木选取：要求选取合理	10	选取不合理全扣		
2	解析木采伐：要求达标	10	采伐位置超过既定位置2cm扣5分，超过5cm全扣		
3	圆盘位置标定：要求达标	10	误差1cm扣5分，超过2cm全扣		

（续）

序号	项目与技术要求	配分	评分标准	实测记录	得分
4	圆盘截取：要求达标	20	误差2cm扣10分，超过3cm全扣		
5	圆盘测量：要求正确	20	误差超标准5%扣10分，超10%全扣		
6	数据计算：要求正确	20	误差超标准5%扣10分，超10%全扣		
7	团队协作 (1)小组成员间团结协作 (2)学习态度、职业道德、敬业精神 (3)步骤和操作过程的规范性	6	根据学生表现，每小项2分		
8	方法能力 (1)计划执行能力 (2)过程的熟练程度	4	根据学生表现，每小项2分		
	合计	100			

➡ 巩固训练项目

交叉检查各组树干解析的外业，互换解析木，重新测量别组解析木直径、年轮、树高等数据，并完成记录表的填写与计算，最后对比各自结果，检查是否有出入，巩固树干解析知识。

自测题

一、名词解释

立木与伐倒木　胸径　干形　干轴与横断面、纵断面　形数与形率　区分求积法　胸高形数、实验形数　胸高形率　树干材积　径阶　原木与原条

二、填空题

1. 干曲线类型为＿＿＿＿，其旋转体为＿＿＿＿；当 $r=2$ 时，树干曲线类型为＿＿＿＿，其旋转体为＿＿＿＿；当 $r=3$ 时，树干曲线类型为＿＿＿＿，其旋转体为＿＿＿＿。
2. 基本的测树因子有＿＿＿＿、＿＿＿＿、＿＿＿＿、＿＿＿＿。
3. 测定直径的工具种类很多，常用的有＿＿＿＿、＿＿＿＿和＿＿＿＿等；测定树高的工具主要有＿＿＿＿、＿＿＿＿、＿＿＿＿等。
4. 立木材积三要素是：＿＿＿＿、＿＿＿＿和＿＿＿＿。
5. 从形数、形率与树高关系的分析，在形率相同时，树干的形数随树高的增加而＿＿＿＿；在树高相同时则形数随形率的增加而＿＿＿＿。
6. 测定胸径时，一般精确到＿＿＿＿cm。在森林调查时，用于大量树木直径的测定，为了读数和统计方便，一般是按＿＿＿＿、＿＿＿＿、＿＿＿＿cm 分组，所分的直径组称为＿＿＿＿。径阶整化常采用＿＿＿＿法。
7. 树木自种子发芽开始中，在一定的条件下＿＿＿＿，树木直径、树高和形状都在不断地＿＿＿＿，这种变化叫作生长。
8. 树木生长量按研究生长的时间长短来分，有＿＿＿＿、＿＿＿＿和＿＿＿＿；若用年平均值表示，则有＿＿＿＿和＿＿＿＿。
9. 生长量是表示树木＿＿＿＿生长速度，生长率是表示树木＿＿＿＿生长速度。
10. 生产实践中应用比较广泛的生长率公式是＿＿＿＿生长率式，其计算式为＿＿＿＿。
11. 断面积生长率等于直径生长率的＿＿＿＿。
12. 确定树木年龄的方法一般有查阅造林技术档案或访问的方法、＿＿＿＿、＿＿＿＿、＿＿＿＿、＿＿＿＿和目测法等。
13. 施耐德生长率 $P_V = k/nd$ 中 n 是指＿＿＿＿。
14. 树木生长过程的调查方法一般有＿＿＿＿和＿＿＿＿。
15. 解析木一般应在＿＿＿＿、＿＿＿＿、＿＿＿＿和梢底位置取圆盘。

三、选择题

1. 树干的形状，有通直、弯曲、尖削、饱满之分。就一株树来说，树干各部位的形状（　　）。
   A. 也不一样　　B. 是一样的　　C. 都是饱满的　　D. 是尖削的
2. 树干可以看成是由凹曲线体、抛物线体、圆柱体、圆锥体几种几何体组成的。4 种几何体在树干上所占的比例，以（　　）和（　　）占全树干的绝大部分。
   A. 抛物线体　　B. 圆柱体　　C. 圆锥体　　D. 凹曲线体
3. 胸高形数的比较圆柱体底断面积是（　　）。
   A. 胸高断面积　　B. 根颈断面积　　C. 中央断面积　　D. 任意部位直径
4. 胸高形率是指（　　）与胸径的比值，用 q_2 表示。
   A. 任意直径　　B. 上部直径　　C. 中央直径　　D. 相对直径

5. 可以测量伐倒木直径的工具有（　　）。
   A. 轮尺　　　　B. 围尺　　　　C. 望远测树仪　　　　D. 林分速测镜
6. 径阶的组距多采用2cm或4cm，它们的径阶范围的具体通常采用（　　）法。
   A. 上限排外　　B. 下限排外　　C. 内插
7. 我国的国家标准，其标准号（　　）组成。
   A. 标准代号＋顺序编号＋连接号＋年份
   B. 顺序编号＋标准代号＋连接号＋年份
   C. 标准代号＋年份＋连接号＋顺序编号
8. 杉原条的检尺长是指（　　）。
   A. 从大头断面（或锯口）到梢端直径小于6cm的长度，按照1m进位取整数
   B. 从大头断面（或锯口）到梢端直径大于6cm的长度，按照1m进位取整数
   C. 从大头断面（或锯口）到梢端直径大于6cm的长度
   D. 从大头断面（或锯口）到梢端直径小于6cm的长度
9. 原条的检尺径是指（　　）。
   A. 小头断面带皮直径
   B. 小头断面去皮直径
   C. 小头断面去皮短径
   D. 小头断面去皮长径

四、判断题

1. 轮尺两脚的长度均应大于测尺最大刻度的一半。（　　）
2. 如以2cm为一个径阶，树木直径为11.9cm，属于10cm径阶。（　　）
3. 用径阶刻划轮尺测定树木直径时，距游动脚内侧最近的刻划数字即为被测树木的径阶值。（　　）
4. 胸高形数的意义在于既能表示树干的形状，又能计算立木材积。（　　）
5. 对于一个树木而言实验形数只有一个。（　　）
6. 用布鲁莱斯测高器在水平地测高时仰视树顶读数即为树高。（　　）
7. 克里斯登测高器在测高时不需要测量者与被测树木间的距离，一次可以测出全树高。（　　）
8. 生长锥由锥柄、锥管、探舌三部分组成，当在树干上钻取木条时，锥管和探舌要钻入树干中，从探舌上取下木条芯来查数树木年轮。（　　）
9. 伐倒木求积式中平均断面求积式、中央断面求积式都属于近似求积式。（　　）
10. 区分求积式的含义是将树干按照一定的段长区分成段，然后求出各区分段的材积，各区分段材积之和为树干总材积。（　　）
11. 木材标准是进行木材生产、产品流通的共同技术依据。（　　）
12. 原条的小头直径必须是要小于6cm。（　　）
13. 原条的检尺长指大头断面到小头断面之间最短的距离。（　　）
14. 树木的生长都是变大的。（　　）
15. 对于速生树种常用定期平均生长量近似代替其连年生长量。（　　）
16. 树木生长量大就说明树木在此期间长得快。（　　）
17. 树木树高平均生长量最大时的年龄称为数量成熟龄。（　　）
18. 一株长16.2m的解析木，按2m区分段为区分，其8号圆盘在距树干基部15.6m处。（　　）
19. "0"号圆盘上查数年轮数由外向里数，其他圆盘则由里向外数。（　　）
20. "0"号圆盘上的年轮数与各号圆盘年轮数之差，即为树木达到各该圆盘高度的年龄。（　　）

五、简答题

1. 基本的测树因子有哪些？这些测树因子的常用测定工具有哪些？

2. 简述正确使用轮尺(或围尺)及测高器测定胸径和树高的要点。
3. 伐倒木的求积式有哪些?
4. 简述单株立木材积测定的主要方法。
5. 使用布鲁莱斯测高器测定树高时应注意哪些方面?

六、计算题

1. 设 1 株落叶松树干长 13.6m，按 2m 区分段区分求积，每段直径量测结果如下表所示，计算该树干材积、$f_э$。

1 株树干的区分量测值

距干基长度/m	直径/cm	距干基长度/m	直径/cm
0.0	21.6	6.0	12.0
1.3	19.0	6.8	11.2
1.36	18.8	8.0	8.0
2.0	18.4	10.0	4.2
3.4	15.3	10.2	4.1
4.0	14.2	12.0	2.8

2. 测得一油松树高为 14m，胸径 26.6cm，形率为 0.73，实验形数 0.39，分别用希费尔公式和平均实验形数公式计算树木材积。

3. 1 株 13.0m 长的解析木，按 2m 区分，分别查得"0"号圆盘的年轮数为 26，"4"号圆盘上的年轮数为 15，"5"号圆盘上的年轮数为 11，该株树木 15 年生的修正后树高为多少米？

4. 设：测得某一马尾松立木去皮胸径为 20cm，其外侧 1cm 半径上有 6 个年轮，k 为 600，材积为 0.2706m^3。试计算材积连年生长量(Z_v)为多少立方米？

5. 某解析木树龄为 23 年、5 年、10 年、15 年、20 年的胸径总生长量分别为 3.0cm、6.4cm、8.8cm、10.6cm、11.7cm，则胸径平均生长量和连年生长量各为多少(列表计算)？

6. 设：测得 1 株杉木 20 年时的材积为 0.074 63 m^3，25 年时材积 0.0904 m^3，则该株杉木 20～25 年的生长率为多少？

7. 设：某解析木 15 年时的树高为 11.2m，用 2m 区分段区分，9.6m 断面上 15 年生时直径为 1.8m，树顶的直径为 0，根据上述数据试计算梢长和梢底直径各是多少？

8. 1 株生长中庸的落叶松，冠长百分数大于 50%，带皮胸径 32.2cm，胸高处的皮厚 1.3cm，外侧半径 1cm 的年轮数有 9 个，材积为 1.0944 m^3。计算材积生长率及材积生长量

9. 设：测得某一马尾松立木去皮胸径为 20cm，其外侧 1cm 半径上有 6 个年轮，k 为 600，材积为 0.2706m^3。试计算材积连年生长量(Z_v)为多少立方米？

10. 某解析木树龄为 23 年、5 年、10 年、15 年、20 年的胸径总生长量分别为 3.0cm、6.4cm、8.8cm、10.6cm、11.7cm，则胸径平均生长量和连年生长量各为多少(列表计算)？

自主学习资源库

如果同学们想了解更多的知识，可以通过下面渠道进行学习：

1. 阅读书刊

(1) 袁桂芬. 1998. 布鲁莱斯测高器野外测树误差的室内修正[J]. 内蒙古林业调查设计，S1：67-68.

(2) 张明铁. 2004. 单株立木材积测定方法的研究[J]. 内蒙古林业调查设计，1：24-26.

(3) 张明铁，李淑玲，等. 2003. 用干形测定单株立木材积的再研究[J]. 内蒙古林业调查设计，4：

74-77.

（4）张恩生，李军，李硕，陈东来. 2006. 立木材积测算精度的研究[J]. 河北林果研究，3：243-246.

（5）赵学荣，付文华. 2005. 林业案件中伐倒木材积测定方法[J]. 林业调查规划，6：29-31.

（6）铁金. 2010. 伐倒木合理造材措施应用浅议[J]. 农村实用科技信息，6：45-45.

（7）刘德君，李玉堂. 2007. 谈如何做好原条合理造材[J]. 内蒙古林业，4：31-31.

（8）裴志永，陈松利，陈瑛. 2012. 树木生长量远程遥测方法研究进展[J]. 安徽农业科学，23：11736-11738.

（9）刘刚，陆元昌. 2009. 六盘山地区气候因子对树木年轮生长的影响[J]. 东北林业大学学报，4：1-4.

（10）王红霞，杨厚坤. 2008. 豫北三倍体毛白杨、中林46杨和Ⅰ-69树木生长量的分析报告[J]. 安徽农学通报，16：23-26.

2. 浏览网站

（1）测树学精品课程网 http：//210.36.18.46/csx_ gxufc_ web/

（2）森林调查技术精品课程网 http：//sldcjs.7546m.com/

（3）吾喜杂志网 http：//wuxizazhi.cnki.net/Default.aspx

（4）树木生长量无线遥测方法及装置. http：//www.cnki.com.cn/index. 中国知网

（5）东北林业大学测树学综合实验树干解析. http：//wenku.baidu.com/view/ea8e0ad3 百度文库

（6）城市树木生长量的检测. http：//wenku.baidu.com/view/ 2d93f0333968011 ca30091a1.html

3. 通过本校图书馆借阅有关森林调查方面的书籍。

拓展知识

一、测高罗盘仪

在进行单株树木材积测定过程中，影响材积计算精度的主要因素是树木直径（特别是上部直径）、树高的测定及其测定的精度。为了将直径、树高测定准确，目前我国研制出一些能够将测定水平距离、树高、上部直径的测定于一体的新仪器。其中目前使用较广的是测高罗盘仪。

1. 测高罗盘仪的构造

DQL-9型测高罗盘仪是哈尔滨光学仪器厂制造的一种手持式袖珍型仪器，它集罗盘和测高于一体，具有外形美观体积小、携带方便、精度可靠、性能稳定等特点。仪器外型尺寸110mm×60mm×19mm，重量0.25kg（图6-41）。

（1）瞄准器由物镜、目镜组成，其中目镜镜筒可以伸缩约2cm。

（2）斜度盘上面一条弧线有两种刻度，其中上方一条是用于读取测量水平视线与倾斜视线之间的夹角角度（双向60°角），另一条是用于读取角度所对正切值+（取向45°角，正切值正好是1.0，在刻度盘上标为100）。在刻度盘上有一个测角器，目的是用来测高、测角时的指示。

（3）按钮启动/制动指针作用。

（4）罗盘在仪器的另一面有一个罗盘（与手持罗盘相像），其上有磁针、刻度盘、测定倾斜角的测角器、度盘。刻度盘上的刻度为0°~90°（属于象限罗盘）。

（5）圆水准器用于水平测量，使得测定面水平。

（6）压板在仪器侧面，起止动磁针和测角器的作用。

2. 使用方法

（1）高度测量

首先测量出测者到被测木间的水平距离JS，然后用仪器瞄准树木的树梢，食指按下按钮，待目视孔

图 6-41　DQL-9 型测高器

1. 目镜镜筒　2. 物镜　3. 启动钮/制动钮　4. 圆水准器　5. 罗盘刻度盘　6. 角度正切值
7. 磁针　8. 角度　9. 压板（止动磁针、测角器）　10. 测角器（测角、测高指示）
11. 斜度盘上双向 60°角　12. 斜度盘上双向 45°正切值

观察测树高点与分划线横线重合 1~2s 后松开按钮，此时读到的指示器凹尖处与刻度盘对应的刻度即被测木与测者间的倾斜角度值（竖直夹角）θ，然后根据公式计算水平视线到树顶的高度 H_1：

$$H_1 = \tan\theta \times S$$

同法可以测出水平视线到树基的高度 H_2：$H_2 = \tan\theta \times S$，则树高 H 为：$H = H_1 + H_2$，当角度在 45°以下时，可以直接在斜度盘上查出 $\tan\theta$ 的数值。

（2）水平测量

仪器上装有精度为 20′的圆水准器，作水平尺用。测量时将仪器平放到被测物上，当测量长度较长或面积较大的时候，可以在仪器下附加一平直的长杆进行测量。

（3）倾斜角度测量

测量物体的倾斜角（竖直夹角）时，用仪器的侧面靠在被测物上，按下按钮等 1~2s 后放下按钮，此时会在刻度盘上看到一个角度，该角度为所测倾斜角。如果用罗盘仪中测角器测量倾斜角时，应按下仪器旁边的压板按钮进行测量，测量方法同前。

（4）方位测量

将罗盘手持或放置到一水平面上，使圆气泡居中，放开磁针（要求远离磁性干扰），从仪器一侧看过去，瞄准被测物，待磁针停稳后扳动仪器旁边的压板按钮锁定磁针，然后根据磁针北端（带有白色标记的一端）所指读数读出方位角，确定方向。在使用过程中一定要注意：罗盘刻度盘所标志的东、西方位与实地东、西方位相反，罗盘上所读得角度是象限角；仪器尽量避免碰撞和污染，高温暴晒和雨水冲刷；仪器长期不使用时，应保存在通风干燥、无强磁干扰的地方，以免影响仪器的精度；用后的仪器一定要把磁针锁定，以免震动磨损轴尖，影响仪器精度。除此以外，还有激光、超声波测树仪（测量水平距离、竖直角度和高度），VefiexⅢ超声波测高测距仪（测量树木的高度和距离）。

二、超声波测高器

超声波测高器可用来测量物体的高度和测量距离、角度、坡度和空气温度。超声波测高器是通过超声波信号发送与接收来获得准确的距离，高度是由距离和角度的三角函数关系计算得到的。

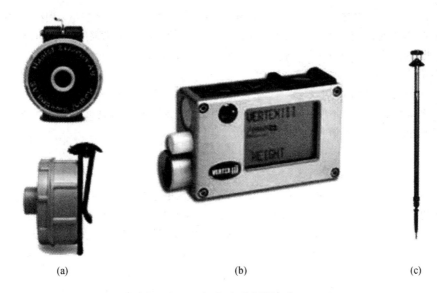

图 6-42 超声波测高器构造
(a)信号接收器　(b)测高器　(c)标杆

1. 构造

超声波测高器由信号接收器和测高器组成,另外,还有一个标杆可供选用(图6-42)。

2. 仪器性能

①测高范围 0~999 m,测高误差 0.1m。

②坡度测量范围 -55°~+85°,测量精度 0.1°。

③测距范围 40m,测距误差 0.01m。

④环境温度 -15~+45℃。

3. 设备的启动和关闭

①开机前,在测高器和信号接收器上各装一枚5号电池。

②红色 ON 按钮为测高器的启动键。

③将测高器距离信号接收器 1~2cm 处,按下红色 ON 按钮,信号接收器将自动开启。

4. 测高器关机的3种方法

①同时按下2个箭头按钮,2s内关机。

②60s 没有按键操作,设备自动关闭。

③完成6次测高后,自动关机。

5. 测量步骤

①信号接收器侧面有一小刀,将其切入树皮内,固定于距地面 1.3m 高度的树干上(此高度可以在测高器的"设置"菜单选项中设定)。

②开启信号接收器。

③手持测高器,选择一个观测点,能够看到树梢顶及信号接收器,将测高器的红色 ON 按钮一直保持按下的状态,将测高器的瞄准镜中红点对准信号接收器,直到瞄准镜中的红点消失为止,松开红色 ON 按钮,将在测高器的显示屏上显示出观测点到信号接收器的距离、角度和水平距离。

图 6-43 测量操作示意图

④再将瞄准镜中红点对准树梢点顶点,这时红十字线闪烁,按下红色ON按钮直到红十字线消失为止,松开红色ON按钮,此时,在测高器显示屏上可显示树的高度(假定接收器固定高度1.3m);再对准树顶,重复此步骤,可连续测得6个树干上不同部位的高度(图6-43)。

6. 仪器使用注意事项

①不要触摸设备前方的温度感应器。

②在打开仪器要预热一段时间,保证仪器温度与周围环境温度一致,否则测量精度会下降。

③手握测高器,将其显示屏与地面垂直。

三、多用测树仪

近二三十年,具有多用途的综合测树仪的研制取得了较大的进展。目前国内外已设计和生产了各种型号的综合测树仪,其共同特点是一机多能,使用方便,能测定树高、立木任意部位直径、水平距离、坡度和林木每公顷胸高断面积总和等多项因子,在林业生产和科研教学工作中发挥了作用。这里仅就我国生产和使用的多用测树仪作简要介绍。

1. 林分速测镜

林分速测镜是综合性的袖珍光学测树仪,由奥地利毕特利希(Bitterlich W.,1952)首创,我国华网坤等人于1963年仿造设计投产,定名LC-Ⅰ型。林分速测镜的关键构件为鼓轮及贴在鼓轮上的刻度纸。刻度纸上有宽窄不同和黑白相间的带条标尺,全部测量用的标尺都刻划在这个鼓轮表面,它们通过透镜及反射镜而投入观测者的眼睛。由于鼓轮能随着仰角或俯角而自如转动,使各种标尺具有自动改平的优点。能够测定立木上部直径、树高、水平距离等项因子。

2. 望远测树仪

DQW-2型望远测树仪是长春市第四光学仪器厂仿国外"雷拉远距离测树仪"设计制造的产品。它由望远系统、显微读数系统、鼓轮及标尺、制动钮、壳体等部分组成(图6-44)。测定因子包括:树干上部直径、每公顷胸高断面积、水平距离、树高、坡度等因子。其特点使用纤维投影标尺,测量时经望远镜放大目标,成像清晰,进光窗装置可使读数准确。以相似形原理和三角函数作为测量原理。其树高测定方法如下:

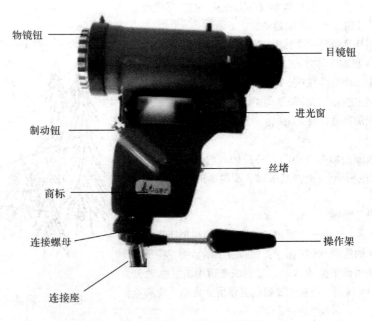

图6-44 DQW-2型望远测树仪

①测立木全树高　用准线观测树梢，在 H 标尺上读得 C_1（最小格数）；然后观测树基，在 H 标尺上读得 C_0（最小格数）。仰视 C 为正值，俯视 C 为负值。全高为：

$$H = B(C_1 - C_0) \tag{6-53}$$

式中　H——待测树木实际树高；
　　　B——观测时水平距离的1%；
　　　C_1，C_0——标尺上的读得树梢和树基的最小格数。

②标定树干任意高　先观测树基读得 C_0，然后求出准线对准树干上任意 H_n 高度时 H 标尺在准线上的数值 C_n，即

$$C_n = \frac{H_n}{B} + C_0 \tag{6-54}$$

式中　H_n——树干任意高；
　　　C_n——树干任意高时的 H 标尺在准线上的刻度值；
　　　C_0——标尺上的读得树基的最小格数。

根据所求 C_n 的符号，正值在仰角方向，负值在俯角方向，转动仪器，使 H 标尺在准线上的刻划恰为 C_n，此时，准线与树干相截处即为所要标定的树干高度 H_n。

四、树木年轮年代学及其目前的发展现状简介

树轮年代学（dendrochronology），也叫树轮定年（tree-ring dating），是对树木年轮年代序列的研究，科学的树轮年代学是美国的天文学者道格拉斯（Douglass）博士于20世纪初研究建立起来的。

树轮年代学学科的出现，开辟了一条研究古环境的新领域，它在古气候以及林业部门发挥了极大的作用。由于树木年轮具有定年准确、连续性强、分辨率高和易于复本等特点，使其成为了时间尺度较短（几百年到千年尺度）的气候代用资料，为气候模式研究以及古环境研究提供参考。通过对树木的高生长及径向生长、树木细胞结构的研究，有利于树木生长量以及优势树种的研究，为环境绿化做出贡献。

时至今日，树木年轮研究已经不局限于传统研究区域（北美、欧洲、俄罗斯），该研究在除南极大陆以外的其余六大陆地全面展开，不仅在全球中高纬度和高海拔地区进行研究，在中低纬度地区也开展了此项工作。

研究的领域也在不断地扩大，从最初的树轮宽度的研究，然后再到利用X射线进行树轮密度的研究，到利用化学方法即利用C、H、O同位素对树轮微观结构进行研究，以及利用图像分析法对树轮灰度进行研究，方法在不断地翻新，技术也在不断地成熟。主要涉及对古气候资料（包括降水、温度、湿度等）以及古地质构造和突发的灾害事件的研究。并且利用树轮资料对未来气候变化趋势进行预测。

通过几十年的研究，树木年轮学已经取得了巨大的成果。在所有的全球几个大陆上，北美有多达上百个的树木年轮样本序列。其次较多的树木年轮样本在欧洲。国际树木年轮库中的采样点已超过2000多个，已研制完成的超过1000年的树轮长年表有150多个，最长的年表在北美洲达8600多年，欧洲为10 000多年，俄罗斯为3200多年，南美洲为3600多年，澳大利亚为3600多年。Schweingruber等人对年轮密度与环境变化的关系做过较系统的分析，利用密度分析重建了阿尔卑斯许多地点的气候变化。在北欧的瑞典，以及一些低纬度国家都开展了该项研究。而且，由于树轮标本采集工具和采集方法的不断改进，树轮研究的对象也在不断地扩展。从存活树木上采取标本，扩展到从炭化木和石化木上采取。欧洲和北美的许多长达数千年和近万年的树轮年表，较早年代的年轮数值多是来自于炭化木和石化木。利用同位素方法，对树木年轮进行分析。利用稳定C、H和O同位素分析，可以重建古气候变化以及气候变化对树木生长的影响。1982年Freyer等在前人工作的基础上建立了C_3植物的$\delta^{13}C$（样品中^{13}C和^{12}C的比值与PDB（碳氧同位素丰度比）的偏差百分数）和环境的数学表达式，开始了利用C同位素对树木年轮进行研究。

我国的树轮研究也取得了可喜的成果。20世纪60年代以后，北京、陕西、甘肃、新疆、青海、内

蒙古、四川、西藏、黑龙江、吉林、辽宁、山东、江苏、湖南、江西、浙江、广东等17个省(自治区、直辖市)都广泛开展了这项工作,最长年表序列达到2326年(青海),得到许多表征温度、降水或环境演变的长达数百年甚至上千年的序列,对现代小冰期(约1430—1850年)以来气候变化的史实,提供了更多的依据。尤其是在新疆开展的树轮研究工作,经过40余年的研究,在各方面都取得了成果。新疆的树木年轮库(如今的国家重点开放树木年轮理化实验室)存有3000多棵树木钻芯标本和1000多棵树木圆盘树轮标本。采样点已经超过100个,已经研制完成了110多个年表,最长的年表在北疆达780年。在利用树木年轮宽度重建古气候变化的研究方面,也取得了不错的成果。例如,张志华、吴祥定等人重建了新疆东天山300多年来的干旱日数变化;袁玉江、李江风利用乌鲁木齐河源的树轮资料重建了该地区450年来的冬季温度变化;袁玉江、叶玮等人重建了位于天山西部伊犁地区314年的降水序列。此外,李江风、袁玉江等人除利用树轮宽度资料对古气候进行了重建,还利用树轮资料重建河流径流量以及河流径流深度场,开辟了我国乃至亚洲水文重建工作的先河。

本项目参考文献

1. 魏占才. 2010. 森林调查技术[M]. 北京:中国林业出版社.
2. 孟宪宇. 2006. 测树学[M]. 北京:中国林业出版社.
3. 白云庆,郝文康. 1987. 测树学[M]. 哈尔滨:东北林业大学出版社.
4. 吴富桢. 1990. 测树学[M]. 北京:中国林业出版社.
5. 测树学编写组. 1992. 测树学[M]. 2版. 北京:中国林业出版社.
6. 中央农业广播电视学校. 1993. 森林测算技术[M]. 北京:中国农业出版社.
7. 刘悦翠. 2002. 森林计测学[M]. 北京:中国工人出版社.
8. 林业部调查规划院. 1980. 森林调查手册[M]. 北京:农业出版社.
9. 北京林业大学. 1987. 测树学[M]. 北京:中国林业出版社.
10. 马继文. 1991. 森林调查知识[M]. 北京:中国林业出版社.
11. 高忠民. 2011. 常用木材材积速查手册[M]. 北京:金盾出版社.
12. 国家质量监督局,国标管委会. 2009. 杉原条材积表[M]. 北京:中国标准出版社.
13. 光增云. 2001. 材积表实用手册[M]. 郑州:中原农民出版社.

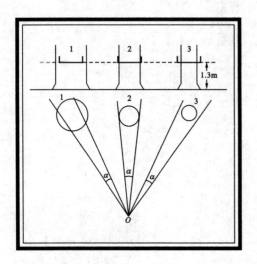

项目 7

林分调查

任务 7.1　标准地调查
任务 7.2　林分调查因子的测算
任务 7.3　角规测树
任务 7.4　林分生长量测定

林分调查是森林调查技术课程的中心内容，其中林分调查因子的测定是林分调查的基础，标准地调查、角规测树是林分调查的技术方法，林分蓄积量测定、林分生长量测定、林分材种出材量测定是林分调查的目的。本项目主要内容包括标准地调查方法和技术、林分调查因子的测定、角规测树技术、林分生长量的测定等。

知识目标

1. 熟悉标准地的种类、形状、面积和选设原则。
2. 了解森林分子的结构规律。
3. 熟悉林分调查因子的测定原理与方法。
4. 了解角规测树原理。
5. 熟悉生长量、生长率的概念和种类。

技能目标

1. 能熟练使用罗盘仪、围尺、皮尺、测高器等测树工具进行标准地调查。
2. 能根据标准地调查结果进行林分树种组成、平均年龄、平均胸径、平均树高、林分密度、林分断面积、林分蓄积量、林分出材量等林分调查因子的计算。
3. 能熟练使用角规进行林分胸高断面积、疏密度、树种组成、株数密度和林分蓄积量的测定和计算。
4. 能熟练使用罗盘仪、围尺、皮尺、测高器、生长锥、森林调查手册等测树工具进行林分生长量的测定。

任务 7.1 标准地调查

➙ 任务目标

准备罗盘仪、围尺、皮尺、测高器等测树工具,在林分中选择能够充分代表林分总体特征平均水平的地块进行标准地境界测量和标准地调查,每组提交标准地境界测量记录表、每木调查记录表、测高记录表、环境因子调查记录表、标准地调查因子一览表。

➙ 任务提出

在进行森林资源调查时,一般不可能也没有必要对全林进行实测,为节省人力、物力和时间,同时也能够满足林业生产上的需要,必须按照一定方法和要求,进行小面积的局部实测调查,即标准地调查。

➙ 任务分析

标准地调查是一种局部实测的调查方法,它通过人为判断选定能够充分代表林分总体特征平均水平的地块,并对该地块内的林木进行年龄、起源、郁闭度、胸径、树高进行调查,并根据调查结果推算整个林分结果。

➙ 工作情景

工作地点:实训林场(实训基地)。

工作场景:采用学生现场操作,教师全程引导教学方法,教师以林场某林分为例,把标准地调查的过程进行逐步演示,学生根据教师演示操作和教材设计步骤逐步进行操作。完成标准地调查后,学生通过内业计算提交标准地调查结果,教师对学生工作过程和调查结果进行评价和总结。

➙ 知识准备

7.1.1 林分的概念

林分是指内部结构特征相同,并与四周有明显区别的森林地段(小块森林)。林分是区划森林的最小地域单位,也是森林经营管理的基本单位和森林测定的基本对象。只有将森林划分成林分，才能正确认识森林以及森林分子在整个生长过程中各种因子的变化及其内部结构规律，才能正确认识和经营管理好森林。

7.1.2 林分调查因子

为了将大片森林划分为林分，必须依据一些能够客观反映林分特征的因子，这些因子称为林分调查因子。森林经营中最常用的林分调查因子主要有：林分起源、林相（林层）、树种组成、林分年龄、林分密度、立地质量、林木的大小（直径和树高）、数量（蓄积量）和质量（出材量）等，这些因子的差别达到一定程度时就视为不同的林分。各林分调查因子的概念详见任务7.2。

7.1.3 林分调查因子测定方法

林分调查因子测定的方法可分为目测法和实测法。实测法又分为全林实测法和局部实测法。在进行森林资源调查时，通常使用局部实测调查，根据选定实测地块的方法不同，局部实测法分为标准地调查法和抽样调查法。

7.1.4 标准地相关知识

7.1.4.1 标准地的定义和种类

（1）标准地的定义

在局部实测时，选定实测调查地块的方法有两种：一种是按照随机抽样的原则，设置实测调查地块，称作抽样样地，简称样地。根据全部样地实测调查结果，推算林分总体，这种调查方法称作抽样调查法。另一种是根据人为判断选定的能够充分代表林分总体特征平均水平的地块，称作典型样地，简称标准地。根据标准地实测调查结果，推算全林分的调查方法称作标准地调查法。

（2）标准地的种类

标准地按设置目的和保留时间可分为以下两类：

①临时标准地　用于林分调查和测树制表，只进行一次调查，取得调查资料后不需要保留。

②固定标准地　用于较长时间内进行科学研究试验，有系统地长期重复观测以获得连续性的资料，如研究林分生长过程、经营措施效果及编制收获表等。测设要求严格，需要定株定位观测取得连续性的数据。

7.1.4.2 标准地的选设原则

标准地应该是整个林分的缩影，通过标准地调查可以获得林分各调查因子的数量或质量指标，即根据标准地调查结果，按面积比例推算整个林分的调查结果。因此，林分调查的准确程度取决于标准地对该林分的代表性及调查工作的质量。在设置林分调查标准地时，应对待测林分总体进行全面、深入的踏查后，根据以下基本要求确定具体位置。

①标准地必须具有充分的代表性；

②标准地不能跨越林分；

③标准地应避开林缘（至少应距林缘为1倍林分平均高的距离）、林班线、防火线、路旁、河边及容易遭受人为破坏的地段；

④标准地内树种、林木密度应分布均匀。

7.1.4.3 标准地的形状和面积

(1) 标准地的形状

标准地以便于测量和计算面积为原则,一般为方形、矩形、圆形或带状。

(2) 标准地的面积

为了充分反映出林分结构规律和保证调查结果的准确度,标准地内必须有足够数量的林木株数,因此,应根据要求的林木株数确定其面积大小。我国一般规定:在近熟和成过熟林中,标准地内至少应有 200 株以上的林木;中龄林 250 株以上;幼龄林 300 株以上。在实际工作中,可预先选定 400 m² 的小样方,查数林木株数,据此推算标准地所需面积。便于测量、调查和计算,标准地面积尽可能为整数。

[例 7.1] 一中龄林分查数 400 m² 样方内有林木 40 株,则标准地面积 S 可确定为:

$$S = \frac{250}{40} \times 400 = 2500 \text{m}^2$$

→ 任务实施

实训目的与要求

1. 掌握标准地的选设和境界测量方法。
2. 掌握标准地调查的实测方法和调查因子的计算。

实训条件配备要求

每组配备:罗盘仪、计算器各 1 个,测杆 4 根,轮尺、围尺、皮尺、测高器、生长锥、直尺、曲线板各 1 个,记录夹 1 本,方格纸 1 张,森林调查手册 1 本。

实训的组织与工作流程

1. 实训组织

(1) 成立教师实训小组,负责指导、组织实施实训工作。

(2) 建立学生实训小组,4~5 人为一组,并选出小组长,负责本组实习安排、考勤和仪器管理。

2. 实训工作流程(图 7-1)

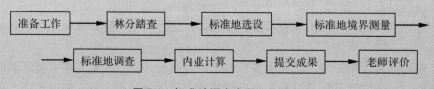

图 7-1 标准地调查主要工作流程

实训方法与步骤

1. 准备工作

(1) 组织建立:各班级在实训前要建立实训小队(组),每 4~5 人为一组,并选出小队(组)长,各小队的队员要听从小队长的指挥安排。

(2) 物质准备(实训应携带的工具、表格)。

2. 外业工作

(1) 踏查

实训地点确定后,应首先进行现地踏查,了解调查区的林况及森林分布特点,目测主要调查因子,取得平均标志的轮廓,根据平均标志的轮廓和标准地的选设原则选择适当的地段作为标准地的位置。在选择时尽量避免主观性,否则容易出现偏差,根据不同目的与需要,建立不同规格的标准地,如永久性标准地与临时性标准地。

(2) 标准地境界测量

标准地的境界测量就是在地面上标出标准地的范围。标准地的形状为正方形或矩形时,常用闭合导线法进行标准地境界测量。通常用罗盘仪测角,皮尺或测绳量水平距(林地坡度大于 5°时,要将斜距改算为水平距）。要求境界测量的闭合差不超过各边长总长的 1/200～1/500。为了方便核对和检查，在标准地四角设临时标桩。如为固定标准地，要在标准地四角埋设一定规格的标桩。标桩上标明标准地号、面积和调查日期等。将测量结果填入"标准地境界测量记录表"中（表 7-1），并绘标准地略图，便于日后查找。为使标准地在调查作业时保持有明显的边界，应将测线上的灌木和杂草清除，同时在边界外缘树木的胸高处，朝向标准地内标出明显记号，以示界外。

表 7-1 标准地境界测量记录表

标准地号	12			标准地所在地	省　　　　县 林场　林班　××小班	
标准地面积/hm²	0.1					
标准地测量记录				标 准 地 草 图		
测站	方位角/°	倾斜角	斜距	水平距/m		
0－1	305	/	/	22		
1－2	346	/	/	25		
2－3	256	/	/	40		
3－4	166	/	/	25		
4－1	76	/	/	40.1		
闭合差	+0.1m (1/1300)					

（3）标准地调查

标准地的测树工作因调查目的和方法不同而异。但最基本的内容是每木调查、测定树高、记载和调查环境条件特征因子，测定树木年龄及郁闭度等。

①每木调查 在标准地内分别树种、活立木、枯立木、倒木测定每株树干的胸径，并按径阶记录、统计，以取得株数分布序列的工作，称为每木调查或每木检尺。如果进行生长、生物量及抚育采伐调查，则活立木还应按生长级分别调查统计。

确定径阶大小：径阶大小指每木调查时径阶整化范围，它直接影响株数按直径分布的规律性，同时也影响计算各调查因子的精确程度。按规定：平均直径在 6～12cm 时以 2cm 为一个径阶；小于 6cm 时以 1cm 为一个径阶；大于 12cm 时以 4cm 为一个径阶；对人工幼林和竹林常采用以 1cm 为一个径阶。

划分林层：如标准地内林木层次明显，上下层林木的树高相差 15%～20% 以上，每层的蓄积量均达到 30m³ 以上，平均直径达 8cm 以上，主林层疏密度不少于 0.3，次林层疏密度不少于 0.2，在这种情况下必须划分 2 个林层，分层进行调查。

确定起测径阶：起测径阶是指每木调查的最小径阶。由林分结构规律得知，林分的平均直径是接近于株数最多的径阶，而最小直径是平均直径的 0.4 或 0.5 倍。因此，在实际工作中，常以平均胸径的 0.4 倍作为起测径阶。胸径小于最小径阶的树木视为幼树，不进行每木检尺。

由此决定起测径阶。例如，某林分目测平均胸径为 16cm，最小胸径约为：16cm×0.4＝6.4cm，如以 2cm 为一个径阶，则起测径阶可定为 6cm。

小于起测径阶的树木称为幼树。不进行每木检尺。目前在森林资源清查中确定起测径阶是：人工幼龄林 1cm；人工中龄林 5cm；天然幼龄林 3cm；天然中龄林 5cm；成过熟林 7cm。

划分材质等级：每木调查时，不仅要按树种记载，而且还要按材质分别统计。材质划分是按树干可利用部分长度及干形弯曲、分叉、多节、机械损伤等缺陷，划分为经济用材树、半经济用材树和薪材树三类。

凡用材部分占 40% 以上者为经济用材树。

凡用材部分长度在 2m（针叶树）或 1m（阔叶树）以上，但不足全树高 40% 者为半经济用材树。

凡用材部分在 2m（针叶树）或 1m（阔叶树）以下者为薪材树。

在实际工作中，一般只分用材树和薪材树，但需记录立木和倒木，以供计算枯损量。

每木检尺：测径时，测径者与记录员要互相配合，测径者从标准地的一端开始，由坡上方沿等高线按"S"形路线向坡下方进行检尺。测者每测定一株树要把测定结果按树种、径阶及材质类别报给记录员，记录员应同声回报并及时在每木调查记录表的相应栏中用"正"字法记载，如表7-2所示。为防止重测和漏测，要在测过的树干上朝着前进方向的一面作记号。正好位于标准地境界线上的树木，本着一边取另一边舍的原则，确定检尺树木。

表7-2　每木调查记录表

径阶/cm	树种：马尾松					枯立木	倒木
	活 立 木						
	用　材　树	半用材树	薪材树	株数合计	断面积合计/m²		
6	正正正						
8	正正正正正正一						
10	正正正正正正一						
12	正正正正正正正正						
14	正正正正正正下						
16	正正正正						
18	正						
合计	205						
	$\bar{g}$				$\bar{D}$		

②测定树高　测高的主要目的是为确定各树种的平均高，应按树种分别径阶选择测高样木测定树高和胸径。测高的株数主要树种应测20~25株，一般中央3个径阶选测3~5株，与中央径阶相邻的径阶各测2~3株，最大或最小径阶测1~2株，测高样木的选取方法：沿标准地对角线两侧随机选取或采用机械选取法，即以每木调查时各径阶的第一株树为测高树，以后按每隔若干株（如5株或10株）选取1株测高树。

凡测高的树木应实测其胸径，将测得的胸径与树高值记入测高记录中（表7-3）。

在标准地内目测选出3~5株最粗大的优势木，目测或用测高器测定其树高，以其算术平均值作为优势木平均树高。将测得的优势木树高值记入优势木（上层木）高测定表（表7-4）。

对于混交林中的次要树种，一般仅测定3~5株近于平均直径林木的胸径和树高，以算术平均值作为该树种的平均高。将测得的树高值记入次要树种树高测定表（表7-5）。

表7-3　测高记录表

径阶	测高样木 $\dfrac{树高(h_i)}{胸径(d_i)}$ 实测值						$\dfrac{\sum h_i}{\sum d_i}$	$\dfrac{\bar{h}}{\bar{d}}$
	1	2	3	4	5	6		
6	$\dfrac{7.2}{6.7}$	$\dfrac{7.3}{6.6}$						
8	$\dfrac{8.0}{7.9}$	$\dfrac{8.1}{8.0}$	$\dfrac{8.2}{8.1}$					
10	$\dfrac{10.6}{9.7}$	$\dfrac{10.7}{10.4}$	$\dfrac{10.3}{10.2}$					
12	$\dfrac{13.1}{12.4}$	$\dfrac{13.3}{12.1}$	$\dfrac{13.7}{11.8}$	$\dfrac{13.6}{11.5}$	$\dfrac{13.5}{12.1}$			

(续)

径阶	测高样木 $\frac{树高(h_i)}{胸径(d_i)}$ 实测值						$\frac{\sum h_i}{\sum d_i}$	$\frac{\bar{h}}{d}$
	1	2	3	4	5	6		
14	$\frac{14.4}{13.6}$	$\frac{14.2}{14.4}$	$\frac{14.5}{14.6}$					
16	$\frac{15.0}{16.2}$	$\frac{14.8}{16.0}$	$\frac{15.2}{16.3}$					
18	$\frac{15.4}{18.2}$	$\frac{16.1}{18.4}$						

表7-4 优势木(上层木)高测定表

树号	1	2	3	4	5	算术平均 H_T
树高						

表7-5 次要树种树高测定表

树种＼树号＼树高	1	2	3	4	5	算术平均 $\bar{H}$

③地形地势调查

坡度级：Ⅰ级为平坡 0°～5°，Ⅱ级为缓坡 6°～15°，Ⅲ级为斜坡 16°～25°，Ⅳ级为陡坡 26°～35°，Ⅴ级为急坡 36°～45°，Ⅵ级为险坡 46°以上。

坡向：在森调中将坡向分为东、南、西、北、东南、西南、西北、东北 8 个坡向。

坡位：分脊、上、中、下、谷，也可根据情况适当增减。

海拔：可在地形图中查定。

④土壤调查 在标准地内选择有代表性的位置，挖土坑，记载土壤剖面，采集剖面标本。写出土壤种类、土壤厚度、主要层次的颜色、结构、紧密度、机械组成、草根盘结度，详见环境因子调查记录表(表7-6)。

⑤植被调查 调查下木和活地被物的主要种类、名称、层次、多度、平均高、物候期、生活力及分布特点。

将以上地形地势调查、土壤调查、植被调查结果填入环境因子调查记录表中(表7-6)。

⑥年龄调查 可查阅资料、访问确定，也可用生长锥、查数伐桩年轮、查数轮生枝或伐倒标准木等方法确定。

⑦林分起源 主要方法有查阅已有的资料、现地调查或者访问等。

⑧郁闭度调查 主要采用样点法目测确定。

将以上年龄调查、林分起源调查、郁闭度调查结果填入标准地调查因子一览表中(表7-7)。

表 7-6　环境因子调查记录表

	剖面号＿＿＿＿　　地类＿＿＿＿　　剖面位置＿＿＿＿
	部位及特征＿＿＿＿＿＿＿＿＿＿＿＿＿＿＿＿＿＿
	群丛名称＿＿＿＿＿＿＿＿＿＿＿＿＿＿＿＿＿＿＿
	总覆盖度＿＿＿＿＿＿＿＿＿＿＿＿＿＿＿＿＿＿＿
土壤调查	土壤名称＿＿＿＿＿＿＿＿　　土层厚度＿＿＿＿＿＿
	母质母岩＿＿＿＿＿＿＿＿＿＿＿＿＿＿＿＿＿＿＿

土壤剖面形态记载表

层次	深度/cm	湿度	颜色	质地	结构	紧实度	植物根	层次过渡情况	新生体	侵入体

幼树	
下木	
地被物	

地形地势	地貌类型		海拔高		坡向		坡位		坡度	

林分特点	

调查者：　　　　　检查者：　　　　　调查日期：

表 7-7　标准地调查因子一览表

林层号	树种组成	树种	年龄	高度		胸径	每公顷断面积	立地质量			密度指标			每公顷蓄积		经济材	林木起源	备注
				平均高	上层高			地位级	地位指数	林型	密度	疏密度	郁闭度	活立木	枯立木			

调查者：　　　　　检查者：　　　　　调查日期：　　年　月　日

实训成果

1. 每人完成实训报告 1 份，主要内容包括实训目的、内容、操作步骤、成果的分析及实训体会。

2. 每组完成表 7-1 至表 7-7 的填写和计算，要求字迹清晰、计算准确。

注意事项

1. 爱护、保管好仪器工具和有关资料。
2. 标准地选择应具有充分的代表性。
3. 每木检尺时每测一株数应在树上用粉笔做标记，避免重测或漏测。
4. 调查数据真实准确。

任务 7.1 标准地调查

考核评估

序号	技术要求	配分	评分标准	实测记录	得分
1	能熟练操作仪器	10	仪器操作不规范或不熟练扣 10 分		
2	能正确选择有代表性的地段	10	不能代表林分平均水平扣 10 分，过于靠近林缘扣 5 分，跨越林分、小河、道路扣 10 分		
3	能正确测量标准地境界	10	境界线闭合差超过 1/200 扣 10 分		
4	能正确进行环境因子调查以及每木检尺，测定树高	50	测定结果不正确或达不到精度要求每项扣 5 分		
5	会规范填写测定记录	10	不按要求填写数据扣 10 分，记录不整洁扣 10 分，调查日期等填写不完整扣 10 分		
6	团队协作 (1) 小组成员间团结协作 (2) 学习态度、职业道德、敬业精神 (3) 步骤和操作过程的规范性	6	根据学生表现，每小项 2 分		
7	方法能力 (1) 计划执行能力 (2) 过程的熟练程度	4	根据学生表现，每小项 2 分		
	合计	100			

任务 7.2
林分调查因子的测算

➔ 任务目标
根据标准地调查结果，每人进行林分树种组成、平均年龄、平均胸径、平均树高、林分密度、林分断面积、林分蓄积量、林分出材量等林分调查因子的计算，每人提交林分因子调查测算一览表。

➔ 任务提出
林分调查是森林调查的中心内容，是森林资源数量测定和质量鉴定的基本方法。为了正确认识森林在整个生长过程中各种因子的变化及其内部结构规律，正确认识和经营管理好森林，必须进行林分调查。

➔ 任务分析
林分调查因子主要有调查林分起源、林相(林层)、树种组成、林分年龄、平均胸径、平均树高、立地质量、林分密度、林分蓄积量、林分出材量和出材级等，可通过实测、目测方法进行调查，调查数据要准确可靠，达到精度要求。

➔ 工作情景
工作地点：实训林场(实训基地)。

工作场景：采用学生现场操作，教师全程引导的教学方法，教师以林场林分为例，把林分调查因子的测定过程进行逐步演示，学生根据教师演示操作和教材设计步骤逐步进行操作。完成林分调查因子测定后，教师对学生工作过程和调查结果进行评价和总结，按教师的总结和要求，学生对林分调查因子进行补充测定，最终提交林分调查因子调查结果。

➔ 知识准备

7.2.1 同龄纯林胸径及树高的分布规律

林分内的树木并不是杂乱无章地生长着的，不论是天然林，还是人工林，在未遭受严重的干扰(如自然因素的破坏及人工采伐等)的情况下，林分内部许多特征因子都具有一定的分布状态,而且表现出较为稳定的结构规律。在林分结构中,又以同龄纯林的结构规律为基础,而复层异龄混交林的结构规律要复杂得多。这里着重介绍同龄纯林株数随胸径、树高的分布规律。

7.2.1.1 同龄纯林的胸径结构规律

胸径结构是林分最基本的结构。在同龄纯林中,各株树木之间由于遗传特性和所处的具体立地条件等的不同,使得它们在大小、形状等各方面都必然会产生某些差异。当林木株数达到一定数量(200 株左右)时,这些差异在正常情况下会相当稳定地遵循一定的规律。

①中等大小的林木占多数,向两端(最粗、最细)逐渐减小,见表7-8。株数按直径分布序列可绘成株数分布曲线,它具有近似正态分布的特征,如图7-2所示。

②林分中小于平均直径的林木株数占总数的55%~64%,一般近于60%。

③直径的变动幅度。如果林分平均直径为1.0,则林分中最粗林木直径一般为林分平均直径的1.7~1.8倍,最细林木直径为林分平均直径的0.4~0.5倍。幼龄林分的变幅一般略大些,老龄林分的变幅一般略小些。

表7-8 株数分布序列表

径阶/cm	8	12	16	20	24	28	32	36	合计
株数/株	2	16	36	58	50	31	18	4	215
株数/%	0.93	7.44	16.74	26.98	23.26	14.42	8.37	1.86	100
累计/%	0.93	8.37	25.11	52.09	75.35	89.77	98.14	100	—

根据胸径的结构规律可以判断林分是否经过强度择伐;可以检查调查结果是否有明显的可以作为确定起测径阶和目测林分平均直径的依据。

[例7.2] 若林木最小径阶作为平均胸径的0.4倍,最大径阶作为平均胸径的1.7倍,目测调查林分的最大胸径为35cm。则

平均胸径:35÷1.7≈21cm

起测径阶:21×0.4≈8cm

因此,以2cm为一径阶时,小于7cm的树木视为幼树,不属于检尺范围。

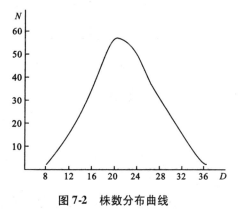

图7-2 株数分布曲线

7.2.1.2 同龄纯林的树高结构规律

在林分中,不同树高的林木分配状态,称作林分树高结构,亦称林分树高分布。为了全面反映林分树高的结构规律及树高随胸径的变化规律,可将林木株数按树高、胸径两个因子分组归纳列成树高—胸径相关表(表7-9)。由此表可以看出树高有以下的变化规律:

①树高随直径的增大而增高。

②在每个径阶范围内,接近径阶平均高的林木株数最多,较高和较矮林木的株数渐少,近似于正态分布。

③在全林分内,株数最多径阶的树高接近于该林分的平均高。

④树高具有一定的变化幅度。如果以林分的平均高为1.0,则林分中最大树高约为平

均高 1.15 倍，最小树高约为平均高的 0.68 倍。

根据树高结构规律，可以辅助目测和检查林分平均高。例如，在同龄纯林中，测得林木最大平均树高为 20m，则林分的平均高为 $20 \div 1.15 \approx 17m$

表7-9 树高-胸径相关表

树高	径阶株数											总计
	16	20	24	28	32	36	40	44	48	52	56	
29								1	1			2
28				1	2	4	3	6	2	1	1	20
27				1	8	12	16	8	4	2	1	52
26				7	20	20	21	12	3	1		84
25			4	14	22	24	11	3	1			79
24		1	7	19	21	15	2	1	1			67
23		2	12	14	12	3	2					45
22		4	10	10	3	1						28
21		6	7	3								16
20		4	2									6
19	3	2	1									6
18	1	1										2
17	1											1
合计	5	20	43	69	88	79	55	31	12	4	2	408
平均高	18.6	21.2	23.0	24.4	25.2	25.7	26.2	26.8	27.0	27.4	27.8	24.8

7.2.2 林分调查因子

林分调查和森林经营中最常用的林分调查因子主要有：林分起源、林相（林层）、树种组成、林分年龄、林分密度、立地质量、胸径、树高、蓄积量、出材量等。

7.2.2.1 林分起源

林分起源是描述林分中乔木的发育来源的标志，是分析林分生长和确定林分经营技术措施的依据之一。

根据林分起源，林分可分为天然林和人工林。由于自然媒介的作用，树木种子落在林地上发芽生根长成树木而形成的林分称作天然林；由人工直播造林、植苗或插条等造林方式形成的林分称作人工林。

无论天然林或人工林，凡是由种子起源的林分称为实生林；当原有林木被采伐或自然灾害（火烧、病虫害、风害等）破坏后，有些树种由根株上萌发或由根蘖形成的林分，称作萌生林或萌芽林。萌生林大多数为阔叶树种，如山杨、白桦、栎类等；少数针叶树种，如杉木，也能形成萌生林。

起源不同的林木其生长过程也不同。萌生林在早期生长较快，但衰老也早，病腐率（主要是心腐）较高，材质差，采伐年龄一般也比实生林小。因此，对于同一树种而起源不同的林分，不仅采取经营措施不同，而且在营林中所使用的数表（如材积表、地位级表、标准林分表等)也不相同。所以,林分起源是一个不可缺少的调查因子。

7.2.2.2 林相(林层)

林分中乔木树种的树冠所形成的树冠层次称作林相或林层。明显地只有一个树冠层的林分称作单层林;乔木树冠形成两个或两个以上明显树冠层次的林分称作复林层。在复林层中,蓄积量最大,经济价值最高的林层称为主林层,其余为次林层,林层的序号通常从上往下用罗马数字Ⅰ、Ⅱ、Ⅲ……等表示。

将林分划分林层不仅有利于经营管理,而且有利于林分调查、研究林分特征及其变化规律。我国规定划分林层的标准是:

①次林层平均高与主林层平均高相差20%以上(以主林层为100%)。
②各林层林木平均蓄积量不少于30m^3/hm^2。
③各林层林木平均胸径在8cm以上。
④主林层林木疏密度不少于0.3,次林层林木疏密度不小于0.2。

必须满足以上4个条件才能划分林层。

实际调查时,划分林层的主要依据是各树种或各"世代"的平均高,当主、次林层的平均高相差20%以上时,再考虑其他3个分层条件,最后按上述条件决定是否为复层林。次林层的平均高不足主林层的50%的林木都视幼树看待,不单独划分林层,只记载幼树的更新情况。

在林分调查时,应根据林分特点和经营上的要求,因地制宜地划分林层。在林相残破、树种繁多以及林木树冠呈垂直郁闭的林分中硬性划分林层是无实际意义的。

7.2.2.3 树种组成

组成林分树种的成分称作树种组成。它是说明在同一林层内组成树种的名称、年龄以及各组成树种蓄积量在林层总蓄积量中所占比重大小的调查因子。

由一个树种组成的林分称为纯林,由两个或两个以上的树种组成的林分称为混交林。在混交林中,蓄积比重最大的树种称为优势树种;在某种立地条件下最符合经营目的的树种称为主要树种(也称目的树种)。

7.2.2.4 林分年龄

林分年龄通常指林分内林木的平均年龄。它代表林分所处的生长发育阶段。

由于树木生长及经营周期较长,确定树木准确年龄又很困难,因此,林分年龄往往不是以年为单位,而是以龄级为单位表示。所谓龄级,就是按一定的年龄间隔(年龄范围、龄级期限)划分的年龄等级。龄级期限是根据树木生长的快慢、栽培技术和调查统计的方便程度确定的,一般慢生树种以20年为一个龄级,如云杉、冷杉、落叶松、红松等;生长速度中等的以10年为一个龄级,如马尾松、栎类等,速生树种以5年为一个龄级,如杉木等,速生树种以1~3年为一个龄级,如泡桐、桉树、白杨等。龄级用罗马字Ⅰ、Ⅱ、Ⅲ、Ⅳ……表示。

林木年龄完全相同的林分称为绝对同龄林;林木年龄变化在一个龄级范围内的称为相对同龄林;变化幅度超过一个龄级或一个"世代"的称为异龄林。

为了便于经营活动的开展和满足规划设计的需要,又常按各树种的轮伐期把龄级归并为龄组,即幼龄林、中龄林、近熟林、成熟林和过熟林。通常把达到轮伐期的那一个龄级和高一个龄级的林分称为成熟林;龄级更高的林分称为过熟林;比轮伐期低一个龄级的林分称为近熟林。其他龄级更低的林分,若龄级数为偶数,则一半为幼龄林,一半为中龄林;如果龄级数为奇数,则幼龄林比中龄林多分配一个龄级。国家林业局森林资源规划设计调查主要技术规定(2003年)关于龄组的划分见表7-10。

表7-10 我国主要树种龄组的划分

树 种	地区	起源	龄组划分					龄级期限
			幼龄林	中龄林	近熟林	成熟林	过熟林	
红松、云杉、柏木、紫杉、铁杉	北部	天然	60以下	61~100	101~120	121~160	161以上	20
	北部	人工	40以下	41~60	61~80	81~120	121以上	20
	南部	天然	40以下	41~60	61~80	81~120	121以上	20
	南部	人工	20以下	21~40	41~60	61~80	81以上	20
落叶松、冷杉、樟子松、赤松、黑松	北部	天然	40以下	41~80	81~100	101~140	141以上	20
	北部	人工	20以下	21~30	31~40	41~60	61以上	10
	南部	天然	40以下	41~60	61~80	81~120	121以上	20
	南部	人工	20以下	21~30	31~40	41~60	61以上	10
油松、马尾松、云南松、思茅松、华山松、高山松	北部	天然	30以下	31~50	51~60	61~80	81以上	10
	北部	人工	20以下	21~30	31~40	41~60	61以上	10
	南部	天然	20以下	21~30	31~40	41~60	61以上	10
	南部	人工	10以下	11~20	21~30	31~50	51以上	10
杨、柳、桉、檫、楝、泡桐、木麻黄、枫杨、其他软阔	北部	人工	10以下	11~15	16~20	21~30	31以上	5
	南部	人工	5以下	6~10	11~15	16~25	26以上	5
桦、榆、木荷、枫香、珙桐	北部	天然	30以下	31~50	51~60	61~80	81以上	10
	北部	人工	20以下	21~30	31~40	41~60	61以上	10
	南部	天然	20以下	21~40	41~50	51~70	71以上	10
	南部	人工	10以下	11~20	21~30	31~50	51以上	10
栎、柞、槠、栲、樟、楠、橡、水曲柳、核桃楸、黄檗、其他硬阔	南北	天然	40以下	41~60	61~80	80~120	121以上	20
	南北	人工	20以下	21~40	41~50	51~70	71以上	10
杉木、柳杉、水杉	南部	人工	10以下	11~20	21~25	26~35	36以上	5
毛竹	南部	人工	1~2	3~4	5~6	7~10	11以上	2

7.2.2.5 平均胸径

林分平均断面积($\bar{g}$)是反映林分林木粗度的指标,但为了表达直观、方便起见,常以林分平均断面积($\bar{g}$)所对应的直径$\bar{D}$代替,直径$\bar{D}$则称为反映林分林木粗度的平均胸径,它是反映各树种林木特征的主要调查因子。

7.2.2.6 平均高

平均高是反映林木高度平均水平的数量指标。因调查对象和要求不同,平均高又分为林分平均高和优势木平均高。

(1) 林分平均高 $\bar{H}$

林分平均高是反映全部林木总平均水平的平均高。

(2) 优势木平均高 H_T

优势木平均高又称上层木平均高，简称优势高，是指林分林木分级法中所有 I 级木（优势木）和 II 级木（亚优势木）林木高度的算术平均数。实践中常在标准地内选测一些最粗大的优势木和亚优势木胸径和树高，以树高的算术平均值作为优势木平均高。

优势木平均高常用于鉴定立地质量和进行不同立地质量下的林分生长的对比。因为林分平均高受抚育措施（下层抚育）影响较大，不能正确地反映林分的生长和立地质量，如林分在抚育采伐前后，立地质量没有任何变化，但林分平均高却会有明显的变化（表 7-11）。

表 7-11 抚育采伐前后主要调查因子的变化

项 目	I			II		
	伐前	伐后	伐前/伐后	伐前	伐后	伐前/伐后
平均胸径/cm	7.5	8.6	1.15	6.6	7.3	1.11
平均高/m	5.5	5.7	1.04	4.1	4.5	1.10
优势木平均高/m	5.9	5.9	1.00	4.8	4.8	1.00
采伐强度/%		50			23	
采伐上层木株数		4				

这种"增长"现象称为"非生长性增长"。若采用优势木平均高就可以避免这种现象的发生。

7.2.2.7 立地质量指标

立地质量（又称地位质量）是对影响森林生产能力的所有生境因子（包括气候、土壤和生物）综合评价的一种量化指标。经过多年的实践分析证明，林地生产力的高低与林分高之间有着紧密关系，在相同年龄时，林分高越高，林地的立地条件越好，林地的生产力越高。而且，林分高反映立地条件最灵敏，也比较容易测定，与平均胸径及蓄积量相比，受林分密度影响较小，所以，以既定年龄时林分的平均高作为评定立地质量高低的依据为各国普遍采用。

在我国，常用的评定立地质量的指标有以下两种。

(1) 地位级

依据林分平均高（$\bar{H}$）与林分年龄（A）的关系编制成的表，称作地位级表，见表 7-12。表上将同一树种的林地生产力按林分平均高的变动幅度划分 5～7 级，以罗马字 I、II……顺序编号，依次表示林地生产力的高低。使用地位级表评定林地的地位质量时，先测定林分平均高（$\bar{H}$）和林分年龄（A），由地位级表上即可查出该林地的地位级。如果是复层混交林，则应根据主林层的优势树种确定地位级。

表 7-12 小兴安岭红松地位级表

年龄	地位级				
	Ⅰ	Ⅱ	Ⅲ	Ⅳ	Ⅴ
40	7	6	5	3.5	2.5
50	10~9	8.5~7.5	7~6	5.5~4.5	4~3
60	13~12	11~10	9~8	7~6	5~4
70	16~14.5	13.5~12	11~9.5	8.5~7	6~4.5
80	19~17	16~14	13~11	10~8	7~5
90	22~19.5	18.5~16	15~12.5	11.5~9	8~6
100	24.5~21.5	20.5~17.5	16.5~14	13~10.5	9.5~7
110	26~23	22~19	18~15	14~11.5	10.5~8
120	27.5~24.5	23.5~20.5	19.5~16.5	15.5~12.5	11.5~9
130	29~26	25~22	21~18	17~14	13~10
140	30~27	26~23	22~19	18~15	14~11
150	31~28	27~24	23~20	19~16	15~12

(2)地位指数

依据林分优势木的平均高(H_T)与林分年龄(A)的相关关系,用标准年龄时林分优势木平均高的绝对值作为划分林地生产力等级的数表,称为地位指数表,见表7-13。用此表中的数据所绘制的曲线称作地位指数曲线,如图7-3 所示。地位指数实质上是林分在"标准年龄"(亦称"基准年龄")时优势木的平均高。采用地位指数评定林分地位质量,实际上,就是不同的林分都以在标准年龄(A_0)时的优势木平均高作为比较林地生产力的依据。使用地位指数时,先测定林分优势木平均高和年龄,由地位指数表上即可查得该林分林地的地位指数级。地位指数越大,立地质量越好,林分生产力也越高。

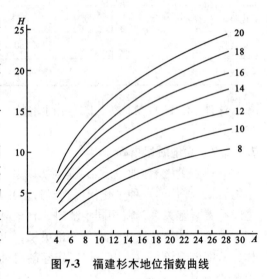

图7-3 福建杉木地位指数曲线

通过两种立地质量指标的比较,可发现地位指数表有以下优点:
①受林分密度和抚育措施的影响较小,能较确切地反映林地生产力的差别。
②地位指数直接用标准年龄时的树高值表示,能对林木的生长状况有一个具体的数量概念,也便于不同树种的比较。
③使用比较方便,因为上层木平均高的测定比林分平均高的测定容易。

表 7-13　福建杉木地位指数表　　　基准年龄：20 年　　级距：2m

龄阶\树高\指数	8	10	12	14	16	18	20	22
4	0.9～1.7	1.7～2.4	2.4～3.2	3.2～4.0	4.0～4.7	4.7～5.5	5.5～6.2	6.2～7.0
6	2.4～3.4	3.4～4.5	4.5～5.6	5.6～6.7	6.7～7.8	7.8～8.8	8.8～9.9	9.9～11.0
8	3.4～4.7	4.7～6.0	6.0～7.3	7.3～8.6	8.6～9.9	9.9～11.2	11.2～12.5	12.5～13.8
10	4.3～5.8	5.8～7.3	7.3～8.7	8.7～10.2	10.2～11.7	11.7～13.1	13.1～14.6	14.6～16.1
12	5.0～6.6	6.6～8.3	8.3～9.9	9.9～11.5	11.5～13.5	13.5～14.7	14.7～16.3	16.3～17.9
14	5.6～7.4	7.4～9.1	9.1～10.8	10.8～12.6	12.6～14.3	14.3～16.0	16.0～17.7	17.7～19.5
16	6.1～7.9	7.9～9.8	9.8～11.6	11.6～13.4	13.4～16.3	15.3～17.1	17.1～18.9	18.9～20.8
18	6.5～8.5	8.5～10.4	10.4～12.3	12.3～14.2	14.2～16.1	16.1～18.1	18.1～20.0	20.0～21.8
20	7.0～9.0	9.0～11.0	11.0～13.0	13.0～15.0	15.0～17.0	17.0～19.0	19.0～21.0	21.0～23.0
22	7.4～9.4	9.4～11.5	11.5～13.6	13.6～15.7	15.7～17.8	17.8～19.8	19.8～21.9	21.9～24.0
24	7.7～9.9	9.9～12.0	12.0～14.1	14.1～16.3	16.3～18.4	18.4～20.4	20.6～22.7	22.7～24.8
26	8.0～10.2	10.2～12.4	12.4～14.6	14.6～16.8	16.8～19.0	19.0～21.2	21.2～23.4	23.4～25.6
28	8.2～10.5	10.5～12.7	12.7～15.0	15.0～17.3	17.3～19.5	19.5～21.8	21.8～24.0	24.0～26.3
30	8.5～10.8	10.8～13.1	13.1～15.4	15.4～17.7	17.7～20.1	20.1～22.4	22.4～24.7	24.7～27.0

7.2.2.8　疏密程度指标

林分密度是说明林分中林木对其所占空间的利用程度的指标，是影响林分生长和木材产量的可以人为控制的因子。通过人为对疏密程度的调整使林分在整个生长过程中保持最佳密度，能够促进林木生长，提高木材质量，使林分达到预期的培育目的。能够用来反映林分密度的指标很多，常用的有以下三种：

(1) 株数密度

单位面积上的林木株数称为株数密度，简称密度。它直接反映每株树平均占有面积的大小，如每公顷有林木 2500 株，则平均每株占地 4.0 m²。这是造林和抚育工作中常用来评定林分疏密程度的指标。

(2) 郁闭度(P_c)

林冠的投影面积与林地面积之比称为郁闭度，它可以反映林冠的郁闭程度和树木利用生活空间的程度。

(3) 疏密度(P)

林分每公顷总胸高断面积（或蓄积量）与相同条件下标准林分每公顷胸高断面积（或蓄积量）之比称为疏密度(P)。它反映的是林木利用营养空间程度的指标，也是我国森林调查中最常用的林分密度指标。

所谓标准林分应理解为"某一树种在一定年龄、一定立地条件下最完善和最大限度地利用了所占空间的林分"。这样的林分疏密度等于 1.0。载有标准林分每公顷总断面积和蓄积依林分平均高而变化的数表称为"每公顷断面积蓄积量标准表"，简称标准表，如表 7-14 所示。

表7-14　广西马尾松林分形高、每公顷断面积蓄积量表(节录)

林分平均高 H/m	10.5	11.0	11.5	12.0	12.5	13.0	13.5	14.0	14.5	15.0	15.5	16.0
断面积 $G_{1.0}$/(m^2/hm^2)	30.1	31.0	32.0	32.9	33.8	34.7	35.6	36.5	37.3	38.2	39.0	39.8
蓄积量 $M_{1.0}$/(m^3/hm^2)	164.1	175.4	186.9	198.7	210.7	223.0	235.4	248.1	261.0	274.1	287.4	300.9
形高 Hf	5.459	5.653	5.846	6.039	6.230	6.422	6.612	6.802	6.992	7.181	7.370	7.558

7.2.2.9　出材级

经济材出材率等级，简称出材级。它是根据经济材材积占林分总蓄积的百分比确定的，但是在实际工作中，常依据林分内用材树株数占林分总株数的百分比确定出材级。我国采用的出材级标准如表7-15所示。

根据我国规定的标准，用材部分长度占全树干长度40%以上的树为用材树；用材长度在2m(针叶树)或1m(阔叶树)以上但不足树干长度40%的树木为半用材树；用材长度不足2m(针叶树)或1m(阔叶树)的树为薪材树。在计算林分经济材出材级时，2株半用材树可折算为1株用材树。

表7-15　林分出材级划分标准

出材级	经济用材材积占总蓄积的百分比/%		用材树株数占总株数的百分比/%	
	针叶树	阔叶树	针叶树	阔叶树
1	71以上	51以上	91以上	71以上
2	51~70	31~50	71~90	45~70
3	50以下	30以下	70以下	44以下

7.2.2.10　林分蓄积量(M)

林分中所有活立木材积的总和称作林分蓄积量(M)，简称蓄积。林分蓄积是重要的林分调查因子。

任务实施

实训目的与要求

1. 掌握林分调查的基本方法；
2. 掌握各种调查因子的计算方法。

实训条件配备要求

每组配备：角规、围尺、皮尺、测高器各1个，森林调查手册1本。

实训的组织与工作流程

1. 实训组织

(1)成立教师实训小组，负责指导、组织实施实训工作。

(2)建立学生实训小组，4~5人为一组，并选出小组长，负责本组实习安排、考勤和仪器管理。

2. 实训工作流程(图7-4)

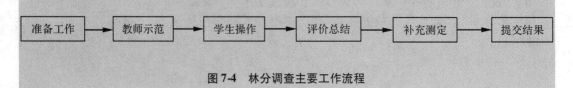

图7-4　林分调查主要工作流程

实训方法与步骤

在了解林分结构规律基础上,利用标准地调查材料对各项调查因子进行调查计算,调查员也可凭目测能力并配合使用一些辅助工具和调查用表对一些调查因子进行调查计算。

1. 平均直径

(1) 典型抽样法

在实际工作中,为了快速测定林分平均胸径,在调查点上环顾四周的林木,目测选出大体接近中等大小的树木3~5株,测定其胸径,以其算术平均值作为林分的平均直径。

$$\overline{D} = \frac{\sum_{i=1}^{n} d_i}{n} \qquad (7-1)$$

式中 $\overline{D}$ ——平均胸径;
d_i ——第 i 株树木的胸径;
n ——测径株数。

(2) 转换系数推算法

根据同龄纯林的胸径结构规律,利用最粗林木胸径(D_{max})、最细林木胸径(D_{min})与平均胸径($\overline{D}$)的关系,量出林分中最粗和最细林木的胸径,据以近似地求出林分平均胸径,作为目测平均胸径的一个辅助手段。即

$$\overline{D} = D_{max}/1.7 \text{ 或 } \overline{D} = D_{min}/0.4 \qquad (7-2)$$

(3) 平均断面积法

平均断面积法是根据直径与断面积的关系由平均断面积计算平均直径的方法。此法比较精确,在生产和科研工作中应用广泛,计算过程见表7-16。

① 根据标准地每木调查材料,统计各径阶的株数(n_i)和总株数 N

$$N = \sum_{i=1}^{k} n_i \qquad (7-3)$$

表7-16 平均胸径计算表

径阶	株数	断面积/m²	断面积合计/m²	计算结果
6	15	0.002 83	0.042 41	
8	36	0.005 03	0.180 96	
10	41	0.007 85	0.322 01	$\overline{g} = \frac{G}{N} = \frac{2.225\,19}{205} = 0.010\,86\,\text{m}^2$
12	50	0.011 31	0.565 49	$\overline{D} = \sqrt{\frac{4}{\pi}\overline{g}} = 11.8\,\text{cm}$
14	38	0.015 39	0.584 96	
16	20	0.020 11	0.402 12	或 $\overline{D} = \sqrt{\frac{\sum n_i d_i}{\sum n_i}} = 11.8\,\text{cm}$
18	5	0.025 45	0.127 23	
总计	205		2.225 19	

② 求算各径阶断面积合计 G_i

$$G_i = g_i \cdot n_i \qquad (7-4)$$

式中 g_i ——第 i 径阶中值的断面积;
n_i ——第 i 径阶林木株数。

③ 计算总断面积 G

$$G = \sum_{i=1}^{k} G_i = \sum_{i=1}^{k} g_i \cdot n_i \qquad (7-5)$$

④ 计算平均断面积 $\overline{g}$

$$\overline{g} = G/N = \sum g_i \cdot n_i / N \qquad (7-6)$$

⑤ 计算平均直径 $\overline{D}$

$$\overline{D} = \sqrt{\frac{4}{\pi}\overline{g}} = 1.1284\sqrt{\overline{g}} \qquad (7-7)$$

上述直径和断面积的换算可以直接从直径—圆面积表或圆面积合计表中查出,不必用公式计算。此外,平均直径也可用计算器按公式直接计算,公式为:

$$\overline{D} = \sqrt{\frac{\sum n_i \cdot d_i^2}{\sum n_i}} = \sqrt{\frac{\sum n_i d_i^2}{N}} \qquad (7-8)$$

式中 d_i ——第 i 径阶中值;
n_i ——第 i 径阶株数;
N ——总株数。

2. 平均高

(1) 林分平均高 $\overline{H}$

① 典型抽样法 目测选出3~5株中等大小的

林木，目测或用测高器测定其树高，以其算术平均值作为林分的平均树高。

$$\overline{H} = \frac{\sum_{i=1}^{n} h_i}{n} \quad (7\text{-}9)$$

式中 $\overline{H}$——平均树高；
　　h_i——第i株树木的树高；
　　n——测高株数。

②转换系数推算法　根据同龄纯林树高结构规律，利用最大树高(h_{max})、最小树高(h_{min})与平均树高($\overline{H}$)的关系，量测林分最大树高和最小树高，据以近似地求出林分平均高，作为目测平均树高的一个辅助手段。按下式即可计算林分平均高。

$$\overline{H} = h_{max}/1.15 \text{ 或 } \overline{H} = h_{min}/0.68 \quad (7\text{-}10)$$

③树高曲线法　根据各径阶的平均胸径和平均高绘制树高曲线，依据林分平均胸径即可从图上查出林分平均高，称为条件平均。树高曲线法的具体步骤如下：

根据标准地树高测定材料，用算术平均法计算各径阶的平均胸径和平均高，在方格纸上以横坐标表示胸径，以纵坐标表示树高，根据测高记录表中的数据，按比例在图中标出各径阶平均直径和平均树高的点位，并注明各点所代表的株数。

按径阶大小顺序用折线连接各点，根据折线走向用活动曲线尺（软质直尺或竹片）绘出一条匀滑的树高曲线。树高曲线应通过点群中心并优先照顾株数多的点，曲线上、下各个点至曲线的距离与该点所代表株数的乘积的代数和为最小。如图7-5所示。

根据林分平均直径由横坐标向上作垂线与曲线相交点的高度即为林分平均高。另外，根据各径阶中值也可由树高曲线上查得径阶平均高。

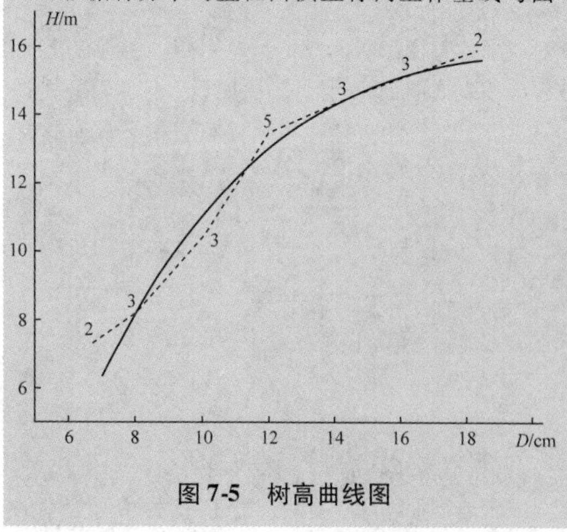

[**例7.3**] 从表7-16可知标准地平均胸径为11.8cm，则标准地平均树高为：

从横坐标11.8cm处向上作垂线与曲线相交点，过该点向左作水平线与纵坐标相交点，该点的高度12.5m即为标准地林分平均树高。

树高曲线也可以选用适当的回归曲线用数式法拟合。可供选择树高曲线的方程类型有：

$$h = a + bd + cd^2$$
$$h = a + b \cdot \lg d$$
$$\lg h = a + b \cdot \lg d$$
$$h = a + bd + c(\lg d)^2$$
$$h = ae^{-b/d}$$
$$h = d^2/(a + bd)^2$$

式中 h——树高；
　　d——胸径；
　　a, b, c——参数。

采用数式法拟合树高方程时，因树高变化大，一般应选试几个回归曲线方程，从中选择拟合效果最佳的一个方程作为树高曲线方程。当树高曲线方程确定后，将林分平均直径(D_g)代入该方程中，即可求出相应的林分条件平均高。同样，若将各径阶中值代入其方程中时，也可求出各径阶平均高。

④加权平均法　依各径阶林木的算术平均高与其断面积加权平均数作为林分的平均高。这种方法一般适用于较精确地计算林分平均高，其计算公式为：

$$\overline{H} = \frac{\sum_{i=1}^{k} \overline{h}_i G_i}{\sum_{i=1}^{k} G_i} \quad (7\text{-}11)$$

式中 $\overline{h}_i$——第i径阶林木的算术平均高；
　　G_i——第i径阶胸高断面积合计；
　　k——径阶个数($i = 1, 2, \cdots, k$)。

(2) 优势木平均高 H_T

在标准地内目测选出3~5株最粗大的优势木，目测或用测高器测定其树高，以其算术平均值作为优势木平均树高。

3. 树种组成

林分的树种组成通常用组成式表示。组成式由树种名称的代号及其在林层中所占蓄积量（或断

图7-5　树高曲线图

面积)的成数(称为树种组成系数)构成。组成系数通常用十分法表示,即各树种组成系数之和等于"10"。组成系数的计算方法如下:

$$\text{某树种组成系数} = \frac{\text{某组成树种的蓄积量(或断面积)}}{\text{总蓄积量(或断面积)}} \times 10 \quad (7-12)$$

组成系数算出后按以下要求写出组成式:

①如果是纯林,组成系数为10,如马尾松纯林,则组成式应写成10马。

②在混交林中优势树种应写在前面,例如7松3栎。若2个树种组成系数相同,则主要树种写在前面。

③若计算出的组成系数为0.2~0.5,用"+"号表示,组成系数小于0.2时,用"-"号表示。

④复层林分,应分别层次写出组成式。

[**例7.4**] 一个由落叶松、云杉、冷杉、白桦组成的混交林,各树种的组成系数分别为:

落叶松:$\frac{300}{550} \times 10 = 5.5 \approx 6$

云 杉:$\frac{220}{550} \times 10 = 4.0$

冷 杉:$\frac{22}{550} \times 10 = 0.4$

白 桦:$\frac{8}{550} \times 10 = 0.1$

该混交林分的树种组成应为:6落4云+冷-桦

4. 每公顷胸高断面积 $G_实$

林分每公顷胸高断面积可通过标准地每木检尺后,在每木调查记录表中分别树种统计各径阶株数,查"直径圆面积表"得径阶单株断面积,各径阶株数乘以径阶单株断面积得各径阶断面积合计,将各径阶断面积合计相加即得该树种的总断面积,计算过程见表7-16。各树种标准地总断面积分别被标准地面积除即换算成该树种每公顷断面积。

[**例7.5**] 已知标准地马尾松总断面积为 2.225 19 m^2,标准地面积为 0.1 hm^2,则马尾松每公顷断面积为:

$$G/hm^2 = \frac{2.225\ 19}{0.1} = 22.2519 m^2$$

另外,也可采用角规绕测法或通过测定林木平均株行距(尤其是规整的人工林)计算每公顷株数,结合已得的平均直径值推算每公顷胸高断面积总和。

5. 每公顷株数

林分每公顷株数可通过标准地每木检尺后,在每木调查记录表中分别树种统计各径阶株数,将各径阶株数相加即得该树种的总株数。各树种标准地总株数分别被标准地面积除即换算成该树种每公顷株数。

[**例7.6**] 已知标准地马尾松总株数为205株,标准地面积为 0.1 hm^2,则马尾松每公顷株数为:

$$N/hm^2 = \frac{205}{0.1} = 2050$$

另外,也可通过测定林木平均株行距(尤其是规整的人工林)计算每公顷株数。

6. 每公顷蓄积量

(1)标准表法

应用标准表确定林分蓄积时,只要测出林分平均高和每公顷总断面积(G);然后从标准表上查出对应于平均高的每公顷标准断面积($G_{1.0}$)和标准蓄积($M_{1.0}$),按式(7-13)计算每公顷蓄积量(M):

$$M = \frac{G}{G_{1.0}} \cdot M_{1.0} = p \cdot M_{1.0} \quad (7-13)$$

由于 $M_{1.0}/G_{1.0} = Hf$,因此,依林分平均高从形高表查出形高值后,也可用式(7-14)计算林分每公顷蓄积量(M):

$$M = G \cdot Hf \quad (7-14)$$

[**例7.7**] 测得某马尾松林分平均高 12.5m,每公顷胸高总断面积 22.2519 m^2,求林分每公顷蓄积量。

根据林分平均高从表7-14中查得,$G_{1.0} = 33.8\ m^2/hm^2$,$M_{1.0} = 210.7\ m^3/hm^2$,$Hf = 6.230$。则该林分每公顷蓄积量:

$$M = \frac{G}{G_{1.0}} \cdot M_{1.0} = \frac{22.2519}{33.8} \times 210.7 = 138.71 m^3/hm^2$$

或 $M = G \cdot Hf = 22.2519 \times 6.230 = 138.63 m^3/hm^2$

(2)平均实验形数法

先测出林分平均高($\bar{H}$)与总断面积(G),再从表6-9:我国主要乔木树种平均实验形数表中查出相应树种的平均实验形数(f_∂)值,代入式(7-15)计算标准地蓄积量:

$$M = G(\bar{H} + 3) \cdot f_\partial \quad (7-15)$$

[**例7.8**] 经调查某马尾松林分的 $G = 2.225\ 19 m^2$,$\bar{H} = 12.5m$,从我国主要乔木树种平均实验形数表6-9中查得马尾松的 $f_\partial = 0.39$,标准地的蓄积量:

$$M = G(\bar{H}+3) \cdot f_\partial = 2.225\ 19 \times (12.5 + 3) \times 0.39 = 13.4513 \text{m}^3$$

林分每公顷蓄积量:

$$M = 13.4513/0.1 = 134.513 \text{m}^3/\text{hm}^2$$

(3) 材积表法

根据立木材积与胸径、树高和干形三要素之间的相关关系而编制的,载有各种大小树干平均单株材积的数表,叫作立木材积表。

在生产实践中,为了提高工作效率,林分蓄积更多地是应用预先编制好的立木材积表确定。

① 一元材积表 根据胸径与材积的相关关系编制的材积数表称为一元材积表。一元材积表的一般形式是分别径阶列出单株树干平均材积,见表 7-17。

表 7-17 马尾松一元材积表

径阶/cm	6	8	10	12	14	16	18
材积/m³	0.0108	0.0351	0.0597	0.0981	0.1311	0.1772	0.2309

一元材积表只考虑材积依胸径的变化。但在不同条件下,胸径相同的林木,树高变幅很大,对材积颇有影响,因而一元材积表一般只限在较小的地域范围内使用,故又称为地方材积表。材积表上只列树干带皮材积,但也有列出商品材积或附加有各径阶平均高或平均形高的。

利用一元积表测定林分蓄积量的方法和过程很简单,即根据标准地每木调查结果,分别树种选用一元材积表,分别径阶(按径阶中值)由材积表上查出各径阶单株平均材积值,再乘以径阶林木株数,即可得到径阶材积。各径阶材积之和就是该树种标准地蓄积量,各树种的蓄积之和就是标准地总蓄积量。依据这个蓄积量及标准地面积计算每公顷林分蓄积量,再乘以林分面积即可求出整个林分的蓄积量。具体计算过程见表 7-18。

表 7-18 利用一元材积表计算林分蓄积量

径阶/cm	株数	单株材积/cm³	径阶材积/m³	
6	15	0.0108	0.1620	树种:马尾松
8	36	0.0351	1.2636	林分面积:10.6 m³/hm²
10	41	0.0597	2.4477	标准地面积:0.1 m³/hm²
12	50	0.0981	4.9050	标准地蓄积量:18.4586 m³
14	38	0.1311	4.9818	每公顷蓄积量:$M/\text{hm}^2 = 18.4586/0.1 = 184.586\text{m}^3/\text{hm}^2$
16	20	0.1772	3.5440	林分蓄积量:$M = 184.586 \times 10.6 = 1956.6116\text{m}^3$
18	5	0.2309	1.1545	
合计	205		18.4586	

② 二元材积表 根据树高和胸径两个因子与材积相关关系编制的材积数表称为二元材积表。

二元材积表与一元材积表不同之处,主要是考虑了不同条件下树高变动幅度对材积的影响,使用范围较广,又是最基本的材积表,故又叫一般材积表或标准材积表,见表 7-19。

应用二元材积表测算林分蓄积,一般是经过标准地调查,取得各径阶株数和树高曲线后,根据径阶中值从树高曲线上读出径阶平均高,再依径阶中值和径阶平均高(取整数或用内插法)从材积表上查出各径阶单株平均材积,也可将径阶中值和径阶平均高代入材积式计算出各径阶单株平均材积。径阶材积、标准地蓄积量、每公顷林分蓄积量及林分蓄积量的计算方法同一元材积表法。具体计算过程见表 7-20。

材积式:

$$V = 0.714\ 265\ 437 \times 10^{-4} D^{1.867\ 010} H^{0.901\ 463\ 2} \tag{7-16}$$

表7-19 广西马尾松二元材积表(节录)

V/m³ H/m D/cm	9	10	11	12	13	14	15	16	17	18
6	0.0147	0.0161	0.0176	0.0190	0.0205	0.0219	0.0233	0.0247		
8	0.0251	0.0276	0.0301	0.0326	0.0350	0.0374	0.0398	0.0422	0.0446	0.0469
10	0.0381	0.0419	0.0457	0.0494	0.0531	0.0568	0.0604	0.0640	0.0676	0.0712
12	0.0536	0.0589	0.0642	0.0694	0.0746	0.0798	0.0849	0.0900	0.0950	0.1001
14	0.0714	0.0786	0.0856	0.0926	0.0995	0.1064	0.1132	0.1200	0.1267	0.1334
16	0.0917	0.1008	0.1098	0.1188	0.1277	0.1365	0.1453	0.1540	0.1626	0.1712
18	0.1142	0.1256	0.1368	0.1480	0.1591	0.1701	0.1810	0.1918	0.2026	0.2133

表7-20 利用二元材积表计算林分蓄积量

径阶/cm	株数	平均高/m	单株材积/m³	径阶材积/m³	
6	15	6.0	0.0102	0.1528	树种:马尾松
8	36	8.8	0.0246	0.8865	林分面积:10.6 hm²
10	41	11.0	0.0457	1.8725	标准地面积:0.1 hm²
12	50	12.2	0.0705	3.5236	标准地蓄积量:14.405 76m³
14	38	14.0	0.1064	4.0426	每公顷蓄积量:
16	20	15.3	0.1479	2.9577	$M/\text{hm}^2 = \dfrac{14.4057}{0.1}$
18	5	16.2	0.1940	0.9700	$= 144.057\text{m}^3/\text{hm}^2$
合计	205			14.4057	林分蓄积量: $M = 144.057 \times 10.6 = 1527.004\text{m}^3$

(4)平均标准木法

林分中胸径、树高、形数与林分的平均直径、平均高、平均形数都相同的树木称为平均标准木。而根据平均标准木的实测材积推算林分蓄积量的方法,称作平均标准木法。具体测算步骤如下:

①在标准地内进行每木调查,用平均断面积法计算平均直径;

②实测一定数量树木的胸径、树高,绘制树高曲线,并从树高曲线上确定林分平均高;

③选1~3株与林分平均胸径和林分平均高相接近(一般要求相差不超过±5%)且干形中等的树木作为平均标准木,伐倒并用区分求积法实测其材积;

④按下式求算标准地蓄积,再按标准地面积把蓄积换算为单位面积的蓄积(m^3/hm^2),具体算例见表7-21。

$$M = \dfrac{G\sum_{i=1}^{n} V_i}{\sum_{i=1}^{n} g_i} \qquad (7\text{-}17)$$

式中 n——标准木株数;
V_i, g_i——第i株标准木材积和断面积;
G, M——标准地的总断面积和蓄积量。

表 7-21 平均标准木法计算蓄积量表

树种：马尾松　　　　　　　　　　　　　　　　　　　　　　　　　　标准地面积：0.1 hm²

径阶/cm	株数/株	断面积/m²	平均标准木			实际标准木					蓄积量
			断面积/m	胸径/cm	树高/m	编号	胸径/cm	断面积/m²	树高/m	材积/m³	
6	15	0.042 41	$\dfrac{2.225\,19}{205}$ =0.010 86	11.8	12.5	1	11.8	0.010 94	12.6	0.0703	标准地蓄积量： $M = \dfrac{G\sum_{i=1}^{n} V_i}{\sum_{i=1}^{n} g_i}$ = 2.225 19 × $\dfrac{0.1449}{0.022\,25}$ = 14.4912 m³ 林分每公顷蓄积量： M/hm^2 = 14.4912/0.1 = 144.912 m³/hm²
8	36	0.180 96				2	12.0	0.011 31	13.0	0.0746	
10	41	0.322 01									
12	50	0.565 49									
14	38	0.584 96									
16	20	0.402 12									
18	5	0.127 23									
Σ	205	2.225 19						0.022 25		0.1449	

7. 材种出材量计算

（1）一元材种出材率表法

①一元材种出材率表　利用图解法或数式法编制出根据胸径确定材种出材率的数表，为一元材种出材率表。见表 7-22。表 7-22 中各级原木的划分标准和适用材种见表 7-23。

表 7-22 广西杉木材种出材率表（节录）

径阶/cm	树皮率/%	出材率/%					
		国家规格材				短小材	总计
		大原木	中原木	小原木	小计		
6	22.4					40.8	40.8
8	21.7			12.0	12.0	37.2	49.2
10	21.2			41.5	41.5	20.0	61.5
12	20.7			60.0	60.0	5.7	65.7
14	20.4			69.5	69.5	1.6	71.1
16	20.1			73.8	73.8	0.5	74.3
18	19.8			76.3	76.3	0.5	76.8
20	19.6			77.3	77.3	0.4	77.7
22	19.3		4.4	73.7	78.1	0.4	78.5
24	19.2		18.6	60.1	78.7	0.3	79.0
26	19.0		35.4	43.7	79.1	0.3	79.4
28	18.8		44.5	34.8	79.3	0.3	79.6
30	18.7	11.8	39.5	28.2	79.5	0.3	79.8
32	18.5	20.3	36.1	23.2	79.6	0.3	79.9
34	18.4	29.9	30.5	19.3	79.7	0.3	80.0

表 7-23　广西杉木各级原木划分标准和适用材种

类　别	级　别	规　格		适用材种
		原木小头去皮直径/cm	原木长度/cm	
国家规格材	大原木	≥26	2 以上	枕资、胶合板材 造船材、车辆材、一般用材、桩木、特殊电杆 二等坑木、小径民用材、造纸材、普通电杆、 车立柱
	中原木	20～26	2 以上	
	小原木	6～20	2 以上	
短小材	短　材	>14	0.4～0.8	简易建筑、农用、包装家具用材
	小　材	4～14	1～4.8	

②林分材种出材量计算　利用一元材种出材率表计算林分材种出材量的方法是通过每木检尺，计算各径阶的带皮总材积，再根据径阶查一元材种出材率表得各径阶各材种出材率，各径阶树干带皮总材积乘以各径阶各材种出材率得相应材种材积，各径阶同名材种材积相加即为林分各个材种的总材积。

[例 7.9] 从广西某杉木标准地每木检尺材料得知 12cm 径阶的株数为 61 株，查材积表得单株材积为 $0.0748m^3$，求该径阶材种出材量。

根据径阶查表 7-22，得径阶各材种出材率，则 12cm 径阶各材种出材量为：

小原木：$0.0748 \times 61 \times 60\% = 2.7377m^3$
短小材：$0.0748 \times 61 \times 5.7\% = 0.2601m^3$
树　皮：$0.0748 \times 61 \times 20.7\% = 0.9445m^3$

其他径阶计算方法类同。

一元材种出材率表使用方便，使用时要严格限制在那些没有或基本没有病腐、弯曲等缺陷的林分，否则会把出材率估计偏高。

（2）出材量表法

①出材量表　出材量表是按林分调查因子完整度和出材级编制的，它反映了平均高和平均直径不同的林分调查因子的材种结构规律。见表 7-24。

②林分材种出材量计算　应用出材量表计算材种出材量时，只需通过目测及借助于其他简单工具或辅助用表确定林分调查因子的出材级、完整度、平均直径、平均高和蓄积量，从相应出材量表中查出各个材种的出材率，直接推算总蓄积量中各材种的总出材量。

[例 7.10] 有一未经择伐的落叶松林分面积为 $30hm^2$，测得其出材级为 I 级、平均高为 16 m，平均直径 20cm，每公顷蓄积量 $280m^3$，则全林各材种出材量为：

坑木：$280 \times 30 \times 21\% = 1764m^3$
一等加工用原木：$280 \times 30 \times 8\% = 672m^3$
其他各材种出材量计算方法与此相同。

8. 郁闭度

郁闭度的测定方法有树冠投影法、测线法、样点法（统计法）等。在一般情况下常采用简单易行的样点法，即在林分调查中，机械设置 N 个样点，在各样点位置上采用抬头垂直仰视的方法，判断该样点是否被树冠覆盖，统计被覆盖的样点数（n），利用式(7-18)计算出林分的郁闭度 P_c：

$$P_c = \frac{n}{N} \quad (7-18)$$

此外，在森林调查工作中，有经验的调查人员可以根据树冠情况、枝叶的透光情况采用目测法估计林冠空隙的百分比来确定郁闭度。

9. 疏密度

常用方法有：

①通过目测郁闭度来确定。一般情况下，幼龄林的疏密度较郁闭度小 0.1～0.2，中龄林则两者相近，成、过熟林的疏密度约大于郁闭度 0.1～0.2。郁闭度可根据样点法目测林层的树冠垂直投影而定。

②调查现实林分每公顷胸高断面积 $G_实$ 或蓄积量 $M_实$，根据已测得的林分平均高，查标准表得标准林分的每公顷胸高断面积 $G_{1.0}$ 或蓄积 $M_{1.0}$，然后按式(7-19)计算林分疏密度 P：

$$P = \frac{G_实}{G_{1.0}} = \frac{M_实}{M_{1.0}} \quad (7-19)$$

[例 7.11] 广西某林场马尾松林分，测得林分平均高 12.5m，每公顷胸高断面积为 $22.2519 m^2$，根据林分平均高由表 7-14 上查出标准林分相应的每公顷断面积为 $33.8 m^2$，则该林分疏密度为：

表 7-24 大兴安岭落叶松材种出材量表*（节录）

出材级 I

森林分子平均值		可利用材																	饮加工原木	小规格材				可利用材合计	烧材	商品材	废材	树皮
		直接使用原木										加工用原木						经济材合计										
		桩木			电杆			坑木			小计	枕资	一般用材				小计			小杆材	小径木	造材截头	计					
高度/m	直径/cm	特殊	普通	计	特殊	普通	计	大径	小径	计			一等	二等	三等	计												
	2	3	4	5	6	7	8	9	10	11	12	13	14	15	16	17	18	19	20	21	22	23	24	25	26	27	28	29
12~13	16	3	4	5	2	3	5	4	28	32	64	13	4	1		5	18	69		6	1		7	76	9	85	15	16
14~15	16	2	2	4	2	3	5	4	28	32	64		4	1		5	5	69	1	6	1		7	76	9	85	15	16
	18	2	4	5	4	4	5	4	22	26	64		7			5	8	72	1	5		1	5	78	7	85	15	15
	20	7	1	8	5	5	5	5	17	22	63		9	2		11	11	74		3		1	4	79	6	85	15	15
16~17	16	3	1	4	4	4	4	4	25	29	66		2	1		3	3	69		6		1	7	76	9	85	15	16
	18	7	2	9	4	4	4	4	20	24	68		3	1		4	4	72	1	5			5	78	7	85	15	15
	20	8	1	9	5	5	5	4	17	21	64		8	2		10	10	74	1	3		1	4	79	6	85	15	14
	22	9	1	10	6	6	6	4	14	18	62		10	3		13	13	75	1	3		1	4	80	5	85	15	14
	24	13	1	14	7	7	7	4	11	15	61		12	3		15	15	76	1	2		1	4	81	5	86	14	14
	26	19	1	20	8	8	8	4	9	13	60		13	3		16	16	76	2	2		1	3	81	5	86	14	14

*此表的原木标准按国家木材标准为依据。

$$P - \frac{G_{实}}{G_{1.0}} = \frac{22.2519}{33.8} = 0.66$$

10. 林分平均年龄

林分调查时，通常是按林层分别树种调查计算林分的平均年龄，其计算方法一般有两种。

（1）算术平均年龄

当查定年龄的林木株数较少时，往往采用算术平均年龄，即

$$\bar{A} = \frac{\sum_{i=1}^{n} A_i}{n} \quad (7-20)$$

式中 $\bar{A}$——林分平均年龄；

A_i——第 i 株林木的年龄；

n——查定年龄的林木株数（$i = 1, 2, \cdots, n$）。

（2）加权平均年龄

当查定年龄的林木株数较多时，采用断面积加权的方法计算平均年龄，即

$$\bar{A} = \frac{\sum_{i=1}^{n} G_i A_i}{\sum_{i=1}^{n} G_i} \quad (7-21)$$

式中 $\bar{A}$——林分平均年龄；

n——查定年龄的林木株数（$i = 1, 2, \cdots, n$）；

A_i——第 i 株林木的年龄；

G_i——第 i 株林木的胸高断面积。

单株树木年龄测定方法参考项目6：单株树木材积测定中有关树木年龄的测定内容。

11. 立地质量

（1）确定地位级

在调查优势树种的平均高和平均年龄后，利用地位级表确定地位级。

[例 7.12] 测得红松林分平均高为 15.7m，平均年龄为 82 年，从表 7-12 中可查得其地位级为Ⅱ地位级。

（2）确定立地指数

根据优势树种的优势木树高和平均年龄，利用立地指数表确定。

[例 7.13] 福建某杉木林分优势木平均年龄 16 年时的平均高为 17.6m，从表 7-13 或图 7-3 可查得地位指数为"20"，说明该林分在标准年龄 20 年时优势木平均高可达 20m，表明该杉木林地生产力较高。

上面所介绍的各调查因子的调查技术，在实际工作中不能生搬硬套，因为林木的结构规律是受环境条件影响的。因此，在调查时既要考虑各调查因子之间的关系，又要考虑因环境因子对各调查因子的影响而发生的变化。

实训成果

1. 每人完成实训报告 1 份，主要内容包括实训目的、内容、操作步骤、成果的分析及实训体会。

2. 每人完成表 7-25 林分因子测定计算表的填写和计算，要求字迹清晰，计算准确。

表 7-25 林分因子测定计算表

标准地号	林层	树种组成	平均直径	平均树高	平均年龄	平均优势高	地位指数	地位级	公顷断面积	郁闭度	疏密度	公顷株数	公顷蓄积量			材种出材量
													标准表法	平均实验形数法	二元材积表法	

调查员： 日期： 年 月 日

注意事项

1. 爱护、保管好仪器工具和有关资料。

2. 调查数据真实准确，各项调查因子精度达到规定要求。

3. 目测与实测相结合的调查方法是森林资源规划设计小班调查方法之一，目测前，调查人员要通过练习并经过考核，各项调查因子目测的数据 80 项次以上达到要求精度时，才允许进行目测。

→ 考核评估

序号	技术要求	配分	评分标准	实测记录	得分
1	能熟练操作仪器	20	仪器操作不规范或不熟练扣 15 分		
2	能正确选择有代表性的地段测定林分因子	10	不能代表林分平均水平扣 10 分		
3	会规范填写测定记录	10	不按"林分因子调查练习记录表"要求填写数据扣 10 分，记录不整洁扣 10 分，调查日期等填写不完整扣 10 分		
4	能正确测定、计算林分因子	50	测定超过允许误差每项扣 2 分，计算错误每项扣 2 分		
5	团队协作 (1)小组成员间团结协作 (2)学习态度、职业道德、敬业精神 (3)步骤和操作过程的规范性	6	根据学生表现，每小项 2 分		
6	方法能力 (1)计划执行能力 (2)过程的熟练程度	4	根据学生表现，每小项 2 分		
	合计	100			

任务 7.3

角规测树

➜ 任务目标

准备角规、围尺、皮尺、测高器等测树工具，在林分中选择一定数量并能够充分代表林分总体特征平均水平的地点进行角规绕测以及林分平均胸径、平均树高测定，根据测定结果计算林分胸高断面积、疏密度、树种组成、株数密度和林分蓄积量，每人提交角规测定计算表。

➜ 任务提出

测定林分每公顷胸高断面积可用任务 7.1 中介绍的标准地调查方法，该方法是在人为判断选定的能够充分代表林分总体特征平均水平的标准地上进行每木检尺测定，这种方法测定的样木数量较多，工作量较大，精确度较高，适合在小面积的森林资源调查中使用，如伐区规划设计调查。而大面积的森林资源调查，如森林资源规划设计调查，为提高工作效率，则使用角规测定林分每公顷胸高断面积。

➜ 任务分析

角规测树是近代林业科学重大成就之一，自从奥地利林学家毕持里希 1947 年创造了角规测树以来，打破了 100 多年来在固定面积（标准地）上进行每木检尺测定的传统，简化了测定工作，提高了工作效率，通过角规绕测，可快速测定林分每公顷胸高断面积，结合林分平均胸径、平均高，可测算每公顷立木株数、每公顷蓄积量等有关林分调查因子。

➜ 工作情景

工作地点：实训林场（实训基地）。

工作场景：采用学生现场操作，教师全程引导、工学一体化教学方法，教师以林场林分为例，把角规测树的过程进行逐步演示，学生根据教师演示操作和教材设计步骤逐步进行操作。完成角规测树调查后，学生通过内业计算提交角规测树调查结果，教师对学生工作过程和调查结果进行评价和总结。

→知识准备

7.3.1 角规测树的概念

角规是利用一定视角(临界角)设置半径可变的圆形标准地来进行林分测定的一种测树工具。角规测树就是在林分中选择有代表性的地点，按照既定视角测定每公顷胸高总断面积。

角规测树理论严谨、方法简便易行，只要严格按照技术要求操作，便能取得满意的调查结果。因此，角规测树是一种高效、准确的测定技术。

7.3.2 角规的种类

7.3.2.1 水平角规

水平角规亦称简易角规、杆状角规、尺形角规、杆式角规等。其构造很简单，在长度为 L 的木杆或直尺的一端安装一个缺口宽度为 l 的金属片，即可构成一个水平角规，杆的一端中央位置 P 点与缺口成为等腰三角形 BPC 的顶点，其腰长为 L，顶角为 α。如图7-6。角规的缺口宽度与杆长之比(l/L)称作角规定比，其顶角称视角 α， $\alpha = 2\tan^{-1}(l/2L)$，常用的水平角规定比见表7-26。

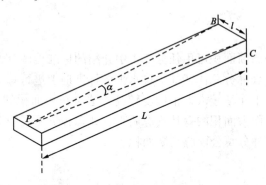

图7-6 水平角规示意图

表7-26 不同断面积系数的角规定比与视角

角规常数 $F_g/(\text{m}^2/\text{hm}^2)$	缺口固定/cm		尺长固定/cm		视角 α
	L	l	L	l	
0.5	70.71	1	50.00	0.71	0°48′37.1″
1	50.00	1	50.00	1.00	1°08′45.4″
2	35.36	1	50.00	1.41	1°37′14.2″
4	25.00	1	50.00	2.00	2°17′31.1″

7.3.2.2 片形角规

片形角规也称角规片,为便于携带,将水平角规的杆长改为绳长,即在圆形金属薄片上切开几种宽度的缺口,自角规片中央安上不易伸缩的尼龙绳,并标出与不同宽度缺口保持一定比例关系的绳长,以便选用,如图7-7。在使用片形角规时,应注意角规片上缺口的选用,一般角规片上常开3个缺口,其宽度分别为0.71cm、1.00cm 和 1.41cm,当绳长固定为50cm,则其角规系数 F_g 分别为0.5、1 和 2。在使用片形角规(角规片)时,应注意绳长的固定,保证有正确的角规系数 F_g 值。

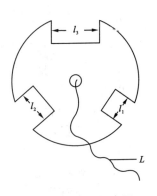

图7-7 片形角规示意图

7.3.2.3 自平曲线角规

自平曲线角规是一种带自动改正坡度功能的角规测器,通过改变杆长和缺口的比值来实现。在坡地上进行角规观测时,为能直接观测判断树木是否计数(计数原则同水平角规),可根据角规观测点与观测树干位置之间的坡度(θ)。通过增加角规的杆长度(即 $L_\theta = L \cdot \sec \theta$)或缩小缺口宽度(即 $l_\theta = l \cdot \cos \theta$)来实现。如图7-8所示,是由南通光学仪器厂生产的 LZG – 1 型自平曲线角规,它是在简易杆式角规的基础上做了以下两点改进。

①角规杆改为长度可变,具有两种比例的不锈钢拉杆,不用时拉杆可套缩起来,便于携带。使用时,按照选定的断面积系数的要求,将拉杆拉到规定的长度,即可观测使用。

②具有自动改正坡度的功能,即将角规一端的金属片缺口改为可在上下垂直方向上能自动转动的半圆形金属曲线缺口圈,圈的下端附有一个较重的平衡座,以保证金属缺口圈始终保持与地面成垂直状态。在角规拉杆成水平状态时,金属圈内与角规杆先端截口相切的缺口宽度为1cm,对应的拉杆长度为50cm,即断面积系数 $F_g = 1$。当坡度为 θ 度时,拉杆与坡面平行,其倾斜角亦为 θ,金属圈也相应转动 θ,金属圈内的缺口宽度 l_θ 相应变窄成为 $l \cdot \cos \theta$ 值($l = 1.0$cm)。用此角规测器观测时,可依每株树干胸高与观测者立于样点处的眼高之间形成倾斜角度 θ 逐株自动进行坡度改正,所计数的树木株数就是改正成水平状态后的计数值,再乘以断面积系数即得到林分每公顷胸高总断面积,使用起来十分方便。

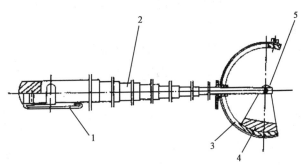

图7-8 自平曲线杆式角规
1. 挂钓 2. 指标拉杆 3. 曲线缺口圈 4. 平衡座 5. 小轴

7.3.3 角规测树的基本原理

角规测定林分每公顷胸高总断面积原理是整个角规测树理论体系的基础,其他角规测定因子都是由此推导而来。常规圆形样地的面积和半径是固定的,因此在一个圆形标准地内包含有直径大小不同的树木,角规测树实际上是一种因树木直径不同而设置多个同心圆的圆形样地(标准地)。

现以直径为 d 的树木为例,假设图 7-9 中有 3 株胸径都等于 d 的树木,站在测点 O 观测时,通过缺口内侧两视线与 1 号树、2 号树、3 号树的胸高断面的几何关系依次为相割、相切、相离。若以测点 O 为圆心,以测点 O～2 号树树干中心的水平距离 R 为半径作圆(称为样圆)。根据相似三角形原理:

$$\frac{l}{L} = \frac{d}{R}$$

则

$$R = \frac{L}{l} d$$

当林地的样圆面积为 $A = \pi R^2 = \pi d^2 \left(\frac{L}{l}\right)^2$ 时,

当相割一株,则树木的胸高断面积为 $g = \frac{\pi}{4} d^2$;若

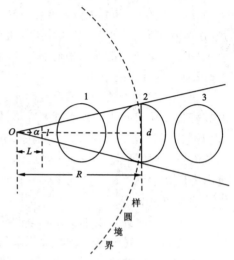

图 7-9 角规原理推证示意图

将样圆面积 A 扩大为 1 hm² (10 000 m²),则每公顷树木胸高总断面积 G 有以下比例关系:

$$\frac{A}{g} = \frac{10\ 000}{G}$$

$$\pi \cdot d^2 \cdot \left(\frac{L}{l}\right)^2 : \frac{\pi}{4} d^2 = 10\ 000 : G$$

$$G = 2500 \cdot \left(\frac{l}{L}\right)^2 (\text{m}^2/\text{hm}^2) \tag{7-22}$$

以上计算表明,当样圆面积换算为 1 hm² (10 000 m²) 时,样圆内直径为 d 的树木相割 1 株(1 号树),其胸高断面积都扩大为 $2500 \cdot (l/L)^2$ m²;相切 1 株,如 2 号树(临界树)一半在圆样内,其断面积为 $0.5 \times 2500 \cdot (l/L)^2$ m²;相离的 3 号树在样圆外,不计数。若采用角规常数为 1(缺口 l 为 1cm、尺长 L 为 50cm) $\frac{l}{L} = \frac{1}{50}$,绕测一周相割 1 株,则说明 1 hm² 林地有胸高断面积为 $2500 \times \left(\frac{1}{50}\right)^2 = 1\text{m}^2$,相切 1 株,则胸高断面积相应有 0.5m²。

用角规绕测时林分内树木有粗有细,离观测点的距离有远有近。从以上的分析可知,临界树到测点的距离(样圆半径 R)是由待测木的粗细所决定的,即 $R = \left(\frac{L}{l}\right) \cdot d$。由于林内树木粗细不同,绕测 1 周计数的与视线相割(或相切)的树木直径大小是不同的,这意味着已为不同大小直径的树木分别设立了半径大小不同的同心圆,应该讲林分中有 N 种直径大小不同的树木,角规绕测时就设置了 N 个不同大小的同心圆,因此形成一个以观

测点为中心的多个同心圆,如图 7-10 所示,所以角规测树又有"可变圆形样地"之称。尽管树木粗细不同,样圆大小不一,但均可按相同的计数规则计数。所以当在观测点 O 上用角规绕测 1 周,计数株数为 Z 时,林分每公顷胸高总断面积 G 应为:

$$G = 2500 \cdot \left(\frac{l}{L}\right)^2 Z$$

令

$$F_g = 2500 \cdot \left(\frac{l}{L}\right)^2$$

则

$$G = F_g \cdot Z \quad (7-23)$$

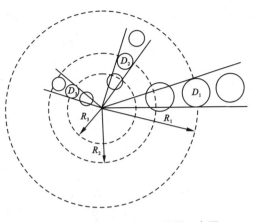

图 7-10 角规绕测多个同心样圆示意图

F_g 称断面积系数或角规常数,它表示用角规测定每公顷胸高断面积时,每计数 1 株树木所代表的 1 hm² 林木的胸高断面积为 F_g(m²)。系数 F_g 的大小取决于角规缺口与杆长的比值,当 $\frac{l}{L}$ 的值为 $\frac{0.71}{50}$,$\frac{1}{50}$,$\frac{1.41}{50}$,$\frac{2}{50}$ 或 $\frac{1}{70.71}$,$\frac{1}{50}$,$\frac{1}{35.36}$,$\frac{1}{25}$ 时,断面积系数 F_g 值分别为 0.5,1,2 和 4。具体情况见表 7-26。

[例 7.14] 当使用缺口 1.41 cm,杆长 50 cm 的角规(角规系数 $F_g = 2$)进行观测,绕测时,相割树木 13 株,计数值为"13",相切树木 3 株,计数值为"1.5",总计数值 Z 为 14.5,则由式(7-23)计算林分每公顷胸高断面积为

$$G = F_g \cdot Z = 2 \times 14.5 = 29(\text{m}^2)$$

若在林分中设置了 N 个角规点进行观测时,其林分每公顷胸高断面积计算式为:

$$G = \frac{1}{n}\sum_{i=1}^{n} G_i = \frac{F_g}{n}\sum_{i=1}^{n} Z_i = F_g \times \overline{Z} \ (\text{m}^2/\text{hm}^2) \quad (7-24)$$

式中 Z_i——第 i 个角规点上计数的树木株数。

→ 任务实施

实训目的与要求

1. 掌握角规测树的绕测技术。
2. 掌握角规控制检尺测定每公顷胸高断面积、每公顷株数、平均直径和林分蓄积量。

实训条件配备要求

每组配备:角规(杆式角规或角规片)、皮尺、围尺、轮尺、测高器、测坡器、钢卷尺各 1 个,记录表格及记录本。

实训的组织与工作流程

1. 实训组织

(1)成立教师实训小组,负责指导、组织实施实训工作。

(2)建立学生实训小组,4~5 人为一组,并选出小组长,负责本组实习安排、考勤和仪器管理。

2. 实训工作流程(图 7-11)

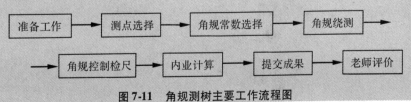

图 7-11 角规测树主要工作流程图

实训方法与步骤

1. 角规点位置的选择和数量的确定

根据林分中树木分布情况、林地视野条件按典型或随机抽样的原则设置角规点,避免在过疏或过密处设置角规点,所选定的角规点应有一定代表性。一般不能落入林缘带,当角规点位于林缘时,样圆有可能超出林地边界范围。因样圆超出林地边界范围以外而带来的角规绕测误差,称为林缘误差。消除林缘误差的方法是,角规点离林分边界的水平距离应大于或等于最大有效样圆半径。可根据林缘附近最粗树木的胸径 d_{max} 及所用角规的断面积系数 F_g,按式(7-26)计算出最大有效样圆半径 R_{max},并以此为据划出林缘带,不在林缘带内设置角规点。

[例7.15] 测得林分边缘最粗树木直径 $d = 38cm$,若用 $F_g = 1$ 的角规,则最大有效样圆半径为:

$$R_{max} = \frac{50}{\sqrt{F_g}} \times d = 50 \times 38 cm = 19 m$$

角规点的数量应根据林分面积按表7-27的标准或按照调查目的和精度要求来确定,本次采用随机抽样的原则进行布设。

2. 角规常数的选择与检查

(1) 角规常数的选择

根据经验以每个测点的计数株数在15株左右的范围较适宜,在不同的林分测定断面积时,可根据林分平均直径大小、疏密度、通视条件及林木分布状况等因素选用适当大小的角规常数,具体见表7-28。

表7-27 林分调查角规点数的确定($F_g = 1$)

林分面积/hm²	1	2	3	4	5	6	7~8	9~10	11~15	>16
角规点个数	5	7	9	11	12	14	15	16	17	18

引自林业部国有林调查设计规程(草案),1963。

表7-28 林分特征与选用角规常数参数表

林 分 特 征	角规常数(F_g)
平均直径8~16 cm的中龄林,任意平均直径但疏密度为0.3~0.5的林分	0.5
平均直径17~28 cm,疏密度为0.6~1.0的中、近熟林	1.0
平均直径28 cm以上,疏密度为0.8以上的成、过熟林	2或4

(2) 检查角规常数

角规常数是由缺口宽度 l 与杆长 L 的比值来确定;水平角规应检查其杆长 L 与缺口宽度 l 的准确,片形角规(角规片)重点检查绳长的规范,以保证角规常数的正确。具体各角规常数的缺口宽度 l 与杆长 L 的比值见表7-26。

3. 角规测定每公顷胸高断面积

(1) 角规绕测与坡度改正

为了观测部位的准确,可先标示出测点周围有可能观测的树木的胸高位置。分别用水平角规、片形角规(角规片)和自平曲线角规,在测点上将无缺口的一端紧贴于眼下,选一起点,用角规依次观测周围所有林木的胸高部位,正、反时针方向绕测周围树木的胸高断面积2次,按角规计数原则分别计数,在符合精度(计数值误差<1)后,计算平均计数值。

① 凡缺口的2条视线与胸高断面"相割"的树木,计数为"1",如图7-12中的1号树。

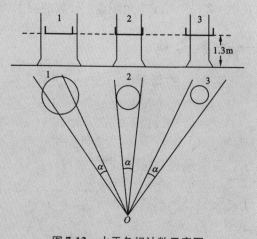

图7-12 水平角规计数示意图
1. 相割,计数"1" 2. 相切,计数"0.5"
3. 相离,计数"0"

② 凡缺口的2条视线与胸高断面"相切"的树木,计数为"0.5",如图7-12中的2号树。

③凡缺口的2条视线与胸高断面"相离"的树木，不计数，如图7-12中的3号树。

当使用水平角规、片形角规（角规片）进行角规观测时，还应利用测坡器测量该角规点计数范围内林地的平均坡度值（θ）。若坡度 $\theta > 5°$ 时，绕测计数结果应进行坡度改正，即

$$Z = Z_\theta \times \sec \theta \quad (7-25)$$

当使用自平曲线角规进行绕测，因可自动进行单株树木的坡度修正，不必再进行坡度改正。

（2）角规控制检尺

通过视角的视线明显相割或相离的树木容易确定，接近相切临界状态的树木往往难以判断，而临界树又是很少的，对于难判断相切与否的树木，可进行角规控制检尺，即实测该树木胸径 d，并用皮尺量出测点与树干中心的距离 S，先按临界距公式计算该直径树木的样圆半径 R：

$$R = \frac{50d}{\sqrt{F_g}} \quad (7-26)$$

或

$$R = \frac{L}{l}d \quad (7-27)$$

当角规常数 $F_g = 0.5$ 时，样圆半径 $R = 70.71d$；$F_g = 1.0$ 时，$R = 50.00d$；$F_g = 2.0$ 时，$R = 35.36d$；$F_g = 4.0$ 时，$R = 25.00d$；再根据实际水平距离 S 与样圆半径 R 的关系来判断。

如果 $S < R$，树木位于样圆范围内，则相割；$S = R$，树木正好位于样圆边界上，则相切；$S > R$，树木位于样圆范围外，则相离。

4. 林分平均直径、树高测定

对于每一角规样点，在其周围分别树种选择 3~5 株大小中等、生长正常的林木量测其直径和树高并计算其算术平均值，然后采用每公顷断面积加权平均法计算小班各树种平均直径和平均树高，平均直径精确到 0.1cm，平均高精确到 0.1m。

5. 林分每公顷胸高断面积、每公顷蓄积量计算

（1）林分每公顷胸高断面积的计算

①计算出各测点的经坡度改正后的角规计数值：$Z_j = Z_{j\theta} \times \sec \theta$。

②每个测点改正后的角规计数值乘以角规常数（F_g）即为该点所测的每公顷胸高断面积：$G_j = F_g \times Z_j$。

③求出各测点的每公顷胸高断面积的平均值即为林分的每公顷胸高断面积：$G = \frac{1}{k}\sum_{j=1}^{k} G_j$。

（2）林分每公顷蓄积量的计算（形高法）

通过林分平均高 $\bar{H}$ 和林分每公顷胸高断面积 G，选择当地的标准表，即可计算各角规点的林分每公顷蓄积量

$$M = G \times \frac{M_{标}}{G_{标}} \quad (7-28)$$

或

$$M = G \times Hf \quad (7-29)$$

式中 $M_{标}$，$G_{标}$，Hf——由林分平均高 $\bar{H}$ 查得标准林分的蓄积量、断面积和形高。

6. 其他因子测算

（1）树种组成的测定

在混交林中进行角规测定时，将角规绕测计数值分树种记录，可推算出林分树种比例。设某树种角规绕测计数株数为 Z_i，则该树种每公顷胸高总断面积为：$G_i = F_g \cdot Z_i$。

用角规测得的各树种的计数株数 Z_i 或每公顷断面积 G_i 分别与林分总计数株数 Z 或每公顷断面积 G，即为各树种组成系数。

（2）林分疏密度的计算

利用角规绕测得林分每公顷胸高断面积 G 与根据所测定林分的平均高 $\bar{H}$，查相应树种的标准表得标准林分每公顷林木胸高断面积 $G_{1.0}$ 之比，即可计算得林分疏密度 P。

$$P = G/G_{1.0} \quad (7-30)$$

[例 7.16] 有一马尾松林分，经角规绕测得林分每公顷胸高断面积为 16.5 m^2，测得林分的平均高为 12.5m；从马尾松的标准表中可得 $G_{1.0} = 33.8 m^2/hm^2$，则该林分疏密度为：

$$P = G/G_{1.0} = 16.5/33.8 = 0.49$$

（3）每公顷林木株数

根据角规测定的林分每公顷胸高断面积 G 和林分平均胸径，按式（7-31）计算林分每公顷林木株数（N）。

$$N = \frac{G}{g} = \frac{4 \times F_g \cdot Z}{\pi \cdot \bar{d}^2} \quad (7-31)$$

式中 Z——角规绕测计数株数；
$\bar{d}$——林分平均胸径。

实训报告

1. 每人完成实训报告 1 份，主要内容包括实训目的、内容、操作步骤、成果的分析及实训体会。

2. 每人完成角规测定记录表 7-29 的填写和计算，要求字迹清晰、计算准确。

项目 7　林分调查

表 7-29　角规测定计算表

角规点	树种：			树种：			树种组成	疏密度	每公顷株数	每公顷断面积	每公顷蓄积量
	G_j	h	d	G_j	h	d					
1											
2											
3											
合计											
平均											

调查者：　　　　　　　　检查者：　　　　　　　　调查日期：

注意事项

1. 角规观测点选取应有一定的代表性，防止在林分过密、过稀处或设在林缘带上。

2. 为了保证角规系数的正确，在使用角规片时应注意保证绳长值的固定。

3. 角规观测时应将无缺口的一端（杆柄或固定绳长值端）紧贴于眼下，并通过缺口观测树木胸高位置，以保证角规系数的正确。

4. 严格按角规绕测操作技术进行角规观测，避免重测与漏测。

5. 野外测定，注意安全，保管好仪器、用品。

➔ 考核评估

序号	技术要求	配分	评分标准	实测记录	得分
1	能熟练操作角规	20	角规操作不规范或不熟练扣 10 分		
2	能正确选择有代表性的观测点	10	不能代表林分平均水平扣 10 分，过于靠近林缘扣 5 分		
3	会规范填写测定记录	10	不按要求填写数据扣 10 分，记录不整洁扣 10 分，调查日期等填写不完整扣 10 分		
4	能正确测定、计算每公顷断面积等林分因子	50	每公顷断面积测定误差超过 15% 扣 20 分，每项因子计算错误每项扣 5 分		
5	团队协作 (1) 小组成员间团结协作 (2) 学习态度、职业道德、敬业精神 (3) 步骤和操作过程的规范性	6	根据学生表现，每小项 2 分		
6	方法能力 (1) 计划执行能力 (2) 过程的熟练程度	4	根据学生表现，每小项 2 分		
	合计	100			

任务 7.4 林分生长量测定

→ 任务目标

能够掌握林分生长量的概念，会测算林分胸径生长量，会测算林分蓄积生长量。

→ 任务提出

以某林分胸径、树高、蓄积等 2 次调查的结果，分析林分生长量的的种类。本任务要完成的工作内容主要有：

1. 熟悉林分生长量与单株树木生长量的异同点；
2. 林分生长量的种类，主要计算方法。

→ 任务分析

根据测算到的林分生长量数值，可以知道林分生长发育规律，为林业生产中采取不同经营措施提供理论依据。我们要通过对林分胸径、蓄积生长量的测算来说明其变化，通过这些任务的完成，让同学们掌握林分生长量的概念、种类、测算方法。

→ 工作情景

工作地点：实训林场。

工作场景：采用学生现场操作，教师引导，以学生为主体的案例教学法，教师以实训林场森林具体案例基础数据为例，把平均标准木法、固定标准地法的测算过程进行逐步演示，学生根据教师演示操作和教材设计步骤逐步进行操作。

因外业工作量较大，实训时可利用以前调查的外业数据，结合收集好的基础数据在实验室进行内业计算，教师对学生工作过程和成果进行评价和总结，按教师的总结和要求，学生计算所测林分的蓄积生长量、林分蓄积生长率。最终提交林分生长量的有关图表和计算结果。

→ 知识准备

7.4.1 林分生长的规律

林分的生长与单株木的生长是不同的，单株树木在伐倒或死亡之前，其直径、树高、材积总是随着年龄的增大而增大。而林分生长量通常是指林分蓄积的生长量而言,它是由组成林分的树木材积消长的累积。然而林分生长过程与单株木生长过程截然不同,树木生长过程属于"纯生"型;而林分生长过程,由于森林存在自然稀疏现象,所以属"生灭型",显然林分生长要比树木生长复杂的多。

林分生长量一般是指林分蓄积量随着年龄的增长所发生变化的量。林分生长与单株树木的生长不同,单株树木在伐倒或死亡之前,其直径、树高和材积,总是随着年龄的增大而增加的。而在林分生长过程中,有消长两种对立的作用同时发生:一方面,活着的林木逐年增加其材积,使林分蓄积量不断增加;另一方面因自然稀疏或抚育间伐以及其他原因使一部分林木死亡,减少了林分蓄积量。当林分处于生长旺盛阶段时,因林木株数减少而减少的蓄积量小于活立木的生长量,故林分蓄积量不断增加;到某个年龄阶段,因株数减少而减少的蓄积量与活立木生长量相等时,则林分蓄积量达到最高;进入衰退阶段,林分总蓄积量开始减少,直到全部衰亡。因此,林分生长量不但是一定时间内林木生长的总和,还包含该期间内因自然稀疏和抚育采伐所减少的树木总量。所以林分蓄积生长量,实际上是林分中两类林木材积生长量的代数和。一类是使林分蓄积增加的所有活立木材积生长量;另一类则属于使蓄积减少的枯损林木的材积(枯损量)和间伐量。为此林分的生长发育可分为以下五个阶段(如图7-13所示):

(1)幼龄林阶段

在此阶段由于林木间尚未发生竞争,自然枯损量接近于零。所以林分的总蓄积是在不断增加。

(2)中龄林阶段

由于林木间竞争,发生自然稀疏现象,但林分蓄积正的生长量仍大于自然枯损量,因而林分蓄积量仍在增加。

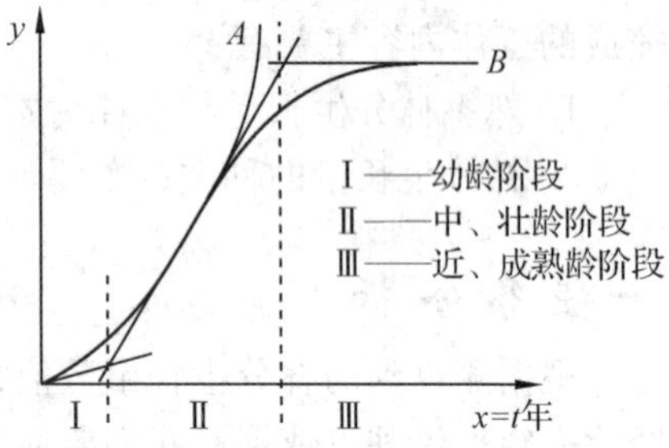

(3)近熟林阶段

随着竞争的增剧,自然稀疏急速增加,此时林分蓄积的正生长量等于自然枯损量,反映出林分蓄积生长量生长逐渐减慢。

图7-13 林分生长曲线图

(4)成熟林阶段

林分蓄积量增加减缓直至停滞不前。

(5)过熟林阶段

蓄积量在下降。此时林分蓄积正的生长量小于枯损量,反映林分蓄积量在下降,最终被下一代林木所更替。

然而,具体到某一林分,由于林分的初始密度、立地条件的差异,林木竞争的开始时间及其变化时刻均有一定差异。但林分必然存在上述消长规律,反映林分蓄积的总生长量与林龄的函数是非单调的连续函数。实际上常采用分段拟合法进行拟合。

测定林分生长量,在森林经营管理上有很重要的意义。它既能反映立地条件的好坏和森林生产能力的高低,又可以作为判断营林效果以及确定年伐量和主伐年龄的重要依据。

7.4.2 林分生长量的种类

7.4.2.1 林分生长量的种类

根据测定的因子不同，林分的生长量分为平均胸径生长量、平均树高生长量、林分蓄积生长量。在林分生长过程中，林木株数按胸径的分布每年都在发生变化，如果在2次测定期间所有林木的胸径定期生长量恰好是一个径阶（例如2cm），则整个林分的株数按胸径的分布都向右移一个径阶，同时在此期间内林分还发生许多变化：有些林木被间伐；有些林木因受害被压等原因而死亡；有些林木在期初测定时未达到起测径阶而期末测定时已进入起测径阶，还有不少林木在2次测定期间内增加一个径阶。因此在期初和期末调查时，林分胸径分布呈现如图7-14的状态，据此林分蓄积生长量大致可以分为以下几类：

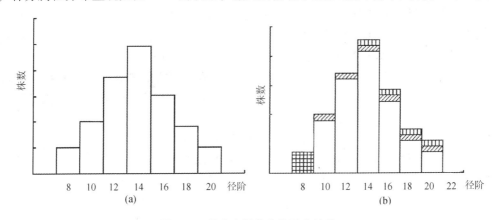

图7-14 林分直径分布的动态转移

(a) 现在的直径分布　(b) 未来的直径分布

进界生长量　采伐量　枯损量

(1) 毛生长量(Gross growth)（记作 Z_{gr}）

也称粗生长量，它是林分中全部林木在调查间隔期内生长的总材积。

(2) 纯生长量(Net growth)（记作 Z_{ne}）

也称净生长量。它是毛生长量减去调查间隔期间内枯损量以后生长的总材积。亦即净增量与采伐量之和。

(3) 净增量(Net increase)（记作 Δ）

净增量是期末材积(V_b)和期初材积(V_a)2次调查的材积差（即 $\Delta = V_b - V_a$），是通常所用的生长量。

(4) 枯损量(Mortality)（记作 M_0）

枯损量是调查期间内，因各种自然原因而死亡的林木材积。

(5) 采伐量(Cut)（记作 C）

一般指抚育间伐的林木材积。

(6) 进界生长量(Ingrowth)（记作 I）

进界生长量指期初调查时未达到起测径阶的幼树，在期末调查时已长大进入检尺范围之内，这部分林木的材积称为进界生长量。

7.4.2.2 林分生长量之间的关系

根据几种生长量的定义可得出，林分各种生长量之间的关系可用下述公式表达。

(1) 林分生长量中包括进界生长量

$$\Delta = V_b - V_a \tag{7-32}$$

$$Z_{ne} = \Delta + C_0 = V_b - V_a + C_0 \tag{7-33}$$

$$Z_{gr} = Z_{ne} + M_0 = V_b - V_a + C_0 + M_0 \tag{7-34}$$

(2) 林分生长量中不包括进界生长量

$$\Delta = V_b - V_a - I \tag{7-35}$$

$$Z_{ne} = \Delta + C = V_b - V_a - I + C \tag{7-36}$$

$$Z_{gr} = Z_{ne} + M_0 = V_b - V_a - I + C + M_0 \tag{7-37}$$

从上面两组公式中可知，林分的生长量实际上是两类林木生长量的总和：一类是在期初和期末 2 次调查时都被测定过的林木，即在整个调查期间都生长着的活立木的生长量 ($V_b - V_a - I$)。这些林木在森林经营过程中称为保留木；另一类是在期初和期末 2 次调查时，只被测定过 1 次的林木生长量（即期初未测定、期末测定的进界生长量 I 和期初测定、期末未测定的采伐量 C 和枯损量 $C + M_0$）。因此，这些林木只在调查期间生长了一段时间，但也有相应的生长量存在。

[**例 7.17**] 某林场 2010 年、2012 年 2 次固定样地测定每公顷蓄积量为 121.1 m^3、123.6 m^3，期间的枯损量为 1.496 m^3，采伐量为 1.391 m^3，进界生长量为 0.136 m^3，则此期间（2 年）毛生长量、纯生长量和净增量是多少？

解：(1) 包含进界生长量

$\Delta = V_b - V_a = 123.6 - 121.1 = 2.5 m^3$

$Z_{ne} = \Delta + C = 2.5 + 1.391 = 3.981 m^3$

$Z_{gr} = Z_{ne} + M_0 = 3.981 + 1.496 = 5.477 m^3$

(2) 不包含进界生长量

$\Delta = V_b - V_a - I = 123.6 - 121.1 - 0.136 = 2.364 m^3$

$Z_{ne} = \Delta + C = 2.364 + 1.391 = 3.755 m^3$

$Z_{gr} = Z_{ne} + M_0 = 3.755 + 1.496 = 5.251 m^3$

➜ 任务实施

实训目的与要求

掌握用固定标准地法、平均标准木测定林分蓄积生长量。

要求学生遵守学校各项规章制度和实训纪律，安全第一，在标准地调查的外业实施时，一定要注意安全；熟悉胸径生长量的测定方法和内业计算方法，服从安排，小组内分工协作，互相帮助；严格按照林分蓄积生长量的工作步骤要求执行，做到实事求是，切忌弄虚作假；工作过程中要做到细致认真，小组成员互相提醒、加强检查、减少错漏，力求测定结果准确。

实训条件配备要求

1. 实训场所

实训林场、森林调查实训室。

2. 仪器、工具

①仪器、工具 皮尺、轮尺、透明直尺、生长锥、计算器、计算机、绘图工具、方格纸、铅笔、粉笔。

②相关数表 森林调查手册、标准适用的二元材积表、林分中标准地调查每木检尺数据、胸

径生长量测定数据表。

实训的组织与工作流程

1. 实训组织

（1）成立教师实训小组，负责指导、组织实施实训工作。

（2）建立学生实训小组，4~6人为一组，并选出小组长和副组长，负责本组实习安排、考勤和仪器保管。

2. 实训工作流程（图7-15）

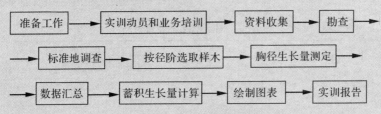

图7-15 林分生长量测定主要工作流程

实训方法与步骤

测定林分蓄积生长量的方法较多，但基本上可区分为固定标准地法和一次调查法（如材积差法、一元材积指数法、双因素法、林分表法、平均标准木法等）。利用临时标准地（temporary sample plot）一次测得的数据计算过去的生长量，据此预估未来林分生长量的方法，称作一次调查法。现行方法很多，但基本上都是利用胸径的过去定期生长量间接推算蓄积生长量，并用来预估未来林分蓄积生长量。因此，一次调查法要求：预估期不宜太长、林分林木株数不变。另外，不同的方法又有不同的应用前提条件，以保证预估林分蓄积生长量的精度。一次调查法确定林分蓄积生长量，适用于一般林分调查所设置的临时标准地或样地，以估算不同种类的林分蓄积生长量，较快地为营林提供数据。由于标准地调查实施方法步骤前面已有详细介绍，在这里不再重复了，下面主要介绍两种常见的林分蓄积生长量测定实施方法。

1. 固定标准地法

本方法是通过设置固定标准地，定期（1、2、5、10年）重复地测定该林分各调查因子（胸径、树高和蓄积量等），从而推定林分各类生长量。

用这种方法不仅可以准确地得到前述的毛生长量，而且能测得前述所不易测定的枯损量、采伐量、纯生长量等。并可取得在各种条件下的林分的各径阶的状态转移概率分布结构及作不同经营措施的效果评定等，这对于研究森林的生长和演替有重要意义。

（1）固定标准地的设置和测定与临时标准地基本相同。

（2）树木编号固定标准地的调查及生长量的计算

①调查方法

a. 对每株树进行编号，用油漆标明胸高1.3m位置，用围尺测径，精度保留0.1cm。

b. 确定每株树在标准地的位置，绘制树木位置图。

c. 复测时要分别单株木记载死亡情况与采伐时间，进界树木要标明生长级。

d. 其他测定项目同临时标准地。

②生长量的计算

胸径和树高生长量：

在固定标准地上逐株测定每株树的D_i、H_i（或用系统抽样方式测定一部分树高），利用期初、期末2次测定结果计算Z_D、Z_H。步骤如下：

a. 将标准地上的林木（分别主林木和副林木）调查结果分别径阶归类，求各径阶期初、期末的平均直径（或平均高）。

b. 期末、期初平均直径之差即为该径阶的直径定期生长量。

c. 以径阶中值及直径定期生长量作点，绘制定期生长量曲线。

d. 从曲线上查出各径阶的理论定期生长量，计算连年生长量。

③材积生长量 固定标准地的材积是用二元材积表计算的，期初、期末2次材积之差即为材积生长量。由于固定标准地树高测定方式的不同，材积生长量的计算方法也不同。

a. 标准地上每木测高时，根据胸径和树高的测定值用二元材积表计算期初、期末的材积，2次材积之差即为材积生长量。

b. 用系统抽样方法测定部分树木的树高时，根据树高曲线导出期初、期末的一元材积表，计算期初、期末的蓄积，2次蓄积之差即为蓄积生长量。

[例7.18] 以黑龙江省凉水自然保护区第3号固定样地为例，说明树木编号的固定样地的生长量的测算。3号固定样地1989年、1999年2次调查因子和检尺资料见表7-30至表7-32。

试通过表7-30的数据，计算60年生的树木平均生长量及各调查因子的连年生长量。

表7-30　固定标准地调查表

调查因子	年龄	平均高/m	平均直径/cm	总断面积/m²	蓄积量/m³	枯损和采伐断面积/m²	枯损和采伐蓄积量/m³	说明
第一次测定	50	21.6	22.6	27.4	260	1.9	27	林分60年内枯损和采伐总断面积和枯损总蓄积量分别为1.9m²和27m³
第二次测定	60	23.8	24.4	29.1	301			

$$\Delta M = \frac{M_a + \sum \Omega}{a} = \frac{301 + 27}{60} = 5.47 \text{m}^3 \tag{7-38}$$

$$Z_m = \frac{M_a - M_{a-n} + \Omega}{n} = \frac{301 - 260 + 27}{10} = 6.8 \text{m}^3 \tag{7-39}$$

$$Z_g = \frac{29.1 - 27.4 + 1.9}{10} = 0.36 \text{m}^3$$

$$Z_h = \frac{23.8 - 21.6}{10} = 0.22 \text{m}$$

$$Z_d = \frac{24.4 - 22.6}{10} = 0.18 \text{cm}$$

式中　ΔM——林分蓄积平均生长量；
M_a——林分a年时蓄积量；
M_{a-n}——林分$(a-n)$年时蓄积量；
$\sum \Omega$——林分枯损和采伐量之和；
Ω——林分n年间枯损量和采伐量；
Z_m, Z_g, Z_h, Z_d——分别为林分蓄积、断面积、平均高、平均直径的连年生长量；
n——间隔年数。

表7-31　黑龙江省固定样地(3号)基本调查因子

样地号：黑固3号　　样地坐标：22491×5223　　样地所属：凉水国家自然保护区
起源：天然　坡向：东南　坡度：4°　坡位：下　样地面积：0.06hm²　林权：国有
地类：有林地　　林分类型：红松林　　海拔高：500m　　地貌：平山
1989年调查：平均年龄：160　　龄组：近熟林　　树种组成：3红3冷2云1椴1榆+五 郁闭度：0.5　每公顷株数：550　林分平均直径：27.7cm　平均高：25.0m
1999年调查：平均年龄：170　　龄组：成熟林　　树种组成：4红2冷2云1椴1榆+五 郁闭度：0.5　　每公顷株数：550　林分平均直径：30.4cm　平均高：25.0m

表7-32　黑龙江省凉水自然保护区固定样地(3号)2次测定资料

树号	树种	状态	1989年检尺径	1999年检尺径	材质等级
160	冷杉	保留木	25.7	28.1	I
2	云杉	保留木	21.7	22.0	I
3	冷杉	枯立木	27.3	27.3	III
4	椴树	保留木	15.7	17.4	I

(续)

树号	树种	状态	1989年检尺径	1999年检尺径	材质等级
178	红松	保留木	28.2	31.8	I
6	冷杉	保留木	7.8	9.8	I
158	冷杉	保留木	41.3	42.8	I
8	丁香	保留木	11.2	12.2	Ⅲ
9	冷杉	保留木	7.8	8.5	I
10	椴树	保留木	6.6	8.7	I
181	红松	保留木	68.4	70.1	I
171	色树	保留木	17.2	20.3	I
13	云杉	保留木	8.0	8.8	I
14	五角枫	枯立木	16.8	16.8	Ⅲ
15	冷杉	保留木	34.3	36.2	I
16	冷杉	枯立木	17.2	17.2	Ⅲ
145	五角枫	保留木	17.2	20.1	I
18	五角枫	保留木	14.4	17.2	I
19	红松	保留木	47.0	52.3	I
20	榆树	保留木	43.8	45.1	I
21	云杉	保留木	49.0	52.0	I
22	冷杉	保留木	24.0	25.3	I
23	云杉	保留木	31.9	34.4	I
24	青楷槭	枯立木	13.9	13.9	Ⅲ
25	冷杉	枯立木	30.5	30.5	Ⅲ
26	云杉	保留木	19.7	21.6	I
174	冷杉	保留木	13.2	15.8	I
28	榆树	保留木	12.5	13.5	I
29	五角枫	保留木	8.2	9.8	I
30	椴树	保留木	46.0	47.5	I
31	五角枫	保留木	13.0	15.3	I
32	冷杉	倒木	28.3	28.3	Ⅲ
33	冷杉	枯立木	6.1	6.1	Ⅲ
195	枫桦	进阶生长		5.8	I

①胸径生长量 胸径生长量直接由固定样地2次检尺资料获得。

1989年林分平均直径22.7cm,1999年林分平均直径：30.4cm

所以10年间林分定期生长量为：30.4－22.7＝7.7cm

②树高生长量 1989年林分平均树高25.0m,1999年林分平均树高：25.0m

所以10年间林分定期生长量为：25.0－25.0＝0.0m

10年间林分平均树高无变化。

③蓄积生长量 由固定样地2次检尺资料,

查一元材积表可直接获得该林分每公顷的净增量、枯损量、采伐量、进界生长量、纯生长量、毛生长量。

实际计算得出1989年该林分每公顷蓄积量为310m^3,1999年该林分每公顷蓄积量为324m^3,枯损量为26m^3,采伐量为0m^3。进界生长量为0.2567m^3。10年间蓄积净增量：

净增量：$\Delta = V_b - V_a - I = 324 - 310 - 0.2567 = 13.7433$ m^3

纯生长量：$Z_{ne} = \Delta + C = V_b - V_a - I + C = 13.7433 + 0 = 13.7433$ m^3

毛生长量：$Z_{gr} = Z_{ne} + M_0 = V_b - V_a - I + C + M_0 = 13.7433 + 26 = 39.7433$ m^3

2. 平均标准木法

在林分中选出几株平均标准木，伐倒后按区分求积法测定其连年生长量，然后按比例求出林分蓄积量连年生长量(Z_M)。平均标准法，一次测定即可求得蓄积生长量，简便快速，掌握好也能取得令人满意的结果，但不能测出枯损量和采伐量。

$$Z_M = \frac{\sum G}{\sum g} \cdot \sum Z_V \qquad (7-40)$$

式中 $\sum Z_V$——标准木材积连年生长量之和，m^3；

$\sum G$——林分总断面积，m^2；

$\sum g$——标准木断面积之和，m^2。

[例7.19] 据某标准地调查结果，胸高总断面积 $\sum G = 30.91108$ m^2，3株平均标准木伐倒后，测算结果如下：

① $g_1 = 0.09348$ m^2；$V_a = 1.121$ m^3；$V_{a-5} = 0.984$ m^3；

② $g_2 = 0.08867$ m^2；$V_a = 0.992$ m^3；$V_{a-5} = 0.862$ m^3；

③ $g_3 = 0.08553$ m^2；$V_a = 0.955$ m^3；$V_{a-5} = 0.833$ m^3；

$\sum g = 0.26768$ m^2；$\sum V_a = 3.068$ m^3；$\sum V_{a-5} = 2.679$ m^3

解：由上述所给条件得

标准木材积连年生长量为：$\sum Z_V = (\sum V_a - V_{a-5})/5 = 0.389/5 = 0.0778$ m^3；

林分蓄积生长量为：$Z_M = \frac{\sum G}{\sum g} \cdot \sum Z_V = \frac{30.91108}{0.26769} \times 0.0778 = 8.984$ m^3。

实训成果

1. 完成固定标准地法测定林分蓄积生长量图表及计算结果。

2. 完成平均标准木测定林分蓄积生长量过程及计算结果。

注意事项

1. 标准地设置要求对调查的林分应有充分代表性。

2. 固定标准地的测设（如标桩、测线等）一定要保证易复位。

3. 标准地面积的大小用材林为0.25hm^2以上，天然更新幼龄林在1hm^2以上；以研究经营方式为目的标准地不应小于1hm^2。

4. 一般在标准地四周应设置保护带，带宽以不小于林分的平均高为宜。

5. 重复测定的间隔年限，一般以5年为宜。速生树种间隔期可定为3年；生长较慢或老龄林分可取10年为一个间隔期。

6. 测树工作及测树时间最好在生长停止时。应在树干上用油漆标出胸高(1.3m)的位置，用围尺检径，精确到0.1cm并绘树木位置图。

7. 应详细记载间隔期内标准地所发生的变化，如间伐、自然枯损、病虫害等。

8. 当采用生长锥取样条时，由于树木横断面上的长径与短径差异较大，加之进锥压力使年轮变窄；所以只有多方向取样条方能减少量测的平均误差。在实际工作中，除特殊需要外，一般按相对（或垂直）2个方向锥取就可以了。

9. 样木直径量测要分东西和南北方向，算其平均值。

10. 选择的二元材积表一定要选当地有代表性的。

考核评估

序号	技术要求	配分	评分标准	实测记录	得分
1	按照标准地选取原则选择标准地	20	选取不合理全扣		
2	每木检尺,要测量 2 个方向,精确到 0.1cm	35	只量一个方向全扣,没精确到 0.1cm 扣 5 分		
3	会使用生长锥,要从 2 个方向钻取,会判读年轮	15	不会用生长锥的全扣,不会判读年轮的扣 5 分		
4	能正确计算观测数据	20	公式运用不当或计算结果不正确全扣		
5	团队协作 (1)小组成员间团结协作 (2)学习态度、职业道德、敬业精神 (3)步骤和操作过程的规范性	6	根据学生表现,每小项 2 分		
6	方法能力 (1)计划执行能力 (2)过程的熟练程度	4	根据学生表现,每小项 5 分		
	合计	100			

项目7 林分调查

自测题

一、名词解释

林分　林分调查因子　纯林　混交林　同龄林　树高曲线　疏密度　郁闭度　标准地　每木调查　角规测树　角规常数　临界树　林缘误差

二、填空题

1. 为了将大片森林划分为林分，必须依据一些能够客观反映（　　）特征的因子，这些因子称为林分调查因子。
2. 由人工直播造林、植苗或插条等造林方式形成的林分称为（　　）。
3. 凡是由种子起源的林分称为（　　）。
4. 在混交林中，蓄积量比重最大的树种称为（　　）。
5. 在既定的立地条件下，林分中最适合经营目的的树种称为（　　）。
6. 树木的高生长与胸径生长之间存在着密切的关系，一般的规律为树高随胸径的增大而（　　）。
7. 在树高曲线上，与（　　）相对应的树高值，称为林分条件平均高。
8. 在林分调查中，常依据用材树株数占林分总株数的百分比确定（　　）。
9. 地位指数是指在某一地上特定标准年龄时林分优势木的（　　）。
10. 根据林木树干材积与其（　　）的相关关系而编制的立木材积表，称为一元材积表。
11. 根据林木树干材积与其胸径及（　　）两个因子的相关关系而编制的立木材积表，称为二元材积表。
12. 标准林分是指某一树种在一定年龄，一定的立地条件下（　　）和（　　）地利用所占空间的林分，其疏密度为（　　）。
13. 根据我国规定的标准，用材部分长度占全树干长度（　　）以上的树为用材树。
14. 角规是利用一定（　　）设置半径可变的圆形标准地来进行林分测定的一种测树工具。
15. 常用的角规常数为0.5、1和2的简易角规，其杆长固定为50cm时，缺口的宽度分别是（　　）。
16. 角规绕测时应观测树木的（　　）部位，可以得到相割、相切与相离的三种情况，分别计数值为（　　）。
17. 在平坦的林分采用常数为1的角规绕测，有一树木实测其胸径为16.8cm，量得角规点至该树木中心的水平距离为8m，则该树木属（　　），计数值为（　　）。
18. 一般认为，选用角规常数应以每个角规测点的计数株数在（　　）株左右的范围较适宜。
19. 常用的角规种类有（　　）。
20. 在林分生长过程中，有（　　）同时发生。
21. 调查初期与末期两次结果的差值为（　　）。
22. 胸径生长量通常是用（　　）钻取木条测得。一般取相对（　　）钻取。
23. 林分从发生、发育一直到衰老或采伐为止的全部生活史为（　　）。

三、选择题

1. 能够客观反映（　　）的因子，称为林分调查因子。
   A. 林分生长　　B. 林分特征　　C. 林分位置　　D. 林分环境
2. 根据林分（　　），林分可分为天然林和人工林。
   A. 年龄　　　　B. 组成　　　　C. 起源　　　　D. 变化

3. 只有一个树冠层的林分称作（　　）。
   A. 单纯林　　　B. 单层林　　　C. 人工林　　　D. 同层林
4. 林分优势木平均高是反映林分（　　）高低的重要依据。
   A. 密度　　　B. 特征　　　C. 立地质量　　　D. 标准
5. 依据林分优势木平均高与林分（　　）的关系编制地位指数表。
   A. 优势木平均直径　　B. 优势木株数　　C. 优势木年龄　　　D. 密度
6. 在林分调查中，起测径阶是指（　　）的最小径阶。
   A. 林分中林木　　B. 主要树种林木　　C. 每木检尺　　　D. 优势树种林木
7. 林分平均断面积是反映林分林木（　　）的指标。
   A. 大小　　　B. 平均　　　C. 精度　　　D. 水平
8. 根据人工同龄纯林直径分布近似遵从正态分布曲线特征，林分中最细林木直径值大约为林分平均直径的（　　）倍。
   A. 0.1~0.2　　B. 0.4~0.5　　C. 0.6~0.7　　D. 0.8~0.9
9. 根据人工同龄纯林直径分布近似遵从正态分布曲线的特征，林分中最粗林木直径值大约为林分平均直径的（　　）倍。
   A. 1.1~1.2　　B. 1.3~1.4　　C. 1.7~1.8　　D. 2.0~2.5
10. 测定林分蓄积量除了测定林分单位面积上的林分蓄积量之外，还应包括林分（　　）的测定。
    A. 位置　　　B. 坡向　　　C. 环境　　　D. 面积
11. 采用平均标准木法测定林分蓄积量时，应以标准地内林木的（　　）作为选择标准木的依据。
    A. 平均材积　　B. 平均断面积　　C. 平均直径　　　D. 平均高
12. 立木材积表是载有各种大小树干单株（　　）的数表。
    A. 平均直径　　B. 平均树高　　C. 平均断面积　　　D. 平均材积
13. 依据林木树干材积与树干（　　）的相关关系而编制的立木材积表称为一元材积表。
    A. 胸径　　　B. 树高　　　C. 断面积　　　D. 中央直径
14. 每木调查是指在标准地内分别树种测定每株树的（　　），并按径阶记录、统计的工作。
    A. 胸径　　　B. 树高　　　C. 检尺长　　　D. 检尺径
15. 从地位指数表中查得的地位指数，是指（　　）。
    A. 林分在调查时的平均高　　　　B. 林分在调查时的优势木平均高
    C. 林分在标准年龄时的平均高　　D. 林分在标准年龄时的优势木平均高

四、判断题

1. 测定林分蓄积量的方法很多，但无论哪种方法都必须经过设置标准地、每木调查、测定树高的基本程序。（　　）
2. 在树高曲线上不但可查出林分平均高，而且可查定各径阶平均高。（　　）
3. 材种出材率是某材种的带皮材积占树干总去皮材积的百分数。（　　）
4. 林分生长其调查因子都是随着年龄的增大而增加的。（　　）
5. 利用标准木法一次测定即可测得蓄积生长量。（　　）
6. 在混交林中，蓄积量比重最大的树种称为主要树种。（　　）
7. 在某种立地条件下最符合经营目的的树种称为主要树种。（　　）
8. 设置标准地进行每木调查时，境界线上的树木可以检尺，也可以不检尺。（　　）
9. 某林分的地位指数为"16"，即表示该林分在标准年龄时优势木的平均高为16m。（　　）
10. 林分平均高比林分优势木平均高受抚育间伐措施的影响大。（　　）
11. 林分生长与单株树木生长相同，都是随年龄增大而增加。（　　）

12. 林分纯生长量也就是净增量。（　　）

13. 用生长锥钻取胸径取木条时的压力会使自然状态下的年轮变窄。（　　）

五、简答题

1. 在林分调查中选择标准地的基本要求是什么？
2. 简述林分疏密度的确定过程及计算方法。
3. 标准地调查的主要工作步骤及调查内容是什么？
4. 常用的角规有几种？自平曲线杆式角规为什么可以自动进行坡度改正？
5. 保证角规测树精度的关键技术是什么？
6. 什么叫角规控制检尺？通过角规控制检尺还能间接计算哪些林分调查因子？
7. 简述用角规测树技术测定林分蓄积量的方法及步骤。
8. 与树木生长相比林分生长的特点是什么？
9. 简述林分生长量的种类以及各生长量之间的关系。
10. 设置和测定固定标准地应注意哪些事项？
11. 求胸径生长量为什么要按带皮胸径来计算？
12. 林分生长过程中，哪些因子随年龄的增大而增加，哪些因子随年龄的增加而减少？

六、计算题

1. 某林分面积 $8.5 hm^2$、平均高 $11.2 m$、每公顷胸高断面积为 $20.5 m^2$，查该树种标准表得知标准林分公顷蓄积量为 $120 m^3$，标准林分公顷断面积为 $25.0 m^2$，求该林分的疏密度和蓄积量。

2. 在面积为 $10 hm^2$ 的某山杨林分中，设置标准地一块，其面积为 $0.1 hm^2$，标准地调查每木检尺结果见表 7-33，请采用一元材积表法（山杨立木一元材积表见表 7-34）测算该山杨林分蓄积量。

表 7-33　利用一元材积表计算林分蓄积量表

径阶/cm	株数/株	单株材积/m³	径阶材积/m³
6	11		
8	23		
10	24		
12	40		
14	30		
16	15		
18	4		
合计			

表 7-34　某地山杨立木一元材积表（节录）

径阶/cm	4	6	8	10	12	14	16	18	20
材积/m³	0.0049	0.0129	0.0257	0.0439	0.0680	0.0985	0.1357	0.1800	0.2318

3. 据某标准地调查结果，胸高总断面积 $\sum G = 30.911\,08\ m^2$，3 株平均标准木伐倒后，测算结果如下：

① $g_1 = 0.093\,48\ m^2$；$V_a = 1.121\ m^3$；$V_a - 5 = 0.984\ m^3$

② $g_2 = 0.08867$ m²；$V_a = 0.992$ m³；$V_a - 5 = 0.862$ m³

③ $g_3 = 0.08553$ m²；$V_a = 0.955$ m³；$V_a - 5 = 0.833$ m³

请利用平均标准木法计算林分蓄积生长量。

4. 有一马尾松林分，采用 $F_g = 1$ 的角规控制检尺记录见表7-35。请分别计算该林分的每公顷胸高断面积、每公顷株数、平均直径和林分蓄积量。

表7-35 角规控制检尺林分蓄积量计算表（形高法）

径阶(D_i) \ 角规点(j)	6	8	10	12	14	16	18	20	$\sum_{i=1}^{k} Z_{ij}$	坡度(θ)	$M_j = \sum_{j}^{k} Z_{ij} R_{ij}$	改正后 M_j
1	0.5	1	1	3	5	1	2	1		25		
2		2	3	3	3		0.5			20		
3	1	2	3	4	5	3		1		10		
4	1	1	2	5	6	4	1			0		
5	2	1	3	5	5	2	1			0		
$\sum_{i=1}^{n} Z_{ij}$												
形高(R_{ij})												

5. 一块林分第一次调查时平均年龄为20年，平均高12.0m，平均直径为14cm，第二次调查时平均年龄为30年，平均高15.5m，平均直径20cm。计算该林分树高、直径的净增量是多少？

七、论述题

在营林工作中，采用标准地调查法的意义是什么？

自主学习资源库

如果同学们想了解更多的知识，可以通过下面渠道进行学习：

1. 阅读书刊

（1）单振明，王鲲.2013.樟子松人工林林分直径分布规律的研究[J].林业科技情报，45(1)：36.

（2）孙德军，卢志恒，张志民.2010.宁城县林业线形标准地调查方法[J].内蒙古林业调查设计，33(4)：67.

（3）黄晓龙，莫海滨，谢贤忠.2013.杨树人工林林木蓄积量调查方法对比研究[J].湖南林业科技，40(6)：41.

（4）刘占军.2009.对角规测树原理的解析[J].华章(8)：151.

（5）郑德祥，胡国登，陈平留，龚直文.2006.不同林龄杉木人工林中角规常数选择与误差分析[J].林业资源管理(2)：74-78.

（6）索玉凯，张文龙，唐国庆.2004.简述角规测树调查应注意的几个问题[J].林业勘查设计(2)：43.

（7）贺新华，王军辉.2013.华山松种源试验林32年生长量比较分析[J].湖北林业科技(2)：41.

（8）蔡贤如，田莉，喻梅.1994.林分生长量估测模型的研究[J].生物数学学报(1)：11.

（9）颜维正，刘勇涛.2012.不同采伐强度对杉木林分生长量及林下植被的影响研究[J].四川林业科技(4)：27.

（10）将向军.2011.不同的更新方式对尾巨桉林分生长量和林下植物多样性的评价[J].吉林农业

(6): 39.

(11) 周传统. 2006. 林分蓄积生长量测定方法的探讨[J]. 山东林业科技(2): 51.

(12) 方月梅. 2013. 青杨插条繁殖林分生长量及生长期研究[J]. 河北林果研究(3): 13.

(13) 郭明春. 2011. 杉木人工林林分生长模拟[J]. 福建林学院学报, 31(1): 65.

2. 浏览网站

(1) 中国林业网 http://www.forestry.gov.cn/

(2) 中国林业新闻网 http://www.greentimes.com/green/index/index01.htm

(3) 中国林业信息网 http://www.lknet.ac.cn/

(4) 测树学精品课程网 http://210.36.18.46/csx_gxufc_web/

(5) 国家精品课程资源网 http://course.jingpinke.com

(6) 森林调查技术精品课程网 http://sldcjs.7546m.com/

3. 通过本校图书馆借阅有关森林调查方面的书籍。

拓展知识

影响林分生长量和收获量的因子

林分生长量和收获量是以一定树种的林分生长和收获概念为基础，在很大程度上取决于以下4个因子：

(1) 林分的年龄或异龄林的年龄分布；

(2) 林分在某一林地上所固有的生产潜力（立地质量）；

(3) 林地生产潜力的充分利用程度（林分密度）；

(4) 所采取的林分经营措施（如间伐、施肥、竞争植物的控制等）。

林分生长量和收获量显然是林分年龄的函数，典型的林分收获曲线为"S"形。

一般来说，当林分年龄相同并具有相同林分密度时，立地质量好的林分比立地质量差的林分具有更高的林分生长量和收获量，如图7-16所示。当林分年龄和立地质量相同时，在适当林分密度范围内，密度对林分收获量的影响不如立地质量那样明显，一般地说，林分密度大的林分比林分密度小的林分具有更大收获量，但遵循"最终收获量一定法则"，如图7-17所示。

所采取的林分经营措施实际上是通过改善林分的立地质量（如施肥）及调整林分密度（如间伐）而间接影响林分生长量和收获量。

林分生长与收获预估模型就是基于这4个因子采用生物统计学方法所构造的数学模型。所以，林分

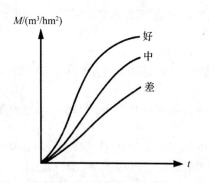

图 7-16 相同林分密度时不同立地质量林分的蓄积生长过程

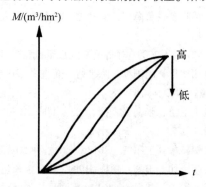

图 7-17 相同立地质量时不同林分密度林分的蓄积生长过程

生长量或收获量预估模型一般表达式为

$$Y = f(A, SI, SD) \tag{7-41}$$

式中　Y——林分每公顷的生长量或收获量；

　　　A——林分年龄；

　　　SI——地位指数或其他立地质量指标；

　　　SD——林分密度指标。

从表达式(7-41)的表面形式上，并未体现经营措施这一变量，但经营措施是通过对模型中的可控变量：立地质量(如施肥)和林分密度（如间伐）的调整而间接体现的。这一过程主要采用在模型中增加一些附加输入变量，如造林密度、间伐方式及施肥对立地质量的影响等，来适当调整收获模型的信息。

当然，这些因子在不同的模型中其表示方法或形式上也有所不同，使得模型的结构形式及复杂程度也有所不同。几乎所有的林分生长量和收获量预估模型都是以立地质量、生长发育阶段和林分密度(或林分竞争程度的测度指标)为模型的已知变量(自变量)。森林经营者利用这些模型，依据可控变量——林龄、林分密度及立地质量(少数情况下使用)进行决策，即获得有关收获量的信息，进行营林措施的选择(如间伐时间、强度、间伐量、间隔期、间伐次数及采伐年龄等)。

本项目参考文献

1. 魏占才. 2002. 森林计测[M]. 北京：高等教育出版社.
2. 魏占才. 2006. 森林调查技术[M]. 北京：中国林业出版社.
3. 孟宪宇. 1996. 测树学[M]. 北京：中国林业出版社.
4. 孟宪宇. 2006. 测树学[M]. 北京：中国林业出版社.
5. 关毓秀. 1994. 测树学[M]. 北京：中国林业出版社.
6. 吴富桢. 1994. 测树学[M]. 北京：中国林业出版社.
7. 吴富桢. 2007. 测树学[M]. 北京：中国林业出版社.
8. 吴富桢. 1994. 测树学实习指导[M]. 北京：中国林业出版社.
9. 孟宪宇，郑小贤. 1999. 森林资源与环境管理[M]. 北京：经济科学出版社.
10. 翟明普，张征. 1999. 林业生态环境管理综合实践[M]. 北京：经济科学出版社.
11. 马继文，李昌言，等. 1991. 森林调查知识[M]. 北京：中国林业出版社.
12. 李宝银. 2004. 伐区调查设计[M]. 福州：福建省地图出版社.
13. 北京林学院. 1961. 测树学[M]. 北京：中国林业出版社.
14. 大隅真一，等. 1977. 森林计测学[M]. 东京贤堂.
15. 福建省森林资源管理总站. 1995. 森林调查常用表.
16. 佘光辉. 1998. 角规测树在材积生长动态监测中应用理论与方法的研究[J]. 林业科学（2）：25-29.
17. 叶金盛，佘光辉. 2001. 角规测树生长理论方法的研究[J]. 南京林业大学学报(自然科学版)（3）：6-10.
18. 朱金秋. 2000. 角规测树误差修正的探讨[J]. 森林资源调查(4)：17-20.
19. 郎奎健，王长文. 2005. 森林经营管理学导论[M]. 哈尔滨：东北林业大学出版社.
20. 联合国粮农组织，詹昭宁，等译. 1986. 森林收获量预报——英国人工林经营技术体系[M]. 北京：中国林业出版社.
21. 国家质量监督局，国标管委会. 2009. 杉原条材积表[M]. 北京：中国标准出版社.
22. 光增云. 2001. 材积表实用手册[M]. 郑州：中原农民出版社.
23. 高忠民. 2011. 常用木材材积速查手册[M]. 北京：金盾出版社.

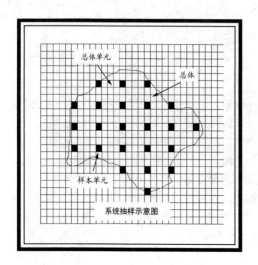

项目 8

森林抽样调查

任务 8.1　森林抽样调查方案的设计
任务 8.2　样地的测设与调查
任务 8.3　森林抽样调查特征数的计算

森林抽样调查是以数理统计理论为基础，在大面积森林调查中，按照要求的调查精度，从总体(森林)中抽取一定数量的单元(样地)组成样本，通过对样本单元(样地)的测设和调查后，用来推算调查总体(森林)的方法，常用于监测和清查大区域内森林资源的面积、总蓄积、生长量、枯损量以及森林立地的质量。森林抽样调查包括预备调查及抽样调查方案设计；样地的测设与调查；调查总体资源的估计、误差分析及成果汇编等。

知识目标

1. 了解森林抽样调查基础理论与知识。
2. 掌握森林抽样调查方案的设计。
3. 掌握森林抽样调查样地的测设与调查。
4. 掌握森林抽样调查资源估计和误差分析。

技能目标

1. 能完成森林抽样调查工作方案的设计。
2. 能熟练完成样地的引点定位。
3. 能熟练掌握样地的周界测量、样地调查。
4. 能熟练掌握总体资源的估计、误差分析及成果汇编。

任务 8.1
森林抽样调查方案的设计

➡任务目标

本任务通过学习森林抽样调查的概念及理论基础,掌握森林抽样调查适用的范围及评定指标,熟悉系统抽样、分层抽样调查的方法。能根据调查的目的、任务和精度要求,完成总体、单元的确定,计算样本单元数、样点抽取与样点图的布设等工作,掌握森林抽样调查方案设计的基本技能。

➡任务提出

森林抽样调查设计主要包括:确定调查对象总体范围、目的因子和要求精度,进行踏查、了解总体的变动情况,计算样本单元数,制定调查方法与标准,进行样点的抽取并完成森林抽样调查的样地布点图的设计。

➡任务分析

完成任务需要理解森林抽样调查的概念、抽样调查的方法,熟悉系统抽样、分层抽样方案设计的基本工作步骤,掌握森林抽样调查方案设计主要内容及评定指标。

➡工作情景

工作地点:森林调查实训室。

工作场景:实施案例导向教学,采取教师讲解相关典型的案例,引导的学生自主学习森林抽样调查的基本概念与基础理论,理解森林系统抽样、分层抽样基本方法。以教学林场或区域性森林为调查总体,选择合理的抽样方案,计算样本单元数,完成调查样点图的布设。

➡知识准备

8.1.1 森林抽样调查概述

8.1.1.1 森林抽样调查概念

森林面积辽阔,地形复杂,种类多、变化大,森林调查中的许多调查因子,如单位面积蓄积量、生长量、枯损量等均属于数量标志，多属于自然变异，符合数理统计合适的抽样对象，运用抽样调查可以用最少的工作量达到成本低、效率高、精度高的目的。森林抽样调查是以数理统计为理论基础，在调查对象（总体）中，按照要求的调查精度，从总体中抽取一定数量的单元（样地）组成样本，通过对样本的量测和调查，进而推算调查对象（总体）的方法。由于森林调查的目的、要求和任务的不同以及森林组成、林龄、郁闭度等存在着差别，因此，森林抽样调查的具体方法很多。但是，无论采用哪种抽样方法，都包括总体踏勘、预备调查、设计相应的抽样方案，抽取相应的样本单元，开展外业样地测定，资源估计和误差分析、成果汇编等几个重要环节。

8.1.1.2 总体与总体单元

按照研究目的所确定的调查对象和全体称为总体。构成总体的每一个基本单位称为总体单元。将总体划分为单元时，可以采用构成总体的自然单位，也可以采用人为规定的单位。例如，某林场面积为 $6\times10^4\text{hm}^2$，调查其林木总蓄积，可以规定以一定面积上的全部林木作为单元。如设以 0.06hm^2 的方形林地上全部林木作为一个总体单元，那么总体单元数 N 为：

$$N = \frac{60\,000}{0.06} = 1\,000\,000$$

即该调查总体包含 100 万个总体单元。

8.1.1.3 样本与样本单元

进行抽样调查需要从总体中抽取部分研究对象进行观察或实验。在生产与科学研究中，观察或实验通称为调查。总体中抽取调查测定的部分单元的全体称为样本，样本中的每一个单元称为样本单元。

样本所含单元的个数称为样本单元或样本容量，用 n 表示。区分大样本与小样本没有明确的界限，这与抽样分布有关。在应用时，通常 $n \geq 50$ 认为属于大样本，$n \leq 50$ 认为属于小样本。

样本单元数与总体单元数的比称为抽样比，用 f 表示，即 $f = \frac{n}{N}$。例如，从含有 100 万个单元的总体中抽取 500 个单元组成样本，则抽样比

$$f = \frac{n}{N} = \frac{500}{1\,000\,000} = 0.000\,5$$

根据总体所含单元的情形可将总体分为有限总体与无限总体。含有限个单元的总体称为有限总体，含有无限多个单元的总体称为无限总体。在实际生产中往往把抽样比很小的有限总体看作无限总体。例如从由 100 万个单元构成的总体中抽取 500 个单元组成样本，由于抽样化 $f = 0.000\,5$ 已很小，可以把该总体看作无限总体。

8.1.1.4 标志与标志值

进行抽样调查是为了研究总体单元的某项特征。总体单元所具有的某项特征称为标志。如林木的胸径、树高、单元面积林木的材积等都是一项标志，这些标志可以用数值描述，称为数量标志。林木的品种、是否病腐木等也是林木的标志，它们不便于直接用数值描述，称为非数量标志或品质标志。总体单元在某项数量标志上具体数值称为标志值或特

征值。样本单元是总体单元的一部分,调查测定的样本单元标志值的全体构成了样本数据资料,如在森林资源连续清查中的每个固定样地的蓄积量、株数及平均树高等。

8.1.2 森林抽样调查方法

8.1.2.1 等概率抽样

等概率抽样是指总体中每个单元都有相同的被抽中的概率,常用的抽样方法有:

(1)随机抽样

在以林木为单元的森林总体中,对每株林木先编号,后按序号随机抽取。在以面积为单元的大面积森林调查中,多用网点膜片或透明方格膜片来抽取样地。做法是将一种膜片覆盖到森林图上,统计落在总体范围内的点数或方格交点数。在这些点中,随机抽取需设置的样地点,并在现场找到它们,以每个样点为基准测设样地。

(2)系统抽样

又称机械抽样,是等间距抽取样本的方法。即从含有 N 个单元的有限总体中,随机地确定起点以后,按照严格的,预先规定的间隔或图示来抽取样本单元组成样本,用以估计总体,样本各单元在总体中分布比较均匀,是森林调查中常用的方法。具体做法是用方格网随机覆盖在林业图上,其方格交点就是样地点位。

我国1978年开始建立的森林资源连续清查体系,就是采用了以公里网交点作为样地点的系统抽样方法。系统抽样的样地分布较为均匀,但因地形、土壤、人为活动等因素的影响,森林分布在地域上形成一种有规律的周期性变动。例如,等间隔带状伐区、走向比较一致的山脊和沟谷、明显的阴阳坡等均可形成森林分布有明显的等间隔差异,如果样点间距与周期性变化吻合,则导致系统抽样失败,在抽样时要十分注意并加以克服。

(3)分层抽样

按照森林各部分的不同特征,把总体划分成若干个层(类型),然后在各层中进行随机或系统抽样,借以对总体进行估计(图8-1)。总体分层后,每一层成为一个独立的抽样总体,所以所分的层又称副总体。分层因子大致相同的森林地段有相近似的蓄积量,分层后可以扩大层间差异,缩小层内的变动,提高抽样的工作效率。

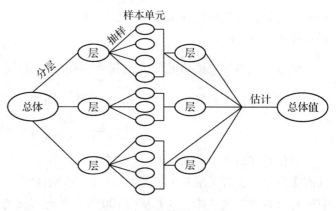

图 8-1 分层抽样示意图

实施分层抽样应满足以下三个条件:
①各层的总体单元数是确知的,或者各层的权重是确知的;
②总体分层后,各层间任何单元都没有重叠或遗漏;
③在各层中进行的抽样是独立的。

在相同数量的样本条件下,用这种方法比随机抽样有较高的精度。可以看出,采用森林分层抽样调查时，不仅要确知总体面积，而且还必须知道各层的面积及所占的比例。

(4) 多阶抽样

把调查地区按面积划分成许多单元称为一阶样本，在抽中的一阶单元内再细分为若干小单元称二阶样本。然后在这些二阶单元中随机抽取一部分作为该一阶单元的次级样本。在抽中的二阶单元内还可以划分和抽取三阶单元。依此逐级细分和逐级抽取的方法称多阶抽样。森林调查的测定工作在最后一级抽中的单元中进行。使用这种方法，要力求各一阶单元能反映总体情况，并使一阶间的变动最小。

(5) 多相抽样

又称多重抽样。在森林总体中，先抽取一个大样本作为第一重样本，再从第一重样本中抽取一个较小些的样本作为第二重样本。对第一重样本用简易的测定，目测或相片判读获取每个单元值，而对第二重样本要进行准确的测定。这种方法的实质是利用第二重样本修正粗放测定的第一重样本，进而对森林总体作出较准确的估计。多重抽样技术可以发挥航空相片的作用，减少地面样地的数量，提高抽样效率。

(6) 点抽样

在总体内随机或系统地抽取样点，在每个样点上用角规进行绕测，以相割与相切林木为样本单元，组成样本，用以估计总体的方法叫作点抽样，又称可变样地法、无样地抽样、角规抽样法、角规测树等。

8.1.2.2 不等概率抽样

对大径林木或单元值较大时被抽概率较大的抽样方法，不等概率抽样，效率高于等概率抽样，但组织样本的方法较麻烦，统计分析也复杂，不如等概率抽样容易掌握。常用的不等概率抽样方法有：

(1) PPS 抽样

PPS 抽样是概率与单元大小相等的不等概率抽样。每个单元被抽中的概率取决于它的大小。面积大的林分有较大的抽中概率，即为按林分面积大小的不等概率抽样。它要有各林分面积的清单，因此又称清单抽样。PPS 抽样只有在决定抽样概率的因子，如面积，必须与目的因子成正相关时，才能有较高的效率。

(2) 3P 抽样

3P 抽样是概率与预定数量大小成正比例的不等概率抽样。在事先不具备清单的条件下，须逐个访问各单元，确定其是否被抽作 3P 样木。美国伐区调查中应用这种方法，精度较高。

8.1.3 森林抽样调查方案设计

8.1.3.1 森林抽样调查方案

森林抽样调查方案的设计是根据调查目的、主要任务、精度要求和现有资料，完成总体和单元的划分，选择抽查方法进行样本的组织，完成调查样点图的布设及调查技术标准的制定等一系列工作。森林抽样调查方案设计时，对于样地的抽取、测定和估计方法等都应力求避免偏差。充分考虑森林总体范围大，交通不便，样地间的转移需花费较多时间的特点，以求提高样地调查的工作效率，尽可能缩小样地间的转移路程。

传统森林抽样调查方法主要是等概率中简单随机抽样、系统抽样和分层抽样，现在森林调查抽样方案设计中正越来越多地采用不等概率、多阶、多重的抽样技术以提高相对效率，研究多目标的抽样估计技术，以满足林业生产的多效益调查要求，是现代发展的趋向，本教材重点介绍森林资源调查中传统概率抽样方法。

8.1.3.2 方案设计的基本原则与评定指标

在设计森林抽样调查方案时，要充分考虑以下几个问题：

①明确林业生产和林业规划的要求，根据要求确定森林抽样调查必须取得哪些成果，需要掌握哪些数据以及这些数据要求达到的精度。

②根据森林经营的要求，正确地划分调查对象的总体和单元。

③充分掌握和利用过去已有的调查材料，根据生产的要求和调查地区的林况、地况等因子，选取适合的抽样调查方法，按要求的可靠性和精度，合理地计算样本单元数，正确组织样本设计抽样方案。

森林抽样调查方案的评定指标主要从以下几方面进行：

①可靠性　调查结果应用精度指标，抽样调查不仅能客观地估计误差，并有概率保证，一般用95%的概率保证即可。

②有效性　误差小、效率高、成本低。

③连续性　适宜建立森林资源连续清查体系，通过定期复查，能够及时地分析森林资源的消长变化。

④灵活性　调查方案可塑性大，适用范围广，能满足林业科学技术发展的要求。在林区进行综合性调查时，要尽量注意估计参数不同的抽样方案，相互嵌套，以利提高工效，降低成本。

→任务实施

实训目的与要求

以教学林场或县、乡镇等一定区域森林为总体，完成森林调查总体界限确定、面积计算及调查单元的确定并分别采用系统抽样、分层抽样的方法进行样地数量计算，完成样地布点图的设置。

实训条件配备要求

1. 实训场所

森林调查实训室。

2. 仪器、工具

①图面材料、调查表格　调查总体地形图、森林分布图、林业基本图。

②各种仪器、工具　计算器(带三角函数)、量角器、直尺。

③相关数表　《随机数表》《森林资源调查规划设计技术规定》。

实训的组织与工作流程

1. 实训组织与时间安排

建立学生实训小组，4~5人为一组，并选出小组长，通过学习讨论，完成森林系统抽样调查、分层抽样调查方案的设计工作，分别提交森林抽样调查方案设计说明书，完成系统抽查、分层抽样的样点布点图。

2. 实训工作流程(图8-2)

实训方法与步骤

(一)系统抽样调查方案的设计

1. 确定总体境界，求算总体面积

明确调查总体，将总体境界线在地形图准确地勾绘出来，用方格网法或求积仪计算总体面积。若已经建立森林资源地理信息系统的可直接在电脑中计算总体面积。

2. 划分总体单元，确定样地形状和大小

在既定精度条件下，样地的形状及面积大小不同其效率是不同的。

(1)样地的形状

样地的形状一般有方形、圆形和矩形，方形

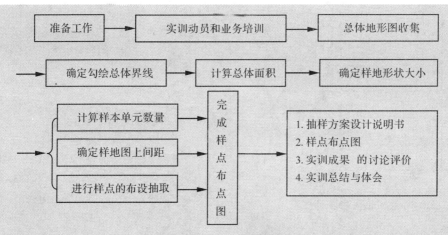

图 8-2 实训工作流程

样地边界木少,灵活性大,边界测量容易,可用闭合导线法设置。圆形样地也称样圆,设置方法简单,当样地面积相同时,以样圆的周界最短。我国森林抽样调查的样地形状常采用正方形。

(2)样地的大小

样地的大小实质是划分总体单元的大小,总体面积相同,样地面积越大,总体单元数越少。变动系数随样地面积增大而减小,当增加到一定程度时变动系数趋于稳定,当样地数相同时,面积大的样地估计精度高,但是面积大的样地增加了人力和成本的消耗。因此,样地最优面积应以变动系统开始趋于稳定的最小面积为宜(图 8-3),即 0.06 hm²。

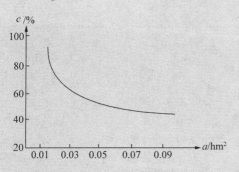

图 8-3 变动系数随样地面积变化曲线

样地面积在我国一般采用 0.06~0.08 hm²,在林分变动较大的林区可用 0.1 hm²,幼龄林用 0.01 hm² 较适宜。国家森林资源连续清查的样地面积 0.0667 hm²(1 亩),形状多采用正方形。

3. 确定样地数量

样地数量的确定既要满足精度要求,又要使工作量最小。在森林调查中,由于总体面积一般较大,抽样比一般小于 5%,通常采用重复抽样公式计算样地数量:

$$n = \frac{t^2 s^2}{\Delta^2} = \frac{t^2 c^2}{E^2} \quad (8-1)$$

式中 s^2——总体方差估计值;

Δ——绝对误差限;

c——变动系数;

E——相对误差限;

t——可靠性指标。

在生产中,可靠性和抽样误差可以事先给定,但总体方差估计值 s^2 或变动系数 c 是未知的,可查阅以往的调查材料或通过预备调查作出预估。为了保证调查精度,常在确定的样地数量基础上增加 10%~20% 的安全系数。

在不重复抽样或抽样比大于 5% 时,采用下式计算样地数量:

$$n = \frac{Nt^2c^2}{NE^2 + t^2c^2} = \frac{At^2c^2}{AE^2 + t^2c^2a} \quad (8-2)$$

式中 N——总体单元数;

A——总体面积;

a——样地面积;

其他符号同前。

4. 布点

(1)确定样地间距

样地在实地上的间距 $L = \sqrt{\dfrac{10\,000 \times A}{n}}$ (m)

样地在布点图上的间距 $l = 100L \times \dfrac{1}{m}$ (cm)

(2)制作样地布点图

根据样地在布点图上的间距在地形图上确定公里网或公里网加密交叉点;一般先在地形图上

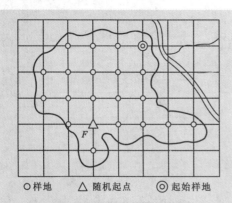

图 8-4 系统抽样布点示意图

随机找到一个公里网交点(如图 8-4 中 F 点),再按样地间距沿公里网的方向布点,各交点即为选取的样点。也可用按样地在图上的间距,预先制好的网点板或透明方格纸随机覆盖在地形图上,并将抽中的网点刺到地形图的布点图上,布点时要注意防止森林分布周期性的影响。

如发现地形、森林分布等周期性影响时,要及时给予纠正,重新布点抽样。

对落入总体范围内的样点,从西向东、由北向南顺序编样地号,完成系统抽样样点图的制作。

5. 编写森林系统抽样方案设计说明书

简述森林抽样调查目的、总体范围及面积、抽样方法、样地形状大小、数量及布点图,样地调查主要内容。

[例 8.1] 某林场森林系统抽样调查方案设计

1. 确定调查总体的境界,求算总体面积

根据收集到的图面材料(地形图或基本图)把调查总体的境界准确地勾绘出来作为调查用图,通过透明方格网或地理信息系统计算(已知某抽样的总体面积为 378.287 hm^2,即 5674.3 亩)。

2. 确定样地形状和大小

样地形状采用正方形,样地面积选用 0.0667hm^2(1 亩)。

3. 确定样地数量

(1)确定变动系数

通过调查、搜集,获得该林场前期样地调查资料,具体材料见表 8-1。

表 8-1 某林场前期样地蓄积量　　　　　　m^3

5.8	4.0	1.8	4.3	1.9	0.9	0.2	0.4	1.7	4.0
10.7	1.2	3.8	0.7	4.1	8.8	5.7	8.7	9.3	6.0
7.8	5.0	8.7	4.6	7.2	3.6	12.3	5.2	13.7	2.1
13.1	1.9	5.2	10.5	2.8	7.2	15.2	5.4	8.8	4.6
6.7	2.8	5.3	0.1	6.5	3.5	4.3	3.8	3.6	8.6
5.2	10.5	2.8	7.4	15.2	13.2	8.7	4.6	7.2	3.6
8.6	9.7								

$$\sum y_i^2 = 5.8^2 + 4.0^2 + 1.8^2 + \cdots + 8.6^2 + 9.7^2 = 3092.54$$

$$\sum y_i = 5.8 + 4.0 + 1.8 + \cdots + 8.6 + 9.7 = 371$$

$$\bar{y} = \frac{1}{n'} \sum y_i = \frac{1}{62} \times 371 = 5.98$$

$$S^2 = \frac{\sum y_i^2 - (\sum y_i)^2/n}{n'-1} = \frac{3092.54 - \frac{371^2}{62}}{62-1} = 14.30$$

$$S = \sqrt{14.30} = 3.78$$

则总体的变动系数:

$$C = \frac{S}{\bar{y}} \times 100\% = \frac{3.78}{5.98} \times 100\% = 63.2\%$$

(2)确定可靠性指标

$n' = 62 > 50$,属于大样本,根据可靠性 95% 查标准正态概率积分表,得 $t = 1.96$。

在大样本时,按可靠性要求,由标准正态概率积分表(表 8-2)查得 t 值。

在小样本时,按可靠性要求 95% 和自由度 $df = n-1$ 查"小样本 t 分布数值表"(表 8-3),得 t 值。

表 8-2 标准正态概率积分表

可靠性/%	50	68.8	80	90	95	95.4	99
可靠性指标 t	0.67	1.00	1.28	1.64	1.96	2.00	2.58

表 8-3 小样本 t 分布数值表

df	1	2	3	4	5	6	7	8	9	10	11	12
t	12.71	4.30	3.18	2.78	2.57	2.45	2.37	2.30	2.26	2.23	2.20	2.18
df	13	14	15	16	17	18	19	20	21	22	23	24
t	2.16	2.14	2.13	2.12	2.11	2.10	2.09	2.09	2.08	2.07	2.07	2.06
df	25	26	27	28	29	30	40	60	120			
t	2.06	2.06	2.05	2.05	2.05	2.04	2.02	2.00	1.98			

(3)确定允许误差

由于调查精度要求达到 85%，所以调查的允许误差为 $E = 1 - P = 1 - 85\% = 15\%$。

(4)确定样本单元数

$A = 5674.3$ 亩，样地面积 $a = 1$ 亩，采用重复抽样公式计算样本数量。

总体单元数为：$N = \dfrac{A}{a} = \dfrac{5674.3}{1} = 5675$

因为抽样比 $f = \dfrac{n'}{N} = \dfrac{62}{5675} = 0.01 < 0.05$，所以采用重复抽样公式计算样地数量。

$$n = \dfrac{t^2 c^2}{E^2} = \dfrac{1.96^2 \times 0.632^2}{0.15^2} = 68$$

由于该总体为人工林，林相比较整齐，变动系数较小，为了保证系统抽样调查的精度，总体只需增加 3% 的安全系数。

$$n = 68 \times (1 + 3\%) = 70$$

4. 布点，完成样点分布图

计算样地间距

样地在实地上的间距 $L = \sqrt{\dfrac{666.67 \times A}{n}} = \sqrt{\dfrac{666.67 \times 5674.3}{70}} = 232.2 \mathrm{m}$

样地在布点图上的间距 $l = 100 L \times \dfrac{1}{m} = 100 \times 232.2 \times \dfrac{1}{10\,000} = 2.3 \mathrm{cm}$

在地形图上按照 2cm×2cm 公里网进行加密布点，各交点即为抽取的样地点。对落入总体范围内的样点，从西向东、由北向南顺序编样地号。

5. 编写森林抽样方案说明书

(二)分层抽样调查方案的设计

1. 确定调查总体的境界，求算总体面积(略)
2. 样地形状和大小(略)
3. 分层方案的确定

(1)确定分层方案的原则

①遵循林业生产上对调查成果的要求；
②依据总体内森林结构特点；
③充分利用过去的调查材料；
④缩小层内方差，扩大层间方差；
⑤充分利用图面材料和航空相片判读的成果。

(2)分层因子的选择

分层方案包括分层因子的选择与级距的划分。分层因子的选择依据调查目标而定，以清查森林蓄积量为目的的资源调查应与对蓄积量影响较大的因子作为分层因子。我国当前生产上主要采用树种(组)—龄组—郁闭度(疏密度)三因素的分层方案；如果总体蓄积量变化较大时，应以单位面积蓄积量作为分层因子，如亩蓄积量。

(3)分层因子级距的确定

如果总体采用树种(组)—龄组—郁闭度(疏密度)三因素作为分层因子时，各分层因子级距的确定如下：

①树种(组)在混交林中用优势树种或树种组来分层。
②龄组一般划分为幼龄林、中龄林、近熟林和成熟林。
③郁闭度(疏密度)一般划分为疏(≤0.2)、中(0.21~0.69)和密(≥0.7) 3 个层。

如果总体采用单位面积蓄积量作为分层因子时，分层因子的级距应根据总体单位面积蓄积量的极差和分层的层数来确定。

根据分层因子和分层因子的级距进行分层。为方便起见，各层可用层代号表示，例如"落成密"表示落叶松成熟龄密林。分层因子不宜过多、级距不宜过小，否则层的面积误差加大，反而会降低精度。

4. 层化小班及求积

把总体中每个林分按照确定的分层因子和级距，准确地把它们区划出来。

操作时，根据森林分布图、地形图、林相图、航空相片等资料，结合地面现场调查，在林业基本图上勾绘出各层的界限与范围，经过分层勾绘的分层平面图是计算各层面积权重和进行分层布点的基本资料（图8-5）。

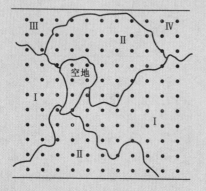

图8-5　分层平面图

然后在分层平面图上用求积仪或直接由地理信息中求算各分层小班面积。各分层小班面积之和应该等于总体面积，最后计算各层的面积权重。

由于分层抽样调查是在认定各层面积没有误差的条件下计算蓄积量的精度，所以各层面积的勾绘判读各计算必须准确，否则面积权重的偏差将导致总体估计值的偏差。一般情况下，优势层的面积权重误差达±10%时，可使分层效率小于1。

5. 样本单元数计算与分配

（1）面积比例分配法

这是分层抽样调查常用的、按各层面积大小或比例分配样地数量。

①重复抽样

分层抽样的总样地数：

$$n = \frac{t^2 \sum_{h=1}^{L} W_h S_h^2}{E^2 (\sum_{h=1}^{L} W_h \bar{y}_h)^2} \quad (8\text{-}3)$$

式中的 t 值、E 值是根据生产要求预先确定的，W_h 为各层面积的权重已知，而 S_h 和 $\bar{y}_h$ 是未知值，只能根据以往调查资料或通过预备调查来预估。因此，用该式求得的 n 值的可靠程度取决于对 S_h 和 $\bar{y}_h$ 估计的准确程度。

各层样地数的分配与该层面积成正比，面积大的层，分配的样地数多，反之则少。

即

$$n_h = \omega_h \cdot n$$

②不重复抽样

分层抽样的总样地数：

$$n' = \frac{n}{1 + \frac{n}{N}}$$

$$= \frac{t^2 \sum W_h S_h^2}{E^2 (\sum_{h=1}^{L} W_h \bar{y}_h)^2 + t^2 (\sum_{h=1}^{L} W_h S_h^2)/N} \quad (8\text{-}4)$$

各层样地数仍按 $n_h = \omega_h \cdot n$ 式计算。

（2）最优分配法

最优分配法不仅考虑各层面积大小，而且考虑各层方差大小，使各层分配的样地数与各层面积权重和各层标准差的乘积成正比。这种方法在理论上抽样效率最高，故叫最优分配法。

①重复抽样

分层抽样的总样地数：

$$n = \frac{t^2 (\sum_{h=1}^{L} W_h S_h)^2}{E^2 (\sum_{h=1}^{L} W_h \bar{y}_h)^2} \quad (8\text{-}5)$$

各层样地数：

$$n_h = \frac{N_h S_h}{\sum N_h S_h} \cdot n = \frac{W_h S_h}{\sum W_h S_h} \cdot n \quad (8\text{-}6)$$

②不重复抽样

分层抽样的总样地数：

$$n' = \frac{n}{1 + \frac{n}{N}}$$

$$= \frac{t^2 (\sum W_h S_h)^2}{E^2 (\sum W_h \bar{y}_h)^2 + t^2 (\sum W_h S_h)^2/N} \quad (8\text{-}7)$$

各层样地数：

$$n_h = \frac{W_h S_h}{\sum W_h S_h} \cdot n \quad (8\text{-}8)$$

在森林抽样调查中，常采用不重复抽样，当抽样比 $f = \frac{n}{N} \leq 0.05$ 时，采用重复抽样公式计算样地数量。

6. 布点，完成样地布点图

按面积比例分配法：生产上常用一个系统布点，与系统抽样的布点方法相同。

按最优分配法：根据计算的各层样地数，在各层化小班内独立系统布点。

由于分层抽样样本单元数计算是以总体的变动和精度要求为单位进行计算，因此只保证对总体的估计精度，不保证各层的精度。如要保证各层的精度，应根据各层的变动和精度要求来确定各层的样地数。没有适合的航空相片，也可先在地形图进行分层抽样，即布点前不知道层面积，采用一次外业将样地调查和层化小班同时完成，待内业再分层计算，可以提高工效。

7. 编写森林抽样方案说明书

[例8.2] 某林场森林分层抽样调查方案设计

1. 确定总体境界，求算总体面积

根据收集到的图面材料（地形图、基本图或地理信息图）把调查总体的境界准确地勾绘出来作为调查用图，通过计算，抽样总体森林的面积为 476.0 hm²。

2. 样地形状和大小

样地形状采用正方形，样地面积为 0.06 hm²。

3. 分层方案的确定

（1）分层因子的选择

以查清森林蓄积量为主要目标，根据该林场森林资源状况，本次调查确定树种、龄组、郁闭度作为分层因子。

（2）分层因子级距的确定

①树种 根据该林场森林资源状况，本次树种分别为落叶松、白桦。

②龄组

落叶松：该林场落叶松林分年龄有近熟龄、成熟龄和过熟龄，由于落叶松近、成、过熟龄的林分变化基本一致、单位面积蓄积量差异不大，所以落叶松就分为一个"落叶松近、成、过熟龄"龄组。

白桦：白桦林分年龄由中、成、过熟龄组成，由于中龄林分与成、过熟龄林分的差别较大，所以白桦树种分为中龄和成过熟龄。

③郁闭度 由于落叶松、白桦林分郁闭度均有密、中、疏，所以落叶松、白桦郁闭度就分为密、中、疏3种。

（3）分层

根据分层因子和分层因子级距将该林场分为落叶松近成过熟龄密林、落叶松近成过熟龄中林、落叶松近成过熟龄疏林、白桦近成过熟龄密林、白桦近成过熟龄中林、白桦中龄疏林等六层。为方便起见，将各层用层代号表示，分别为落Ⅲ密、落Ⅲ中、落Ⅲ疏、白Ⅲ密、白Ⅲ中、白Ⅱ疏。

4. 层化小班和各层面积权重计算

根据分层方案，将落Ⅲ密、落Ⅲ中、落Ⅲ疏、白Ⅲ密、白Ⅲ中、白Ⅱ疏各层的每个小班边界在地形图上准确地勾绘出来，对各层面积进行求算并计算各层面积权重。具体计算结果见表8-4。

5. 确定样本单元数

（1）确定变动系数

通过预备性调查，预估出各层的变动系数和平均数，具体预估数值见表8-5。

表8-4 各层面积权重计算表

层代号	层 别	层面积/hm²	权重(0.000 01)
落Ⅲ密	落叶松近成过熟龄密林	135.6	0.2849
落Ⅲ中	落叶松近成过熟龄中林	87.7	0.1842
落Ⅲ疏	落叶松近成过熟龄疏林	18.9	0.0397
白Ⅲ密	白桦近成过熟龄密林	176.2	0.3702
白Ⅲ中	白桦近成过熟龄中林	34.1	0.0716
白Ⅱ疏	白桦中龄疏林	23.5	0.0494
	合 计	476.0	1.0000

表8-5 用面积比例分配方法计算分层抽样样地数及其分配

层代号	预 估 值				W_h	$W_h y_h$	$W_h S_h^2$	n_h	$W_h^2 S_h^2$
	Y_h	$c/\%$	S_h	S_h^2					
落Ⅲ密	11	30	3.3	10.89	0.2849	3.1339	3.1026	17	
落Ⅲ中	10	50	5.0	25.0	0.1842	1.8420	4.6050	11	

(续)

层代号	预估值				W_h	$W_h y_h$	$W_h S_h^2$	n_h	$W_h^2 S_h^2$
	Y_h	$c/\%$	S_h	S_h^2					
落Ⅲ疏	9	50	4.5	20.25	0.0397	0.3573	0.8039	3	
白Ⅲ密	10	30	3.0	9.0	0.3702	3.7020	3.3318	22	
白Ⅲ中 白Ⅱ疏	9	50	4.5	20.25	0.1210	1.0890	2.4503	7	
合计	—	—	—	—	—	10.1242	14.2936	60	

$S_h = y_h \times c(\%)$, $c(\%)$ 为变动系数,$t=2$, $E=10\%$, $N=60$

根据预估的各层的变动系数和平均数求出各层的标准差和方差,如落Ⅲ密层的标准差为 $S_h = y_h \times c = 11 \times 30\% = 3.3$;落Ⅲ密层的方差为 $S_h^2 = 3.3^2 = 10.89$。其他各层的标准差和方差的计算方法同上。

总体平均数等于各层平均数的加权平均数,即

$$\bar{y} = \sum \omega_h y_h = 0.2489 \times 11 + 0.1842 \times 10 + 0.0397 \times 9 + 0.3702 \times 10 + 0.1210 \times 9 = 10.1242$$

总体方差等于各层方差的加权平均数,即

$$S^2 = \sum \omega_h S_h^2 = 0.2489 \times 10.89 + 0.1842 \times 25 + 0.0397 \times 20.25 + 0.3702 \times 9 + 0.1210 \times 20.25 = 14.2936$$

(2)确定总体和各层的样本单元数

本次调查采取按面积比例分配方法计算总体和各层的样本单元数。在设计调查方案过程中,可能发现白Ⅲ中层和白Ⅱ疏层的林分特征相近,故将这二层合并成一层。由于林业调查的总体面积一般较大,抽样比往往小于0.05,所以采取重复抽样公式计算总体样本单元数。

分层抽样的总样地数为:

$$n = \frac{t^2 \sum_{h=1}^{L} W_h S_h^2}{E^2 (\sum_{h=1}^{L} W_h \bar{y}_h)^2} = \frac{2^2 \times 14.2936}{0.10^2 \times 10.1242^2} = 58$$

为了确保抽样精度,样本单元数增加3%的安全系数,所以样本单元数为

$$n = 58 \times (1 + 3\%) = 60$$

根据 $n_h = \omega_h \cdot n$ 计算各层样地数,具体如下:

落Ⅲ密层的样本单元数 $n_1 = \omega_1 \cdot n = 60 \times 0.2849 = 17$

落Ⅲ中层的样本单元数 $n_2 = \omega_2 \cdot n = 60 \times 0.1842 = 12$

落Ⅲ疏层的样本单元数 $n_3 = \omega_3 \cdot n = 60 \times 0.0397 = 3$

白Ⅲ密层的样本单元数 $n_4 = \omega_4 \cdot n = 60 \times 0.3702 = 22$

白Ⅲ中、白Ⅱ疏层的样本单元数 $n_5 = \omega_5 \cdot n = 60 \times 0.1210 = 8$

落Ⅲ密、落Ⅲ中层、白Ⅲ中和白Ⅱ疏层分配到的样地数与实际的样地数不符,出入的原因是样地布点后到实地调查后发现林分变化了或是前期调查时树种确定错误。

6. 布点

(1)确定样地间距

样地在实地上的间距 $L = \sqrt{\dfrac{10\,000 \times A}{n}}$

$= \sqrt{\dfrac{10\,000 \times 476}{60}} = 281.7(\text{m})$

样地在布点图上的间距 $l = 100L \times \dfrac{1}{m} = 100 \times 281.7 \times \dfrac{1}{10\,000} = 2.82(\text{cm})$

(2)布点

①面积比例分配法 采取一个系统布点,在地形图上根据2.8cm×2.8cm进行公里网进行加密布点,所有公里网交叉点均为样点并对落入总体范围内的样点,从西向东、由北向南顺序编样地号。

②最优分配法 根据计算的各层样地数,在各层化小班内独立布点。

7. 编写森林抽样方案说明书

实训成果

1. 实训报告:实训目的、内容、操作步骤、成果分析及实训体会。

2. 森林抽样调查方案设计说明书。

3. 系统抽样样点布设图，分层抽样样点布设图。

注意事项

1. 在森林抽样调查方案设计之前，同学要认真学习相关技术规定，深入分析理解案例，熟悉实训内容与操作要点。

2. 在明确抽样调查目的、主要内容、调查可靠性精度要求的同时，充分利用已有的森林资源调查数据计算资源变动系数。

3. 森林抽样调查基本知识、地形图识别与判读是完成本项目的基础。

4. 完成森林系统和分层抽样调查方案设计说明书，并对两种方案进行比较说明。

5. 独立、认真、求实、科学地进行开展调查方案设计工作。

考核评估

序号	技术要求	配分	评分标准	考评记录	得分
1	完成森林抽查总体境界勾绘，求算总体面积，符合精度要求	20	调查总体的境界确定准确，勾绘清晰，求算总体面积误差每超时1%扣2分，超误差限5%或总体的境界勾绘不准确不得分		
2	掌握系统抽样的样地数量计算，完成样点图的布设，并符合精度要求	20	系统抽样的样地数量计算准确，样点图的布设合理、清晰、准确，不存在周期性的影响		
3	合理选择分层因子，完成分层平面图的界线区划，计算的各层的面积和权重准确符合精度要求	20	分层平面图的界线区划准确，勾绘清晰，各层面积求算误差每超时1%扣5分。超误差限5%或分层境界勾绘不准确不得分		
4	分层抽样各层的样地数量计算，完成各层样点图的布设，并符合精度要求	20	分层抽样的样地数量计算准确，样点图的布设合理、清晰、准确		
5	理解森林抽样调查的概念，合理选择抽样方法，明确抽样调查方案设计主要内容	10	森林抽样调查方案设计说明书项目规范性、完整性、合理性、条理性和可操作性，各2分		
6	团队协作 (1)小组成员间团结协作 (2)学习态度、职业道德、敬业精神 (3)步骤和操作过程规范性	6	根据学生表现，每小项2分		
7	方法能力 (1)过程的熟练程度 (2)实训报告材料完整	4	根据学生表现，每小项2分		
	合计	100			

任务 8.2
样地的测设与调查

➙ **任务目标**

按照森林抽查调查方案所布设的样地布点图，利用罗盘仪从明显地物标引点，将图上抽取的样本单元(样点)落实到地面进行样点定位，样地边界测设，完成样地各项因子的调查工作，提交完整的样地调查记录本，掌握森林抽样调查中样地引点定位及调查技能。

➙ **任务提出**

样地是森林抽样调查所抽取的样本单元，样地的测设与调查是森林抽样调查主要的外业调查工作，将图面上样点位置落实到地面上的工作称为样地定位，样地定位后应开展样地周界测量，并对样地内的因子进行全面调查。

➙ **任务分析**

样地的测设与调查需要具备直线定向基础知识，熟悉地形图的判读、GPS 导航定位、罗盘仪测量、林分的测树因子调查的基本技能，能利用罗盘仪开展样地引点定位与边界测设。

➙ **工作情景**

工作地点：教学实训林场。

工作场景：实施项目导向式教学，以小组为单位，采取学生现场操作，教师引导的学生主体、工学一体化教学方法；以罗盘仪罗差的测定与校正，明显地物标的样地引点定位、边界测设、样地调查工作过程为主线，组织学生完成样地调查全过程的操作，学生实训后提交测设与调查的样地调查记录本。

➙ **知识准备**

8.2.1 样地概念

森林抽样调查中，观测和调查的单位是单元，单元的集合体称总体。总体的范围可以大至全国，小至一个区域(县、林场)。为了获得部分单元的观测值，用以推断总体，先要抽取部分单元组成样本,这些组成样本的每个单元称为样本单元,如图8-6所示。

样地就是抽取调查的样本单元,通常是一定面积森林实测的调查地段,用以反映林区特征的单元。样地面积大小取决于森林总体内的林木大小和它的分布均匀程度,样地面积越大,测定工作量越大,但单元值间的变动缩小,达到调查要求的精度所需样地数也相应减少。理想的样地面积是变动系数随样地面积加大而减少到相对稳定时的数值。

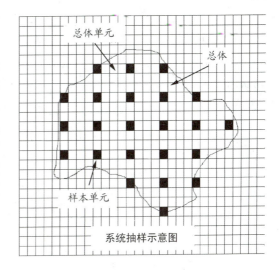

图8-6 样本单元示意图

8.2.2 样地引点定位

在森林资源调查中常在1∶1万或1∶2.5万比例尺的地形图上进行森林资源抽样调查布点设置。即按照一定的调查精度要求,以系统抽样、分层抽样等方式布设调查样地,在地形图上定出样点位置。样地点通常布设在地形图上公里格网的交点上,由于公里格网的交点并不是明显地物或地貌特征点,要精确地找到图上相应实地的点位是不容易的,样地定位就是将森林抽样调查中布设的样点准确地落实到实地。

8.2.2.1 罗盘仪引点定位

罗盘仪引点定位就是从地形图上样点附近找出一个明显的地物标,由图上量出此明显地物标至样点的水平距离和坐标方位角,按图上的水平距离换算成地面的实际距离,根据罗差值将图上坐标方位角修正为实测的磁方位角,现场用罗盘仪定向、视距测量或皮尺量距,从引线的起点(明显地物标)开始,用直线或折线的导线测量引点确定样点位置。

样地地面定位的误差一般要小于样地布点地形图上1mm的相应实地的水平距离,例如:比例尺为1∶5万,地面引点误差应小于±50m;比例尺为1∶1万,应小于±10m。引点方位角量算误差不大于1°,视距读数误差不大于2%,站点之间长度不超过150m,导线终点偏差不大于导线总长度的1%。

8.2.2.2 复位样地的GPS导航定位

在森林抽样调查中,固定样地复查定位可采用GPS接收机进行导航定位,大大节省样地定点的时间,即首先在地形图上或从前期样地调查记录表中查出样点的地理坐标值,利用GPS机的导航定位能大大提高样地引点定位的工作效率,节省时间与精力。由于受GPS机的性能及GPS信号的定位精度的影响,GPS的导航难以准确到达图上计算的坐标点上,使用时受人为影响较大,为此当前在森林抽样调查的初设样地的定位中,不允许采用GPS导航直接确定样地实地点位,而只能采用罗盘仪实地引点法进行。

8.2.3 样地周界测设

样点定位后,在样点上按统一规定的方向设置样地,如果样点在总体边缘,样地面积已跨入相邻总体,应按统一规定将样地设置在该总体以内。由于抽样调查是以样地为基础推算总体，因此样地面积测量要准确，样地的周界测量方法因抽样调查的目的不同而定，如省级连续清查样地常为方形样地，则用罗盘仪定向皮尺量距测边法设置样地边界并详细记录其测设过程，要求其闭合差小于1/200，角度误差小于1°，任何情况都不得改变样地位置、方向和边长，边界测定完成后应在角点与边界设置相应的标记，如测定定位树、挖土壤坑等，并绘制样地位置略图，以便于今后复位。

8.2.4 样地调查

样地调查内容根据调查目的、任务不同而定，其主要记录的内容为样地位置、林地基本情况、林分经营状况、林分资源数据、森林的生态状况及其他因子的调查。在以森林资源监测为主要目的的一类调查和以控制总体蓄积量调查精度的二类抽样调查时，其样地调查的项目主要有以下几方面。

8.2.4.1 样地基本情况调查

样地位置：样地号、图幅号、纵横坐标、照片号，样地所在的省、县、乡、村名，林班、大班及小班号及绘制样地位置略图。

林地情况：地貌、坡向、坡位、坡度、海拔高、土壤名称、土壤厚度、腐殖质厚度及立地质量等级，主要下木、地被物名称及覆盖度。

森林生态状况：森林群落结构、林层结构、树种结构、自然度、森林健康等级、工程类型、森林类别、公益林事权等级、保护等级、商品林经营等级、森林生态系统多样性、湿地类型、天然更新；土地沙化或荒漠化程度等。

林木经营情况：地类、林种、权属、起源、优势树种、年龄、郁闭度；森林病虫害类型、森林火灾等级、主伐、天然更新等。

8.2.4.2 林木资源情况调查

主要包括树种、株数、平均高、平均胸径、单位面积蓄积量、枯损量等测树因子，主要通过对样地内林木分树种、分类型编号进行每木检尺、测定树高、绘制样木位置图等方法，调查样地内林木的蓄积量、枯损量及采伐量等，固定样地还要利用前后期变化对森林资源进行监测。

国家森林资源连续清查的样地记录详见样地因子调查记录表（附表1），对于不同类型的样地调查因子各不相同，详见样地调查因子记录填写清单表（附表2）。

样地调查记录的格式多种多样，各地可根据调查的内容和要求自行设计。为了统一技术标准，我国森林抽样调查的省级固定样地调查必须严格按《国家森林资源连续清查样地调查记录》格式进行调查记载。当条件允许时，应采用掌上电脑等新设备进行野外数据采集，以提高外业调查工作效率。

8.2.5 样地内业计算与检查

对样地外业调查材料进行检查验收，进行质量评定，对于样地调查重要项目——样地固定标志、样地位置、每木检尺株数及胸径、样地地类不能有误，其他调查项目误差也应符合允许范围，凡不合乎要求者，必须重新调查，若所检查的样地材料的超出了允许范围,则外业调查材料必须全部返工,直至符合要求为止。经检查合格后的样地按预先规定的要求,计算样地的株数、平均高、平均胸径、单位面积蓄积量、枯损量等测树因子,用于对总体特征值作出估计。

→任务实施

实训目的与要求

利用罗盘仪开展样地引点定位、方形样地测设的技术,熟悉样地调查的主要项目,完成样地调查及调查记录本的填写,掌握森林资源抽样调查的样地调查方法与技能。

实训条件配备要求

1. 实训场所

实训林场,也可通过承接森林调查生产任务,实施项目化教学。

2. 仪器、工具

(1)图面材料、调查表格

森林抽样调查的样点布点图、地形图、样地调查记录本、前期的样地调查记录本、方格纸、草稿纸。

(2)各种测量仪器、工具

罗盘仪、视距尺、花杆、测绳、皮尺、测树钢围尺、测高器、手持GPS机、计算器(带三角函数)、量角器、直尺。

水泥角桩、红漆、钢字模、树号铝牌、铁钉、砍刀、锄头、工具包、记录板、小刀、橡皮、铅笔、毛笔、蜡笔等。

(3)相关数表及技术规程

《森林调查手册》《森林资源调查规划设计技术规定》《全国森林资源清查操作细则》。

(4)劳保用品

水壶、草帽、工作服、运动鞋、蛇药、急救包及创可贴等应急药品。

实训的组织与工作流程

1. 实训组织与时间安排

①成立教师实训小组,负责指导学生认真学习《全国森林资源清查操作细则》并组织实施实训工作。

②建立学生实训小组,4~5人为一组,并选出小组长,负责本组实习安排、考勤和仪器管理,全面完成若干个样地的引点定位、测设与调查工作。

③本实训工作量较大,可安排在相应课程教学实习周进行,时间2d左右。

2. 实训工作流程(图8-7)

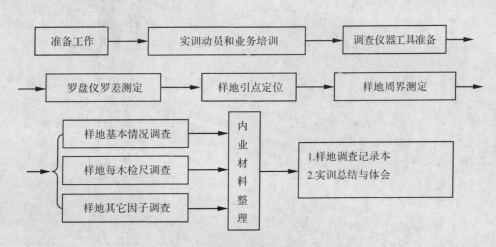

图8-7 样地调查主要工作流程

实训方法与步骤

1. 测定罗盘仪的罗差

罗差是指由于罗盘仪及地区的影响,在地形图上量取的直线坐标方位角与测量时定线的磁方位角的角值之差。其测定方法为:先在地形图上找取具有一定距离且可通视的两个特征明显、图上有、实地也有的地物或地貌特征点,在地形图上准确量取两个明显地物或地貌特征点间的坐标方位角 $\alpha_{坐}$,后现场使用罗盘仪实测两个特征点间直线的磁方位角 $\alpha_{实磁}$,则该罗盘仪罗差值:

$$\theta = \alpha_{坐} - \alpha_{实磁}$$

为此在今后样地引点时,由地形图上量得的坐标方位角 $\alpha_{坐}$,均应根据该罗盘仪罗差值 θ 来推算某罗盘仪定向实测的磁方位角 $\alpha_{实磁}$ 值,此时 $\alpha_{实磁}$ 值已经综合考虑了磁坐偏角 φ 和罗盘仪器本身的误差。

[例 8.3] 在某地区 1:1 万的样地布点的地形图上,量出两个明显地物或地貌特征点的坐标方位角值。

坐标方位角 $\alpha_{坐} = 78°$

现场使用罗盘仪实测出两个明显地物或地貌特征点的实际磁方位角

实际磁方位角 $\alpha_{实磁} = 74°$

该罗盘仪的罗差值为:

$$\theta = \alpha_{坐} - \alpha_{实磁} = 78° - 74° = +4°$$

则以后采用此架罗盘仪在该地区进行样地引点定向时,其实际磁方位角均比样地布点图上量得坐标方位角值少 4°,如图上量得坐标方位角值为 108°,实际定向时磁方位角应为 104°。

2. 罗盘仪样地引点定位

(1)根据 1:1 万地形图上布设的样地点位,在其附近选一个特征明显、图上有、实地也有的地貌地物点(如明显山头、国家三角点、水准点、河流或道路交叉点及明显转弯处、独立建筑物等),作为样地引点的起点。

为了便于今后复查,引点位置应埋设木桩,规格为小头去皮直径 6~8cm、长 80cm,并在木桩上部面向引线走向一平面书写"引—×××"号。若利用明显永久性地貌地物标志的用油漆标明中心位置,在附近书写"引—×××"号,不埋设木桩。

(2)在地形图上样地点与引点起点之间画一条直线,利用量角器和比例尺在地形图上准确量取该特征点至样点间的坐标方位角 $\alpha_{坐}$ 和水平距离 D,记录于"样地引点位置图"相应栏目内。注意方位角以度为单位,精确至 0.5°,并使用罗盘仪罗差值推算引点定向的磁方位角 $\alpha_{磁}$;水平距以米为单位,精确至 0.5m。

(3)根据引点条件可选择直线引点定位法或导线引点定位法。

直线引点定位法:直接根据水平距离 D 和定向的磁方位角 $\alpha_{磁}$,在实地中直线定向测定出样点具体位置。即将罗盘仪安置于明显地物标或地貌特征点上,用磁方位角 $\alpha_{磁}$ 定向(固定磁北针读数为磁方位角 $\alpha_{磁}$),从测站开始用皮尺直接量取或视距测量相应的水平距离 D,即得样点在实地的准确位置(图 8-8)。

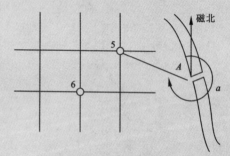

图 8-8 罗盘仪样地引点定位示意图

导线引点定位法:当按图上量取的方向进行引点时,其线路上障碍物多而附近又有相对好的测量线路时,可利用坐标方格纸图解法进行导线引点,具体做法如图 8-9 所示。

根据引点的水平距离 D 和定向的磁方位角 $\alpha_{磁}$,选择扩大一定的合适比例,在坐标纸上画出引点处 A 和西南角点 B;根据具体实际罗盘仪导线测量过程,从引点处 A 依次导线法作图至 3 点,最后连接 3 点至西南角点,从图上量得方位角和距离,以 3 点为基准进行实地定向引点定位,即得样点在实地的准确位置。

当样地点位引线距离超过 500m,附近又无明显地物或地貌特征点时,可利用罗盘仪后方交会法确定测站点在图上的位置,并以此为基准开展引点定位;也可采用 GPS 辅助引线定位,即在离样地点 100m 左右的地点判定引线起点位开展引点

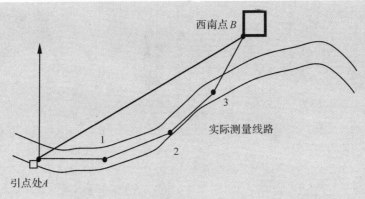

图 8-9　样地导线法引点示意图

定位，确定样地位置。

样地引点定位过程要逐站记录站号、方位角、斜距（或视距）、倾斜角、水平距等于样地引点定位测量表中。采用后方交会或导线测量引点时，均应选择适当比例在坐标纸绘制引点测量导线图或后方交绘图，并贴在"样地引点位置图"栏中。

3. 西南角点定位物的测量

样地引点定位之后，为了保证定位点的保存与以后的复位，常在定位点（西南角点）和东北角点的周围 10m 范围，选择定位物如树木、岩石等，分别测定角桩点与定位物之间的方位角、水平距，在"定位物调查记录表"记录定位物名称（树木的树种）、定位物特征（编号）、角点桩与定位物之间的方位角、水平距，并说明定位物在样地内或样地外。定位物为树木的，应选择生长正常、胸径 5cm 以上乔木 3 株以上，并用红油漆在定位树眼高处编定位号加括号。若西南角点和东北角点的样地外或样地内 10m 范围没有明显定位物，可在其他角点设置，同时在样地西南角点外侧 1~2m 处，挖一个面 40cm×40cm、深 30cm 的土壤坑，并在"样地位置图"中注明土壤坑在西南角点的方位和距离。

4. 样地周界测定

森林资源连续清查中 0.0667hm² 的方形样地边界测定的具体步骤为：

（1）用罗盘仪测角定向

在样地西南角点上安置罗盘仪，并按磁方位角 0°~90°~180°~270°顺序依次测定各角点，即"西南角点—西北角点—东北角点—东南角点—西南角点"。

（2）用皮尺量测各边距离

0.0667hm² 形状为正方形样地，其各边水平距为 25.82m。当林地坡度在 5°以上时，应根据水平距结合倾斜角计算应量取的斜距，如坡度为 15°，水平距为 25.82m，则其应测的斜距为 $S = 25.82/\cos 15° = 26.85$ m，量斜距时应保证按相应坡度进行实际量测，当边界上遇到障碍物（如树木、岩石等），无法直线通过，采用"平移法"（即同向、等距、平移、还原）进行绕测，不得砍伐树木，通视条件差时也可分段测量。

（3）检查边界闭合差

绝对闭合差是指边界测量时起点与终点（不重叠时）之间的水平距离值，在边界测量闭合时实地量得。相对闭合差是周界测量起点与终点不重叠时，其两点位之间的水平距占 4 条边长总和的百分比，要求不超过各边总长的 1/200。

$$相对闭合差 = \frac{绝对闭合差(m)}{总边长值(m)}$$

正方形面积为 0.0667hm² 的样地则其绝对闭合差应不超过 51.64 cm，否则应重新测定周界。样地周界的每条边界，每个测点的测量方位角、倾斜角、斜距、水平距都要记录在"样地周界测量记录表"相应栏内。

（4）样地边界的标记

样地周界测量的同时，应在周界外侧，靠近界线的树木，在其树干朝样地方向眼高处，刮树皮后用红油漆画"×"；清除界线上的"矮灌"，形成样地四周"界影"，以方便样地内进行每木检尺与调查。

样地测设完成后应分别在样地的 4 个角点上

埋设角桩。省、县级固定样地的角标桩常用水泥角桩，规格为长60cm、粗8cm×8cm，中间有一根小号钢筋，在其一面距顶部10cm处留一凹槽，常用瓷片标注样地编号；临时样地常用针叶树剥皮制作，粗20cm，长1.5m，埋入地下70cm，用铅油写出样地号、样地面积及设置年月日。木桩用材，不得在样地内伐木制作。

(5) 样地位置略图绘制

样地周界测设后，应在现场绘制样地位置略图，以方便以后复位。

①位置图上需要标明引点标志的位置及名称，引点标志和样地周围有识别意义的地貌地物名称及特征；记录引点标志至样地西南角点的坐标方位角和水平距。

②在"样地调查记录表"说明栏内，详细记载引点定位时沿途有识别意义的地貌特征、重要地物标志(如坟墓、独立屋、独立树等)及寻找样地的最好途径等。

5. 样地每木检尺

由于抽样调查是以样地为基础推算总体，样地调查内容依调查目的、任务而定，每木检尺对象为样地内胸径为5.0cm以上的乔木树种(包括经济乔木树种)，边界木可采用取两边舍两边或隔一株取一株方法决定。检尺时要对样木进行编号，分不同林木类型(林木、散生木、四旁树)记录其准确胸径，精确至0.2cm，并用红油漆画胸高位置线。凡是用材林近、成、过熟林样地，每木检尺时，应按技术规定标准逐株记载材质等级。对于复位样地还应对照前期调查数据，确定样木的检尺类型(保留木、进界木、枯立木、采伐木、枯倒木、漏测木、多测木、胸径错测木、树种错测木、类型错测木、大苗移栽木、普通保留木)。

6. 样木位置图的绘制

为了直观反映样木在样地中的位置，应该根据每株样木的方位角和水平距(或其他定位测量数据)绘制样木位置分布图，位置图上的样木位置用小圆圈中间加点表示，并注其树号。

7. 树高测量

对于乔木林样地，有优势树种(组成比>65%)时，根据优势树种的平均胸径，在样地内选3～5株与平均胸径相等或相近的优势树种，用测高仪器或其他测量工具测定树高，记载到0.1m。无优势树种(没有一个树种组成>65%)时，根据所有树种的平均胸径，在样地内选3～5株与平均胸径相等或相近的各树种，实测树高。

8. 样地蓄积量的计算

样地蓄积量是森林抽样调查重要的调查内容，通常根据样地每木检尺的数据，在对外业调查资料进行检查和整理的基础上，分树种采用当地一元材积表法等方法计算样地各检尺类型林木的材积、株数及树种组成，也可将样地外业调查原始数据输入安装"森林资源监测管理系统"的电脑，由管理系统自动完成。

9. 其他因子的调查

本次以省级样地调查为标准，根据国家连续清查固定样地的"样地因子调查记录表"项目共80项，分不同样地类别、土地类型、森林类别等，需要调查不同的因子，详见"样地调查因子记录填写清单"附表2中的注记，其中"●"表示需要调查记录的项目，"○"表示在特定情况下需要调查记录的项目。

实训成果

1. 实训报告：实训目的、内容、操作步骤及技术要点、调查成果的分析及实训体会。

2. 所测设调查样地的《森林资源连续清查样地调查记录》(附表1)。

注意事项

1. 样地测设与调查之前，同学要认真学习国家连续清查相关技术规定，熟悉实训内容与操作要点。

2. 地形图识别与判读、GPS操作、罗盘仪测量及标准地调查等技能是完成本项目的基础。

3. 样地测设与调查，工作任务重，实训前要做好相应的仪器、工具及记录表格等方面的准备，打好树牌号。

4. 严格遵守作息时间，合理分工，团结协作，班干部要发挥模范带头作用，协助老师维持实习纪律并注意安全。

5. 认真、求实、科学地进行各项外业调查与内业整理工作。

→考核评估

序号	技术要求	配分	评分标准	考评记录	得分
1	理解罗差的概念,熟练操作仪器,完成罗盘仪罗差的测定	10	准确地量取地形图上有一定距离且相互通视的两个明显特征点的坐标方位角,在规定时间内完成罗盘仪罗差的测定,每超时5min扣2分,测定不准确不得分		
2	掌握罗盘仪定向、视距测量技术,迅速、准确开展样地引点定位,完成样点定位物的设置,定位符合精度要求	20	引线起点至样地点位的方位角计算误差不大于1°,地面定位误差小于图面1mm相应距离,引点至样地点位的测量误差应不大于1%,在规定时间内完成引点定位工作,每超时30min扣5分,定位不准确不得分		
3	掌握罗盘仪进行 $0.0667 hm^2$ 的方形样地的周界测设,并符合精度要求	20	样地周界测定闭合差要小于1/200,边界角度误差小于1°,在规定时间内完成周界测设,每超时30min扣5分,闭合差超限不得分		
4	完成样地每木检尺,树高测定,操作合理,符合精度,记录规范	30	1. 每木检尺株数：大于或等于8cm的应检尺株数不允许有误差；小于8cm的应检尺株数,允许误差为5%,且最多不超过3株,超过误差范围1株扣5分。 2. 胸径量测：胸径大于或等于20cm的林木,胸径量测误差小于1.5cm；胸径小于20cm的林木,胸径量测误差小于0.3cm,每超过误差1株扣5分。 3. 树高测量：当树高小于10m时,量测误差小于3%；当树高大于或等于10m时,量测误差小于5%,每超过误差1株扣5分。 4. 记录规范,每错1个项目扣5分 5. 本项目配分扣完为止		
5	样地其他因子的调查,规范填写"样地调查记录本",项目完整	10	(一)主要项目调查精度要求 1. 样地固定标志：样地固定标志要符合《技术规定》要求 2. 地类、林种、优势树种确定应正确无误 3. 应绘制固定样木的位置图,进行样木编号 (二)其他因子调查精度要求 1. 林分年龄误差不能超过1个龄级 2. 郁闭度测定误差应小于0.1 3. 样地号、图幅号、纵横坐标、照片号及样地所在的省、县、乡、村名,应填写正确无误 4. 出材率等级和可及度的确定不允许有误差 5. 权属、起源、平均树高、平均直径、天然更新、保存率均应填写正确无误 6. 地貌、坡向、坡位、坡度、海拔高、土壤名称、土壤厚度、主要下木、地被物名称及覆盖度应记录正确无误 7. 其他调查因子记载应正确无误 按"国家样地调查技术规范"要求调查并填写,主要因子每错漏1个项目扣2分,其他因子每错漏1个项目扣1分,项目配分扣完为止		

（续）

序号	技术要求	配分	评分标准	考评记录	得分
6	团队协作 （1）小组成员间团结协作 （2）学习态度、职业道德、敬业精神 （3）步骤和操作过程规范性	6	根据学生表现，每小项2分		
7	方法能力 （1）过程的熟练程度 （2）实训报告材料完整	4	根据学生表现，每小项2分		
	合计	100			

附表 1

国家森林资源连续清查
样地调查记录表

(次调查)

总体名称：_____　　样地号：_____
设 区 市：_____　　卫片号：_____
地形图分幅号：_____　地理坐标：纵_____
　　　　　　　　　　　　　　　　　　　　　横_____
样地间距：_____　　GPS 定位：纵_____
样地形状：____（____）　　　　　　　　横_____
样地面积：_____ hm^2
地方行政编码：□□□□□□　　林业行政编码：□□□□□□

样地所在地：
县(市、区)_____ 乡(镇、场)_____ 村(工区)_____
自然村_____ 地名_____ 林班号_____ 大班号_____ 小班号_____

项　目	姓　名	工 作 单 位 或 住 址
调查员		
检查员		
向　导		

调查日期_____　　检查日期_____

一、样地定位与测设

样地引点位置图　　　　　　　　　**样地位置图**

引点定位物	名称	编号	方位角	水平距	西南角定位物	名称	编号	方位角	水平距
坐标方位角					东北角定位物				
引线距离									
磁方位角									
罗差					土壤坑				

引点特征说明：_____

样地特征说明：_____。

备注：特征说明指引点和样地附近的小路、山谷、山峰、建筑物、输电线路等利于寻找的信息。

样地引线测量记录　　　　　　　　　**样地周界测量记录**

测站	方位角	倾斜角	斜距	水平距	累计

测点测向	方位角	倾斜角	斜距	水平距	累计
闭合差					

复位概况说明：_____

其他说明：_____

二、样地因子调查记录表

1. 样地号	2. 样地类别	3. 地形图幅号	4. 纵坐标	5. 横坐标	6. GPS纵坐标	7. GPS横坐标	8. 县(市、区)
9. 流域	10. 林区	11. 气候带	12. 地貌	13. 海拔	14. 坡向	15. 坡位	16. 坡度
17. 土壤名称	18. 土壤厚度	19. 腐殖质厚度	20. 枯落叶厚度	21. 灌木覆盖度	22. 灌木平均高	23. 草本覆盖度	24. 草本平均高
25. 植被总覆盖度	26. 地类	27. 植被类型	28. 湿地类型	29. 湿地保护等级	30. 荒漠化类型	31. 荒漠化程度	32. 沙化类型
33. 沙化程度	34. 石漠化程度	35. 土地权属	36. 林木权属	37. 林种	38. 起源	39. 优势树种	40. 平均年龄
41. 龄组	42. 平均胸径	43. 平均树高	44. 郁闭度	45. 森林群落	46. 林层结构	47. 树种结构	48. 自然度
49. 可及度	50. 工程类别	51. 森林类别	52. 公益林事权等级	53. 保护等级	54. 商品林经营等级	55. 森林灾害类型	56. 灾害等级
57. 森林健康等级	58. 森林生态功能等级	59. 生态功能指数	60. 四旁树株数	61. 毛竹分株数	62. 毛竹散生株数	63. 杂竹株数	64. 天然更新等级
65. 地类面积等级	66. 地类变化原因	67. 有无特殊对待	68. 样木总株数	69. 活立木总蓄积	70. 林木蓄积	71. 散生木蓄积	72. 四旁树蓄积
73. 枯倒木蓄积	74. 采伐木蓄积	75. 造林地情况	76. 经济林木株数	77. 公益林保护等级	78. 抚育情况	79. 抚育措施	80. 调查日期

注：上表栏中有横线的，上行记载具体名称，下行记载代码。

复查期内样地变化情况

项 目	土地利用(地类)	林 种	沙化土地类型	湿地类型	其 他
上 期					
本 期					
变化原因					
样地有否特殊对待及说明					

测高记录

样木号									
树 种									
年 龄									
胸 径									
树 高									
备 注									

生态林地状况调查

保护等级：

	植被名称	下 木			地被物		
植被	分布状况						
	平均度/cm						
	覆盖度/%						
	总盖度/%						
土壤	土壤名称	土层厚度/cm	枯枝落叶层厚度/cm	腐殖质层厚度/cm	土壤质地	裸岩率/%	土壤流失类型	土壤侵蚀程度	地表挖垦形式

GPS 定位记录

GPS 机型号	地形图上样地西南角点纵横坐标		实地样地西南角点纵横坐标		实地公里网点与西南角点水平距离
	纵坐标	横坐标	纵坐标	横坐标	

样地每木检尺登记表

样地号_____   样木总株数 N = _____株

立木类型		样木号	树种名称		检尺类型		林层		胸径		材质等级	方位角	水平距/m	备注
类型	代码		名称	代码	类型	代码	层次	代码	前期	后期				

样木位置图

样地号＿＿＿＿＿＿＿＿＿＿ 比例尺 1:

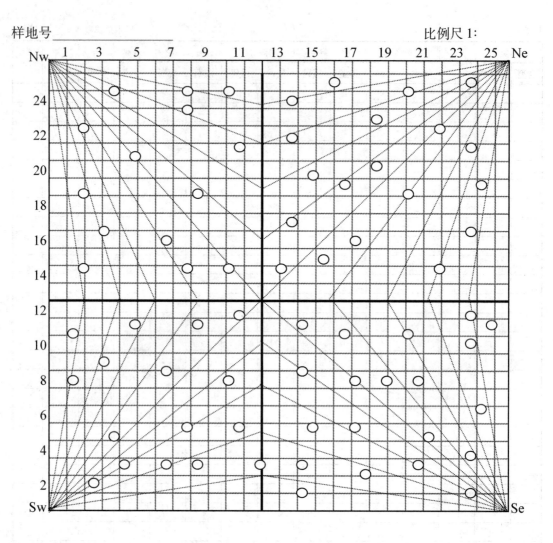

植被分布图（样方）　　　　　　　土壤流失分布图（样方）

附表 2

样地调查因子记录填写清单

序号	调查因子	林地									非林地
		有林地		疏林地	灌木林	未成林地	苗圃地	无立木林地	宜林地	林业辅助生产用地	
		乔木林	竹林								
1	样地号	●	●	●	●	●	●	●	●	●	●
2	样地类别	●	●	●	●	●	●	●	●	●	●
3	地形图图幅号	●	●	●	●	●	●	●	●	●	●
4	纵坐标	●	●	●	●	●	●	●	●	●	●
5	横坐标	●	●	●	●	●	●	●	●	●	●
6	GPS 纵坐标	●	●	●	●	●	●	●	●	●	●
7	GPS 横坐标	●	●	●	●	●	●	●	●	●	●
8	县代码	●	●	●	●	●	●	●	●	●	●
9	流域	●	●	●	●	●	●	●	●	●	●
10	林区										
11	气候带										
12	地貌	●	●	●	●	●	●	●	●	●	●
13	海拔	●	●	●	●	●	●	●	●	●	●
14	坡向	●	●	●	●	●	●	●	●	●	●
15	坡位	●	●	●	●	●	●	●	●	●	●
16	坡度	●	●	●	●	●	●	●	●	●	●
17	土壤名称	●	●	●	●	●	●	●	●	●	○
18	土层厚度	●	●	●	●	●	●	●	●	●	○
19	腐殖层厚度	●	●	●	●	●	●	●	●	●	○
20	枯枝落叶厚度	●	●	●	●	●	●	●	●	●	○
21	灌木覆盖度	●	●	●	●	●	●	●	●	●	○
22	灌木平均高	●	●	●	●	●	●	●	●	●	○
23	草本覆盖度	●	●	●	●	●	●	●	●	●	○
24	草本高度	●	●	●	●	●	●	●	●	●	○
25	植被总覆盖度	●	●	●	●	●	●	●	●	●	○
26	地类	●	●	●	●	●	●	●	●	●	●
27	植被类型	●	●	●	●	●	●	●	●	●	○
28	湿地类型	○	○	○	○	○	○	○	○	○	○
29	湿地保护等级	○	○	○	○	○	○	○	○	○	○

（续）

序号	调查因子	林地								林业辅助生产用地	非林地
		有林地		疏林地	灌木林	未成林地	苗圃地	无立木林地	宜林地		
		乔木林	竹林								
30	荒漠化类型										
31	荒漠化程度										
32	沙化类型	●	●	●	●	●	●	●	●	●	●
33	沙化程度	●	●	●	●	●	●	●	●	●	●
34	石漠化程度										
35	土地权属	●	●	●	●	●	●	●	●	●	●
36	林木权属	●	●	●	●	●	●				
37	林种	●	●	●	●						
38	起源	●	●	●	●	●					
39	优势树种	●	●	●	●						
40	平均年龄	●	●	●	●						
41	龄组	●	●								
42	平均胸径	●	●	●							
43	平均树高	●	●	●	○						
44	郁闭度	●	●	●							
45	森林群落结构	●			○						
46	林层结构	●	●								
47	树种结构				○						
48	自然度	●	●		○						
49	可及度	○									
50	工程类别	●	●	●	●	●					
51	森林类别	●	●	●	●	●	●	●	●		
52	公益林事权等级	○	○	○	○	○	○	○	○		
53	公益林保护等级	○	○	○	○	○	○	○	○		
54	商品林经营等级	○	○	○							
55	森林灾害类型	●	●	●	●	●					
56	森林灾害等级	●	●	●	●	●					
57	森林健康等级	●	●		○						
58	森林生态功能等级										
59	森林生态功能指数										
60	四旁树株数										○
61	毛竹林分株数		●								
62	毛竹散生株数	○	○	○	○	○	○	○	○		○
63	杂竹株数	○	○	○	○	○	○	○	○		○

(续)

序号	调查因子	林地									非林地
		有林地		疏林地	灌木林	未成林地	苗圃地	无立木林地	宜林地	林业辅助生产用地	
		乔木林	竹林								
64	天然更新等级			●					●	●	
65	地类面积等级	●	●	●	●	●	●	●	●	●	●
66	地类变化原因	○	○	○	○	○	○	○	○	○	○
67	有无特殊对待	●	●	●	●	●	●	●	●	●	
68	样木总株数	●	●	●	●	●	●	●	●	●	
69	活立木总蓄积										
70	林木蓄积										
71	散生木蓄积										
72	四旁树蓄积										
73	枯损木蓄积										
74	采伐木蓄积										
75	造林地情况	○	○		○	○					
76	经济林木株数	○	○		○						
77	国家级公益林保护等级	○	○	○	○	○	○	○	○	○	
78	抚育状况	○									
79	抚育措施	○									
80	调查日期	●	●	●	●	●	●	●	●	●	●

注:"●"表示需要填写;"○"表示在某些情况下需要填写,在某些情况下不要填写;空格表示不需要填写。

巩固训练项目

收集本省(自治区、直辖市)《森林资源清查操作细则》,自主学习,明确相关的技术规定,利用对外技术服务或假期顶岗生产实习等机会,参加森林资源一类、二类调查工作,完成样地的调查,每人提交一份完整的样地调查记录本和实训体会。

任务 8.3
森林抽样调查特征数的计算

➔ 任务目标

森林抽样调查在完成样地调查之后，应利用样本单元(样地)调查的数据，开展总体特征数的计算，完成总体森林资源估计和误差分析、成果汇编，使学生掌握森林抽样调查内业工作技能。

➔ 任务提出

森林抽样调查特征数的计算是抽样调查的最终目的，样地单元的数据整理是开展总体特征数的计算、资源估计和误差分析的基础，首先要对所调查的样地进行数据的整理与计算基础上，根据不同的抽样方法开展总体森林资源特征值估计和误差分析。

➔ 任务分析

完成本任务需要理解随机抽样的概念，随机现象的统计规律。掌握随机变量数据整理方法，了解森林抽样调查的特征数的计算技能，重点掌握森林系统抽样、分层抽样特征数的计算的基本技能。

➔ 工作情景

工作地点：森林调查实训室。

工作场景：实施案例导向教学，教师先进行相关理论及案例的讲解，引导学生自主学习系统抽样、分层抽样特征数计算的方法，后根据样地调查的数据，完成总体森林资源抽样估计和误差分析。学习时，可利用由教师提供教学林场或区域性抽样调查样地的数据，完成总体估计与误差分析，有条件也可利用"森林资源监测管理系统"进行操作。

→ 知识准备

8.3.1 抽样调查特征值的计算

8.3.1.1 简单随机或系统抽样的特征值

(1)总体平均数的估计值

在抽样调查中,用样本平均数 $\bar{y}$ 作为总体平均数 $\bar{Y}$ 的估计值。在含有 N 个单元的总体中,随机或系统抽取 n 个单元组成样本,则总体平均数的估计值为:

$$\hat{\bar{Y}} = \bar{y} = \frac{1}{n}\sum_{i=1}^{n} y_i \tag{8-9}$$

式中 y_i——第 i 个样本单元的观测值。

(2)总体总量的估计值

$$\hat{Y} = \hat{\bar{Y}} \cdot N = \bar{y} \cdot N = \frac{N}{n}\sum_{i=1}^{n} y_i \tag{8-10}$$

若总体面积为 A,样本单元面积为 a,则

$$\hat{Y} = \frac{N}{n}\sum y_i = \frac{A}{na}\sum y_i = \frac{A}{a} \cdot \bar{Y} \tag{8-11}$$

(3)总体方差 σ^2 的估计值

当抽取 n 个单元组成样本时,总体方差 σ^2 的估计值 S^2 为

$$S^2 = \frac{1}{n-1}\sum_{i=1}^{n}(y_i - \bar{y})^2 \tag{8-12}$$

为了便于计算,式(8-12)可写成下面形式:

$$S^2 = \frac{1}{n-1}\left(\sum y_i^2 - \bar{y}\sum y_i\right) = \frac{1}{n-1}\left(\sum y_i^2 - n\bar{y}^2\right)$$

$$= \frac{1}{n-1}\left[\sum y_i^2 - \frac{1}{n}\left(\sum y_i\right)^2\right] \tag{8-13}$$

总体标准差 σ 的估计值 S 为:

$$S = \sqrt{\frac{1}{n-1}\left[\sum y_i^2 - \frac{1}{n}\left(\sum y_i\right)^2\right]} \tag{8-14}$$

标准差的相对值称为变动系数,变动系数为:

$$c = \frac{S}{\bar{y}} \times 100\% \tag{8-15}$$

(4)总体平均数估计值的方差 $S_{\bar{y}}^2$

①**重复抽样** 被抽中的样本单元又重新放回总体中继续参加下次抽取,这样的抽样称为重复抽样。在重复抽样条件下,总体平均数估计值 $S_{\bar{y}}^2$ 的方差为:

$$S_{\bar{y}}^2 = S^2/n \tag{8-16}$$

总体平均数估计值的标准差(即标准误) $S_{\bar{y}}$ 为:

$$S_{\bar{y}} = \frac{S}{\sqrt{n}} \tag{8-17}$$

②**不重复抽样** 被抽中的样本单元不再放回总体中参加下次抽取,这样的抽样称为不

重复抽样。在不重复抽样条件下，总体平均数估计值的方差 $S_{\bar{y}}^2$ 为：

$$S_{\bar{y}}^2 = \frac{S^2}{n}\left(1 - \frac{n}{N}\right) \tag{8-18}$$

标准误 $S_{\bar{y}}$ 为：

$$S_{\bar{y}} = \frac{S}{\sqrt{n}}\sqrt{1 - \frac{n}{N}} \tag{8-19}$$

式中 $\left(1 - \frac{n}{N}\right)$ 为有限总体改正项，表明总体中有 n 个样本单元已经实测，不存在抽样误差，抽样误差只来源于总体中 $(N-n)$ 个单元，故用 $\left(1 - \frac{n}{N}\right)$ 加以改正。如果抽样比 $\frac{n}{N} < 0.05$，其改正量小于 0.5%，可以忽略不计。当 $n = N$ 时，$\left(1 - \frac{n}{N}\right) = 0$，标准误为 0，表明总体中各单元均实测了，不存在抽样误差。

在森林调查实践中，虽然广泛采用非重复抽样，但是由于森林总体单元数非常大，抽样比 $\frac{n}{N} < 0.05$，$\left(1 - \frac{n}{N}\right)$ 接近于 1，可将非重复抽样视为重复抽样。所以，标准误的大小主要取决于样本单元数的多少，这是总体为正态分布时的情况，如果总体不为正态分布且样本为小样本（$n < 50$）时，会产生较大误差。

（5）抽样误差限估计值

①绝对误差差限 $\Delta \bar{y}$

$$\Delta \bar{y} = t \cdot S_{\bar{y}} \tag{8-20}$$

②相对误差差限 E

$$E = \frac{\Delta \bar{y}}{\bar{y}} \times 100\% = \frac{t \cdot S_{\bar{y}}}{\bar{y}} \times 100\% \tag{8-21}$$

式中　t——可靠性指标。

在大样本时，按可靠性要求，由标准正态概率积分表（表 8-2）查得 t 值。

小样本时，按可靠性要求 95% 和自由度 $df = n - 1$ 查"小样本 t 分布数值表"（表 8-3），得 t 值。

（6）抽样估计的精度

$$P = 1 - E \tag{8-22}$$

（7）总体平均数的估计区间

$$\bar{y} \pm t \cdot S_{\bar{y}} \tag{8-23}$$

（8）总体总量的估计区间

$$N(\bar{y} \pm t \cdot S_{\bar{y}}) = N\bar{y}(1 \pm E) = \hat{Y}(1 \pm E) \tag{8-24}$$

[**例 8.4**] 某林场总体面积为 5674.3 亩，通过设置面积为 0.0667hm²（亩）的正方形样地进行蓄积量调查，得表 8-6 样地调查数据。请计算总体特征数，抽样要求 85% 精度、95% 可靠性对该林场总体森林资源估计。

表8-6　某林场样地调查蓄积量　　　　　　　　　　　　　　　　　　　　　　　m³

1.7	1.9	11.7	11.9	13.4	1.2	1.7	4.0	7.3	5.4
9.3	2.8	5.8	0.1	6.5	5.0	3.5	4.3	1.2	3.8
13.7	0.4	3.4	4.3	0.4	1.9	8.7	4.6	14.6	11.4
8.8	0.1	8.6	7.3	2.4	2.8	0.4	1.2	2.1	17.6
3.6	13.6	13.7	1.2	5.5	10.5	12.6	8.4	2.1	5.2
7.2	10.3	10.5	14.6	11.5	9.7	1.5	1.4	7.8	1.9
1.7	1.93	11.7	2.1	2.3	1.2	3.0	1.9	7.3	1.0

(1) 总体平均蓄积量

$$\bar{Y} = \bar{y} = \frac{1}{n}\sum y_i = 6.1 \text{m}^3/\text{亩}$$

(2) 标准差

$$S^2 = \frac{\sum y_i^2 - (\sum y_i)^2/n}{n'-1} = 22.86$$

$$S = \sqrt{22.86} = 4.78$$

$$c = \frac{S}{\bar{y}} \times 100\% = \frac{4.78}{6.1} \times 100\% = 78.9\%$$

(3) 标准误

$$f = \frac{n}{N} = \frac{70}{5675} = 0.01 < 0.05$$

$$S_{\bar{y}} = \frac{S}{\sqrt{n}} = \frac{4.78}{\sqrt{70}} = 0.57$$

(4) 总体蓄积量抽样误差

$n = 70 > 50$，属于大样本，根据可靠性95%查标准正态概率积分表（表8-2），得$t = 1.96$。

绝对误差限：$\Delta_{\bar{y}} = t \times S_{\bar{y}} = 1.96 \times 0.57 = 1.12$

绝对误差：$\Delta_y = N \times t \times S_{\bar{y}} = 5674.3 \times 1.12 = 6339 \text{m}^3$

相对误差：$E = \frac{\Delta_{\bar{y}}}{\bar{y}} \times 100\% = \frac{1.12}{6.1} \times 100\% = 18.4\%$

(5) 估计精度

$$P = 1 - E = 1 - 18.4\% = 81.6\%$$

因为 $P = 81.6\% < 85\%$，

所以本次系统抽样调查失败，应增设样地进行补充调查，以提高精度。

8.3.1.2　分层抽样的估计值

(1) 总体平均数的估计值

分层抽样总体平均数不得以各层平均数的算术平均数作为估计值，应以各层平均数的面积权重加权平均数作为总体平均数的估计值，即

$$\hat{\bar{y}} = \bar{y}_{st} = \frac{1}{N}\sum_{h=1}^{L} N_h \bar{y}_h = \sum_{h=1}^{L} W_h \bar{y}_h \qquad (8\text{-}25)$$

(2)总体总量的估计值

$$\overline{Y} = \hat{\overline{Y}} \cdot N = \bar{y}_{st} \cdot N = N \cdot \sum_{h=1}^{L} W_h \bar{y}_h \tag{8-26}$$

若总体面积为 A，样本单元面积为 a，则

$$\hat{Y} = \frac{A}{a} \sum_{h=1}^{L} W_h \overline{Y}_h \tag{8-27}$$

(3)总体方差 σ_{yst}^2 的估计值 S_{yst}^2

$$S_{yst}^2 = \sum_{h=1}^{L} W_h S_h^2 \tag{8-28}$$

式中 S_h^2——第 h 层的方差，

$$S_h^2 = \frac{1}{n_h - 1} \sum_{i=1}^{n_h} (y_{hi} - \bar{y}_h)^2$$

(4)总体平均数估计值的方差 $S_{\bar{y}_{st}}^2$

①重复抽样

$$S_{\bar{y}_{st}}^2 = \sum_{h=1}^{L} (W_h \cdot S_{\bar{y}_h})^2 = \sum_{h=1}^{L} W_h \cdot \frac{S_h^2}{n_h} \tag{8-29}$$

②不重复抽样

$$S_{\bar{y}_{st}}^2 = \sum_{h=1}^{L} W_h^2 \cdot \frac{S_h^2}{n_h} \cdot \left(1 - \frac{n_h}{N_h}\right) \tag{8-30}$$

(5)抽样误差限估计值

①绝对误差限 $\Delta \bar{y}_{st}$

$$\Delta \bar{y}_{st} = t \cdot S_{\bar{y}_{st}} \tag{8-31}$$

②相对误差限 E

$$E = \frac{\Delta \bar{y}_{st}}{\bar{y}_{st}} \times 100\% = \frac{t \cdot S_{\bar{y}_{st}}}{\bar{y}_{st}} \times 100\% \tag{8-32}$$

上式中，t 按可靠性要求和自由度 $df = n - L$ 查小样本 t 分布表。

(6)抽样估计的精度

$$P = 1 - E \tag{8-33}$$

(7)总体平均数的估计区间

$$\overline{Y}_{st} \pm t S_{\bar{y}_{st}} \tag{8-34}$$

(8)总体总量的估计区间

$$N(\bar{y}_{st} \pm t S_{\bar{y}_{st}}) = N \bar{y}_{st} (1 \pm E) = \hat{Y}(1 \pm E) \tag{8-35}$$

[**例 8.5**] 某森林总体面积为 690.8hm²，根据航空相片分层判读和地面调绘，将总体划为Ⅰ、Ⅱ、Ⅲ、Ⅳ层，按照面积比例抽取 50 个 0.01hm² 样圆组成样本。经调查和计算：各层面积权重、样地数及各层特征数见表 8-7，请以 95% 的概率估计总体蓄积量。

总体蓄积量估计：

$$\hat{\overline{Y}} = \bar{y}_{st} = \sum_{h=1}^{L} W_h \bar{y}_h = 0.8066 \text{m}^3/0.01\text{hm}^2$$

$$\hat{Y} = N\bar{y}_{st} = \frac{A}{a}\sum_{h=1}^{L} W_h \bar{y}_h = 55\ 720\ m^3$$

表 8-7　各层面积(A_h)、权重(W_h)、样地数(n_h)及特征数表

层号	A_h/hm^2	W_h	n_h	$\bar{y}_h$	S_h^2	$S_{\bar{y}_h}^2$
I	318.85	0.461	22	0.8204	0.150 481	0.006 840
II	271.95	0.394	20	0.6594	0.119 324	0.005 966
III	74.00	0.107	5	1.2076	0.134 553	0.026 911
IV	26.00	0.038	3	1.0363	0.448 690	0.149 563
Σ	690.8	1.000	50	—	—	—

$$S_{\bar{y}_{st}}^2 = \sum_{h=1}^{L}(W_h S_{\bar{y}_h})^2 = 0.000\ 290\ 4$$

$$S_{\bar{y}_{st}} = 0.054\ m^3/0.01\ hm^2$$

$$E = \frac{tS_{\bar{y}_{st}}}{\bar{y}_{st}} \times 100\% = \frac{2.02 \times S_{\bar{y}_{st}}}{\bar{y}_{st}} \times 100\%$$

$$= \frac{2.02 \times 0.054}{0.8066} \times 100\% = 13.5\%$$

$$P = 1 - E = 1 - 13.5\% = 86.5\%$$

$$\bar{y}_{st} \pm tS_{\bar{y}_{st}} = 0.8066 \pm 2.02 \times 0.054 = 0.8066 \pm 0.1091\ m^3/0.01\ hm^2$$

$$N(\bar{y}_{st} \pm tS_{\bar{y}_{st}}) = \frac{690.8}{0.01}(0.8066 \pm 0.1091) = 55\ 720 \pm 7537\ m^3$$

8.3.2　森林抽样调查的应用

　　森林抽样调查为国家森林资源监测体系的核心组成部分,我国森林资源一类调查是以省(自治区、直辖市)为总体,主要采用系统抽样方法在总体内布设固定样地,并定期(每5年间隔期)进行复查,作为地方森林资源监测体系的重要组成部分;森林资源二类调查是以县(林业局、林场)为单位,主要采用小班区划调查,并用系统抽样或分层抽样等方法控制总体蓄积量的调查精度。

　　在林木结构和分布不整齐的林区,森林分布图、林业基本图或航空相片较完整的林区,可选用分层抽样以提高工作效率,其结果作为总体森林资源的控制数据,还可提供各层的森林资源数据,对于林业生产作业设计而进行的三类调查通常采用高强度抽样和现场实测进行调查,以下为传统概率抽样方法主要特点及适用情况分析(表8-8)。

表 8-8　传统概率抽样方法比较分析

抽样方法	主要特点	适用情况
简单随机抽样	随机等概地从含有 N 个单元的总体中抽取 n 个单元组成的样本($N>n$),为最基本的抽样方法	适用于空间样本点均匀分布、变化平稳的区域;成本低,灵活性好,但样本点空间分布不均匀,变异系数大
系统抽样	将总体单元按照某种顺序排列,在规定的范围内随机抽取起始单元,然后按一定规则或间距抽取其他单元	抽样方法简单易行;精度与总体的排列顺序有关(线性时降低抽样精度;周期性变化时与初始点及间距有关);常用监测网络、格网点或公里网点抽取选样本单元。如全国森林资源一类清查

(续)

抽样方法	主要特点	适用情况
分层抽样	将总体划成若干相互独立的子总体（层），各层加权估算总体的值。又分为比例分层、最优分层、指标分层，视应用目标而定	分层时层内差异变小而层间差异变大，抽样成本较高，是大区域抽样的基础，有效地提高抽样的工作效率，如在规划设计调查（二类调查）的总体森林资源控制的抽样调查

→任务实施

实训目的与要求

利用森林资源的样地调查数据，进一步熟悉森林抽样调查的基本过程，分别完成系统抽样、分层抽样调查的总体森林资源估计和误差分析，掌握森林抽样调查总体资源的估计、误差分析技术方法。

实训条件配备要求

1. 实训场所

森林调查实训室。

2. 仪器、工具

①图面材料、样地调查数据 样地布点图、样地调查记录本和一个林场或县（市）的森林资源连续清查的样地调查资料。

②各种仪器、工具 计算器（带三角函数）、计算表格。

③机房 安装"森林资源监测管理系统"的网络教学机房。

实训的组织与工作流程

1. 实训组织与时间安排

建立学生实训小组，4~5人为一组，并选出小组长，通过学习讨论，完成森林系统抽样调查、分层抽样总体森林资源估计和误差分析，提交实训报告。

2. 实训工作流程（图8-10）

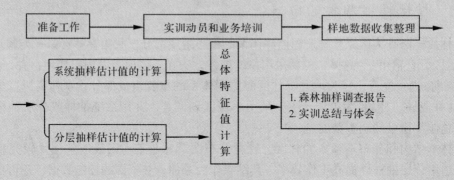

图8-10 实训工作流程

实训方法与步骤

1. 系统抽样特征值的计算

根据提供林场样地调查记录本及样地调查基础数据，检查样地调查记录及计算结果，按照森林系统抽样总体特征数计算的方法，参照案例，计算总体特征值平均数估计值、标准误、误差限、估计精度、总体蓄积量估计区间的计算，具体参见式(8-23)至式(8-38)及例8.5，完成森林抽样内业估计。

①检查样地调查记录及计算结果，编制样地标志值的调查一览表。

②计算总体特征值，完成总体特征值平均数估计值、标准误、误差限、估计精度、总体蓄积量估计区间的计算，完成表8-9系统抽样总体特征数计算表。

2. 分层抽样特征值的计算

根据教师提供的样地调查记录本及样地调查基础数据，参照例8.4，先计算各层的样本特征数，

表 8-9　系统抽样总体特征数计算表

样地号	样地蓄积 y_{hi}	y_{hi}^2	总体特征数计算
1			①样地数 $n_h =$ 　　　（样地面积：　　hm²）
2			②总体平均数的估计值
3			$\hat{Y} = \bar{y} = \dfrac{1}{n}\sum_{i=1}^{n} y_i =$
4			
5			③总体方差 σ^2 的估计值 S^2
6			$S^2 = \dfrac{1}{n-1}(\sum y_i^2 - \bar{y}\sum y_i) = \dfrac{1}{n-1}(\sum y_i^2 - n\bar{y}^2)$
7			$= \dfrac{1}{n-1}\left[\sum y_i^2 - \dfrac{1}{n}(\sum y_i)^2\right] =$
8			
9			④总体标差的 σ 的估计值 S
10			$S = \sqrt{\dfrac{1}{n-1}\left[\sum y_i^2 - \dfrac{1}{n}(\sum y_i)^2\right]} =$
11			
12			⑤抽样误差限估计值
13			绝对误差限 $\Delta_{\bar{y}} = t \cdot S_{\bar{y}} =$
14			相对误差限 $E = \dfrac{\Delta \bar{y}}{\bar{y}} \times 100\% = \dfrac{tS_{\bar{y}}}{\bar{y}} \times 100\% =$
15			抽样估计的精度 $P = 1 - E =$
16			⑥总体平均数的估计区间
17			$\bar{y} \pm tS_{\bar{y}} =$
18			⑦总体总量的估计区间
…			$N(\bar{y} \pm tS_{\bar{y}}) = N\bar{y}(1 \pm E) = Y(1 \pm E) =$
Σ			

再以各层平均数的面积权重和一定的可靠性，完成总体特征值平均数估计值、标准误、误差限、估计精度、总体蓄积量估计区间的计算。具体工作步骤如下：

①检查、核实样地调查记录及计算结果，编制各层样地标志值调查结果一览表。

②各层特征数计算，按系统抽样的方法分别计算各层特征数；完成各层特征数计算表 8-10 与总体特征数计算表 8-11。

③总体特征值计算及估计。

平均数估计值：$\hat{\bar{y}} = \bar{y}_{st} = \sum_{h=1}^{L} W_h \bar{y}_h =$

总体总量的估计值：

$$\hat{Y} = \hat{\bar{Y}} \cdot N = \bar{y}_{st} \cdot N = N \cdot \sum_{h=1}^{L} W_h \bar{y}_h =$$

标准误估计值：

$$S_{\bar{y}_{st}} = \sqrt{\sum_{h=1}^{L} (W_h S_{\bar{y}_h})^2} =$$

相对误差限：$E = \dfrac{tS_{\bar{y}_{st}}}{\bar{y}_{st}} \times 100\% =$

式中　$\bar{y}_h$——第 h 层样本平均数；

L——总体层数；

t——按自由度 $n-L$ 查"小样本 t 分布表"。

总蓄积量估计区间即 $N(\bar{y}_{st} \pm tS_{\bar{y}_{st}})$（在 ～ ）。

表 8-10　层特征数计算表（　　层）

样地号	样地蓄积 y_{hi}	y_{hi}^2	层　特　征　数
1			
2			$n_h =$　　　　（样地面积：0.06hm^2）
3			$\sum y_{hi} =$
4			$\sum y_{hi}^2 =$
5			$\bar{y}_k = \dfrac{\sum y_{hi}}{n_h} =$
6			
7			$S_h^2 = \dfrac{\sum y_{hi}^2 - n_h(\bar{y}_h)^2}{n_h}$
8			
9			
10			
11			
12			
13			
14			
15			
…	…	…	
∑			

表 8-11　总体特征数计算表（可靠性 95%）

层代号	A_h	W_h	n_h	$\bar{y}_h$	$\sum \bar{y}_{hi}$	$\sum \bar{y}_{hi}^2$	$W_h \bar{y}_h$	$S_{\bar{y}_k}$	$W_h^2 S_{\bar{y}_h^2}$
∑									

实训成果

1. 每人分别完成系统抽样、分层抽样的内业计算，对总体特征数作出结论。

2. 实训报告：含实训目的、内容、操作步骤、成果的分析及实训体会。

注意事项

1. 计算前要认真学习抽样调查基本原理，研究参考案例，熟悉特征数计算方法。

2. 样地调查数据是特征数计算的基础，由教师统一提供。

3. 独立、认真、求实、科学地进行内业整理及特征数计算工作。

4. 根据学生具体表现、计算成果及实习报告质量综合评定实习成绩。

考核评估

序号	技术要求	配分	评分标准	考评记录	得分
1	检查样地调查记录及样地调查标志值的计算，完成抽样总体样地标志值一览表的编制，符合规范要求	20	每人完成一个样地调查记录本的内业整理，要求记录规范、项目完整，计算准确，每错1个项目扣5分		
2	掌握系统抽样的总体特征值的计算，要求科学、规范、准确	25	总体特征值平均数估计值、标准误、误差限、估计精度、总体蓄积量估计区间的计算，每错1个特征值计算，则扣5分，扣完为止		
3	掌握分层抽样的各层特征值的计算，要求科学、规范、准确	20	完成各层特征数计算表，各层特征值计算每错1个则扣2分		
4	完成分层抽样总体特征值平均数估计值、标准误、误差限、估计精度、总体蓄积量估计区间的计算，准确符合精度要求	25	编制总体特征值计算表，完成总体平均数估计值、标准误、误差限、估计精度、总体蓄积量估计区间的计算，每错1个特征值计算，则扣5分，扣完为止		
5	团队协作 (1)小组成员间团结协作 (2)学习态度、职业道德、敬业精神 (3)步骤和操作过程规范性	6	根据学生表现，每小项2分		
6	方法能力 (1)过程的熟练程度 (2)实训报告材料完整	4	根据学生表现，每小项2分		
	合计	100			

巩固训练项目

自主学习数理统计理论，了解随机抽样的概念、随机现象的统计规律。熟悉随机变量的种类、特征数与分布，进一步理解森林抽样调查的概念，完成随机变量数据整理，掌握随机变量特征数的计算技能。

自测题

一、名词解释

森林抽样调查　方差　标准差　系统抽样　分层抽样　层化小班　罗差　森林资源连续清查体系

二、简答题

1. 简述森林抽样调查方案设计的主要工作内容。
2. 系统抽样调查中，如何克服周期地形变化的影响？
3. 我国森林资源连续清查是何年建立？采用什么抽样布设样地？样地的面积是多少？几年复查一次？
4. 简述实施森林分层抽样应满足的条件。确定分层方案原则有哪些？
5. 为调查某林分的平均高，从中随机抽取 60 株测其树高值。问总体、单元、样本、标志值各指什么？
6. 简述利用罗盘仪进行样地引点定位的工作步骤。
7. 简述如何进行罗盘仪的罗差值的测定。
8. 在森林抽样调查时，样地定位的精度要求如何？
9. 我国当前生产上分层方案的分层因子和级距是如何确定的？
10. 根据确定的分层方案进行分层有哪几种方法？
11. 森林资源连续清查时，复位样地林木检尺类型有哪些？

三、计算题

1. 已知某总体面积为 264 200 亩，平均每亩蓄积量为 $3m^3$，少数高产林分的每亩蓄积量为 $22.8m^3$，最小为 0，样地面积为 1 亩，可靠性为 95%，要求总体蓄积量抽样精度为 90%。

①按系统抽样调查方案需要多少样地(不含保险系数)？
②如果保险系数为 10%，按正方形系统布点，择点间距为多少？
③如果将样地变成 1000 个，其总体蓄积量抽样精度变化多少？（可靠性要求相同）

2. 已知总体面积为 $64hm^2$，样地面积为 $0.16hm^2$，用系统抽样的方法，要求蓄积量的估计精度为 85%，可靠性 90%（$t=1.68$），经计算 $n=4.8$ 个，$\bar{Y}=23.18m^3/0.16hm^2$，$S=11.27m^3/0.16hm^2$。

试计算：变动系数 c，标准误 $S_{\bar{y}}$，Δ，E，$\bar{y}$ 的估计区间。

3. 某总体林分蓄积量分布近似正态，根据以往的调查材料，已知总体面积 $=1000hm^2$，总体平均每公顷蓄积量 $M=100m^3$，每公顷最大蓄积量为 $420m^3$，最小为 0。试回答：

①根据以往调查材料，蓄积量的变动系数是多少？
②根据蓄积量的变动系数，现要求以 95% 的可靠性($t=1.96$)90% 的精度进行抽样估计，则样本单元数应为多少？
③若对总体进行系统抽样，那么样地上的间距是多少？布点时在1∶1万地形图上间距是多少？

4. 调查总体按 90% 的精度，可靠性为 95%，要求估计总体蓄积量，用随机抽样方法从总体中抽取 25 个单元组成样本，经外业调查和内业计算，$\bar{y}=9.0$，$S=2.5$ 未达到精度要求。试问：要达到预估精度还需增加多少块样地？（安全系数为 15%）

5. 某林分进行分层抽样调查，按优势树种划分为两层，其分层抽样调查结果见表 8-12，请完成对总体平均数及抽样误差进行估计。

表 8-12　各层样单元观测值（y_{ij}）　　　　　　　　　　　　　　　$m^3/0.01hm^2$

第一层	第二层		
0.18	6.78	7.36	7.85
2.86	12.00	10.69	7.74
1.13	9.01	6.85	10.71
0.28	5.18	15.34	3.77
1.50	13.60	7.00	3.16
$N_1 = 22$，$n_1 = 5$	$N_2 = 58$，$n_2 = 15$		

自主学习资源库

如果同学们想了解更多的知识，可以通过下面渠道进行学习：

1. 阅读书刊

（1）F·洛茨，K·E·哈勒，F·佐勒.1985. 森林资源清查[M]. 林昌庚，沙琢，等译校. 北京：中国林业出版社，9-254.

（2）林业部调查规划院.1980. 森林调查手册[M]. 北京：中国林业出版社.

（3）廖柱宗，彭世樑.1990. 试验设计与抽样技术[M]. 北京：中国林业出版社.

（4）（芬）马蒂.2010. 森林资源调查方法与应用[M]. 黄晓土，雷渊才，译. 北京：中国林业出版社.

（5）李明阳，菅利荣.2013. 森林资源调查空间抽样与数据分析[M]. 北京：中国林业出版社.

（6）福建省林业厅.2013. 第八次全国森林资源清查福建省森林资源清查操作细则.

2. 浏览网站

（1）森林调查技术精品课程 http：//sldcjs.7546m.com/

（2）国家林业局调查规划设计院 http：//www.afip.com.cn/

（3）西北林业调查规划设计院 http：//www.nwif.cn/

（4）中南林业调查规划设计院 http：//lyzny.hunan.gov.cn/

（5）华东林业调查规划设计院 http：//hdy.forestry.gov.cn/

（6）国家林业局 http：//www.forestry.gov.cn/

3. 通过本校图书馆借阅有关森林调查方面的书籍。

拓展知识

一、我国森林资源连续清查体系

森林资源受自然环境、人为活动的影响，不断发生变化。只有定期进行清查，才能摸清林业家底，为林业乃至国民经济发展宏观决策提供依据。森林资源连续清查是指同一范围的森林资源，通过连续可比的方式定期进行重复调查，掌握森林资源的数量、质量、结构、分布及其消长变化，分析和评价一定时期内人为活动对森林资源的影响，从而客观反映森林资源保护发展的最新动态。

我国森林资源连续清查，简称"一类调查"或"连清"，是以省（自治区、直辖市）为单位，以数理统计抽样调查为理论基础，通过系统抽样方法设置固定样地并进行定期复查，掌握森林资源现状及其消长变化，为评价全国和各省（自治区、直辖市）林业和生态建设成效提供重要依据。国家森林资源连续清查是全国森林资源监测体系的重要组成部分，清查成果为掌握宏观森林资源现状与动态为目的，全面把握林业发展趋势,编制林业发展规划与国民经济和社会发展规划等重大战略决策提供科学依据。制定和调整林业方针政策、规划、计划,监督检查各地森林资源消长任期目标责任制的重要依据。

我国森林资源连续清查体系是1978年建立的,以后每5年复查一次,样地数量和间距,因各省情况而定,如江苏4km×3km,福建4km×6km,云南6km×8km,河北8km×12km等,设置的样地称为省级样地(一类样地),样地面积为0.0667hm^2,形状为正方形。随着森林调查内容的增加,一类样地调查的项目也从最初的资源数据监测扩大到土地利用与覆盖、森林健康状况与生态功能,森林生态系统多样性的现状和变化等方面的调查,发挥了更大的作用。

根据全国森林资源连续清查技术规定要求,省级固定样地应完成基本情况、林分状况、每木检尺、样木位置图绘制及其他因子的调查,并详细记录《森林资源连续清查样地调查记录》(附表1)。每次全国森林资源连续清查时,样地调查操作细则会适当地修改,调查前应认真学习,熟悉操作规程。

二、森林抽样调查技术的发展

用抽样方法调查森林资源始于18世纪后期。1930年概率论的应用为现代抽样调查奠定了理论基础。1936年方差和协方差分析的发表,开辟了抽样设计和误差估计方面的途径。1953年美国W·G·科克伦著的《抽样技术》一书出版,又提供了系统的抽样理论和方法。近十几年来,航空摄影、人造卫星、电子计算机技术和精密测树仪的应用和发展,大幅度地提高了森林抽样调查的效率。在中国,1949年以前抽样方法在森林调查中已有应用。1949年以后,大量采用方格法和带状样地法。60年代引进航空相片的森林分层抽样技术,并在全国广泛应用。70年代后期,以省为总体建立了固定样地的连续森林清查系统,全国共设固定样地14万个,以监测全国大区域森林资源的变动。

近十几年来,抽样技术的研究日益被国内外重视,抽样技术的发展非常迅速。尤其是航空摄影,卫星遥感技术,全球定位系统技术,计算机连续清查管理系数的研发、精密测树仪及手持野外调查记录仪的应用和发展,使森林调查工作更加向精度高、速度快、成本低,自动化和连续化的方向发展。目前,森林抽样调查技术已经形成了一门独特的学科。

在林业生产上除本单元介绍的应用较多的系统抽样和分层抽样调查外,还有回归估计、比估计、两阶抽样、双重抽样、不等概抽样、两期抽样等抽样技术。

比估计:在回归估计中,主因子和辅助因子的线性关系一般不通过原点,如果这种关系通过原点,那么回归估计变成比估计了。也就是说,如果辅助因子总体平均数已知,则利用y与x的比值进行的抽样估计。比估计一般是有偏的,只是在样本很大时,这种偏差不大。

两阶抽样:先将总体划分成一阶单元(群),再将每个一阶单元划分成更小的二阶单元,然后随机地抽取一部分一阶单元,再从每个被抽中的一阶单元中抽取部分二阶单元进行测定,这种抽样方法就两阶抽样。

双重抽样:当总体很大时,如果使用回归估计或比估计,即使辅助因子的单元调查成本很低,但要通过全面调查也是较困难的,这是作为一种变通方法,可以抽取一个较大的样本对比进行估计,然后再利用主、辅因子的关系进行抽样估计这就形成了一种利用双重样本进行抽样估计的方法,也就是双重抽样或称两相抽样。

两期抽样:如果对同一总体进行多次调查,那么这种抽样调查就是多期抽样,其中相邻的两次抽样调查就是两期抽样。主要目的是调查估计最近一期的现况以及前后两期之间的总体变化。

本项目参考文献

1. 魏占才. 2006. 森林调查技术[M]. 北京:中国林业出版社.
2. 北京林业大学. 1980. 数理统计[M]. 北京:中国林业出版社.
3. 廖桂宗,彭世揆. 1990. 试验设计与抽样技术[M]. 北京:中国林业出版社.

4. 林业部调查规划设计院.1980.森林调查手册[M].北京:中国林业出版社.

5. F·洛茨,K·E·哈勒,F·佐勒.1985.森林资源清查[M].林昌庚,沙琢,等译校.北京:中国林业出版社.

6. 北京林业大学.1987.测树学[M].北京:中国林业出版社.

7. 廖建国,黄勤坚.2013.森林调查技术[M].厦门:厦门大学出版社.

8. (芬)马蒂.2010.森林资源调查方法与应用[M].黄晓玉,雷渊才,译.北京:中国林业出版社.

9. 李明阳,菅利荣.2013.森林资源调查空间抽样与数据分析[M].北京:中国林业出版社.

10. 福建省林业厅.2013.第八次全国森林资源清查福建省森林资源清查操作细则.